高等职业教育机电类专业系列教材

焊接专业“双证制”教学改革用书

金属熔焊原理

第2版

主　编　邓洪军

副主编　徐双钱

参　编　王　博　冯菁菁

主　审　刘殿宝

机械工业出版社
CHINA MACHINE PRESS

本书是在第1版的基础上修订而成的，主要介绍金属在熔焊过程中温度、化学成分、组织与性能的变化规律，以及常见焊接冶金缺陷产生的原因、影响因素与防止措施；焊接材料的性能与应用。全书共分六个单元，包括：焊接热过程、焊缝金属的构成、焊接接头的组织与性能、焊接冶金过程、焊接材料、焊接冶金缺陷。本书在编写过程中，从现代高职人才培养目标出发，注重教学内容的实用性，特别是结合焊接专业技术岗位特点，尽量结合生产实际组织内容，使学生掌握金属熔焊原理基本知识。本书编写模式新颖，将需要掌握的知识点进行分解，按单元、模块作为层次安排编写，每单元开始安排有“学习目标”，单元最后安排有“综合训练”，“综合训练”兼顾了焊工考证的考点，以满足“双证制”教学需要。为便于教学，本书另外配备了电子教案和部分习题答案，选用本书作为教材的教师可来电（010-88379197）索取，或登录 www.cmpedu.com 注册免费下载。

本书可作为高等职业院校、技工院校及各类成人教育焊接专业教材或培训用书，也可供有关技术人员参考。

图书在版编目（CIP）数据

金属熔焊原理/邓洪军主编. —2版. —北京：机械工业出版社，2015.12（2023.9重印）
高等职业教育机电类专业系列教材　焊接专业“双证制”教学改革用书
ISBN 978-7-111-52760-2

Ⅰ.①金…　Ⅱ.①邓…　Ⅲ.①熔焊-高等职业教育-教材
Ⅳ.①TG442

中国版本图书馆CIP数据核字（2016）第017824号

机械工业出版社（北京市百万庄大街22号　邮政编码100037）
策划编辑：齐志刚　责任编辑：张丹丹
责任校对：张玉琴　封面设计：张　静
责任印制：张　博
北京建宏印刷有限公司印刷
2023年9月第2版第11次印刷
184mm×260mm · 11.75印张 · 284千字
标准书号：ISBN 978-7-111-52760-2
定价：39.80元

电话服务　　网络服务
客服电话：010-88361066　机　工　官　网：www.cmpbook.com
010-88379833　机　工　官　博：weibo.com/cmp1952
010-68326294　金　书　网：www.golden-book.com
封底无防伪标均为盗版　机工教育服务网：www.cmpedu.com

第2版前言

本书是根据全国机械行指委（全称为全国机械职业教育教学指导委员会）材料工程类专业教学指导委员会制定的高等职业教育焊接技术及自动化专业教学标准和“金属熔焊原理”课程标准，并结合当前高等职业教育的发展需求，在《金属熔焊原理》第1版的基础上修订而成的。

本书在修订过程中，始终坚持以学生就业为导向，以国家焊接职业标准为依据，在专业知识的安排上，坚持实用、够用的原则，摒弃“繁难偏旧”的理论知识，增加与职业能力有关的教学内容。在第1版的基础上，对全书结构进行了适当调整，调整后的结构为：焊接热过程—焊缝金属的构成—焊接接头的组织与性能—焊接冶金过程—焊接材料—焊接冶金缺陷；重新编写焊接接头的组织与性能、焊接材料两单元部分内容；全书采用最新的国家标准。

本书在修订过程中力求更好地将理论知识融入到职业能力培养的过程中，注重学生实际能力的培养。为更好地实现“校企合作、工学结合”的职业教育理念，本书修订过程中还邀请了企业一线的工程技术人员参与编写和审稿工作，使教材反映职业岗位能力要求，与焊工国家职业标准及焊工职业资格认证有机衔接，实现理论与实践相结合。

本书的主要内容、建议学时与建议教学形式见下表：

单　元	内　容	建议学时	建议教学形式
第一单元	焊接热过程	6	理论教学
第二单元	焊缝金属的构成	6	教学做一体化教学
第三单元	焊接接头的组织与性能	12	教学做一体化教学
第四单元	焊接冶金过程	12	理论教学
第五单元	焊接材料	12	教学做一体化教学
第六单元	焊接冶金缺陷	12	理论教学
合计		60	

全书共分六个单元，由邓洪军任主编，徐双钱任副主编。编写人员及具体分工如下：邓洪军负责整体策划、设计和校企编审人员整合与组织协调，编写前言、目录和绪论；王博编写第一单元、第四单元；徐双钱编写第二单元、第五单元，冯菁菁编写第三单元、第六单元。全书由渤海造船厂集团有限公司教授级高级工程师刘殿宝任

主审。

在修订过程中，本书参阅了有关同类教材、工具书、相关标准和网络资料，并得到编者所在学校和企业的大力支持，在此一并致以深深的谢意。

由于编者水平有限，书中难免存在缺点和不足之处，敬请广大读者批评指正。

编　者

第1版前言

为了进一步贯彻《国务院关于大力推进职业教育改革与发展的决定》的文件精神，加强职业教育教材建设，满足职业院校深化教学改革对教材建设的要求，机械工业出版社于2006年11月在北京召开了“职业教育焊接专业教材建设研讨会”。在会上，来自全国十多所院校的焊接专业专家、一线骨干教师研讨了新的职业教育形势下焊接专业的课程体系，确定了面向中职、高职层次两个系列教材的编写计划。本书是根据会议所确定的教学大纲和高等职业教育培养目标组织编写的。

本书主要讲授金属在熔焊过程中温度、化学成分、组织及性能的变化规律；常见焊接冶金缺陷产生的原因、影响因素及防止措施；焊接材料的性能与应用。本书重点强调培养学生分析焊接热过程和焊接冶金过程的基本规律，以及合理选用焊接材料的能力。编写过程中力求体现“宽、精、新”的特色。基础理论以应用为目的、以够用为度，教学内容选择宽而精，加强针对性与应用性。本书编写模式新颖，将需要掌握的知识点进行分解，按单元、综合知识模块、能力知识点作为层次安排编写，每单元开始安排有“学习目标”，单元末安排有“综合训练”，“综合训练”兼顾了焊工考证的有关内容，以满足学校“双证制”教学需要。

本书在内容处理上有以下几点说明：①全书始终贯彻执行正确分析焊接热过程和焊接冶金过程、合理选用焊接材料的指导思想，侧重理论联系实际，提高应用能力；②考虑到此书为职业教育焊接专业用教材，故对某些基础理论进行了必要的精简；③注意增加了与焊接结构生产实际有关的焊接材料发展的最新情况；④在教材内容选择与组织上，力争使其更具先进性和应用性；⑤充分考虑了金属熔焊原理与其他课程之间的关系，加强了焊接冶金缺陷分析及防止措施等方面的内容。

全书共六个单元，由邓洪军任主编，李丽茹任副主编。邓洪军编写绪论，第一、二单元；冯菁菁编写第三单元；李丽茹编写第四、五单元；乌日根编写第六单元。全书由邓洪军统稿，沈阳工业大学印有胜教授主审。为便于教学，本书另配备了电子教案和部分习题答案，选用本书作为教材的教师可来电（010－88379197）索取，或登录 www. cmpedu. com 注册免费下载。

在编写过程中，作者参阅了国内外出版的有关教材和资料，得到了李德元教授的有益指导，在此一并表示衷心感谢！

由于作者水平有限，书中不妥之处在所难免，恳请读者批评指正。

编　者

目 录

CONTENTS

绪 论

学习目标

通过本单元的学习，了解焊接过程的实质、焊接方法的分类以及本教材的主要内容和要求。

焊接是一种重要的材料加工工艺，被广泛应用于现代工业的各个部门。焊接技术虽然发展历史不长，但近年来发展十分迅速。

现代焊接技术的发展始于19世纪80年代末。科学技术的发展为焊接技术的发展提供了理论基础和物质条件。随着焊接能源的开发与应用，新的焊接方法不断涌现，推动了焊接技术的发展，使其应用范围不断扩大。而一些高、精、大型产品制造的高要求，又有力推动了焊接技术的发展。现在，焊接已发展成为一门独立的学科，在能源、交通、建筑，特别是在机器制造部门中，已成为不可缺少的工艺方法，并将发挥越来越大的作用。

一、焊接过程的实质和焊接方法的分类

1. 焊接过程的实质

这里所说的焊接过程的物理本质，是指焊接与其他连接方法在宏观和微观两方面的根本区别。了解焊接过程的物理本质，是掌握焊接基本理论和基本规律的前提，对于保证焊接质量、提高焊接技术水平以及开发新的焊接能源都有重要的意义。

在机器制造中，连接的方法很多，除焊接外，还有螺栓联接、键联接、铆接与粘接等。焊接不仅与上述连接方法有实质的区别，而且与钎焊的物理本质也不尽相同。

什么是焊接？GB/T 3375—1994《焊接术语》中指出：焊接是通过加热或加压，或者两者并用，并且用或不用填充材料，使焊件间达到原子间结合的一种加工方法。作为一种加工工艺，对焊接可以从不同的角度、用不同的文字加以描述，但上述定义是从微观上说明了焊接过程的实质——使两个分开的物体（焊件）达到原子结合。也就是说，焊接与其他金属连接方法最根本的区别在于，通过焊接，两个焊件不仅在宏观上建立了永久的连接，而且在微观上形成了原子间的距离而结合成一体。对金属来说，就是在两焊件间建立了金属键。

为了简化问题，以双原子模型进行分析。两个原子结合情况取决于两者之间的引力和斥力的综合作用，只有当引力和斥力达到平衡（合力为零）时，两个原子的相对位置才能固

定。原子间的引力是由一个原子的外部电子与另一原子核相互作用引起的；而斥力则是由两个原子的核外电子之间和两原子核之间的相互作用引起的。引力和斥力的大小取决于原子间的距离。只有当这个距离与金属的晶格常数相接近时，引力和斥力才有可能达到平衡而形成金属键。图0-1所示为两个原子相互作用力与距离之间的关系。可以看出，当原子间的距离远大于晶格常数时，它们之间的引力和斥力都接近于零，可以认为此时原子间没有力的作用。当两原子逐渐接近时，将同时有引力与斥力的作用，直至原子间的距离达到 r_A，其合力作用（表现为引力）达到最大值，这时原子即可自动靠近而达到平衡位置。对于大多数金属，$r_A = (3 \sim 5) \times 10^{-8}$cm（3～5Å）。

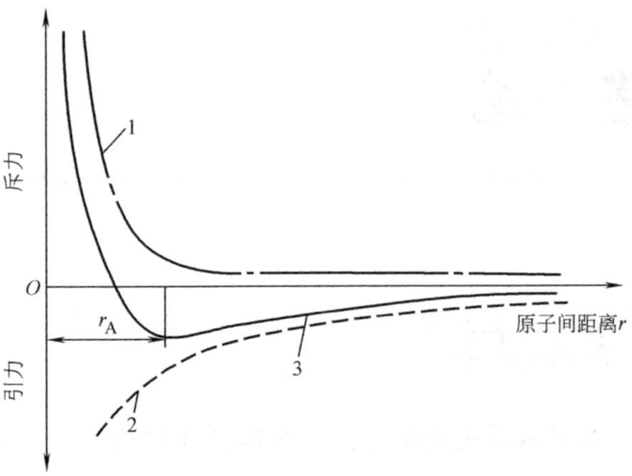

图0-1　两个原子相互作用力与距离之间的关系
1—斥力　2—引力　3—合力

从图0-1可知，焊接时被焊金属表面间的距离达到 r_A，两侧原子就会产生最大引力，从而发生扩散、再结晶等物理化学过程，并进一步靠近，最后原子间的距离达到合力为零的平衡位置，建立了金属键，完成焊接过程。但实际上，在没有外加能量的条件下，要使两个分开的固体表面距离达到 r_A 是不可能的。因为，即使是经过精密加工的金属表面，其表面粗糙度也远大于 r_A 值。因此，在宏观上密合的两个表面，原子之间仍然没有力的作用。此外，金属表面的氧化膜和其他吸附物，也阻碍了表面的紧密结合。因此，焊接时必须输入一定的能量，才能克服上述的障碍。在实际生产中，能量主要以加热和加压两种形式提供。

加压可以破坏表面膜，使连接处发生局部塑性变形，增加有效接触面积，当压力达到一定时，两物体表面原子间的距离可以接近 r_A，从而产生最大引力，最终达到平衡位置，建立起金属键，形成焊接接头。

对被焊材料进行局部或整体加热，使连接处达到塑性或熔化状态，从而破坏金属表面的氧化膜，减小变形阻力，同时增加了原子的振动能，有利于再结晶、扩散、化学反应和结晶过程的进行，从而实现焊接。

对某一金属而言，实现焊接所需的最低能量是一定的。因此，所需加热温度与压力之间存在互补关系。纯铁焊接时所需温度与压力的关系如图0-2所示。

图0-2　纯铁焊接时所需加热温度 t 与压力 F 的关系
Ⅰ—高压焊接区　Ⅱ—压焊区　Ⅲ—熔焊区
Ⅳ—不能实现焊接区

图中曲线 ABC 为实现焊接所需的温度 t 与压力 F 的匹配关系，即曲线上部是可以实现焊接的区域。其他金属材料焊接时温度与压力的关系与纯铁类似。

可以看出，焊接时加热温度越高，所需的压力越小。据此可将温度与压力的匹配划分为几种类型：当加热温度低于 t_1 时（Ⅰ区），称为高压焊接区，实际生产中只有少数高塑性低强度金属才能在此条件下进行焊接；加热温度在 $t_1 \sim t_m$ 之间（Ⅱ区）称为实际应用的压焊区或电阻焊区；当加热温度超过被焊金属的熔点 t_m 时，不需加压即可实现焊接，称为熔焊区（Ⅲ区）；而曲线 ABC 以下的区域（Ⅳ区），由于外加能量不足，是不能实现焊接的区域。

2. 焊接方法的分类

为达到金属连接的目的，必须从外部给连接的金属以很大的能量，使金属接触表面达到原子间结合。通常，外界提供能量的方式是对焊件加热、加压或两者并用。

按焊接过程中金属所处的状态不同，可以把焊接方法分为熔焊、压焊和钎焊三大类。

（1）熔焊　熔焊是指在焊接过程中，将待焊处的母材金属熔化，但不加压力以形成焊缝的焊接方法。在加热的条件下，增强了金属的原子动能，促进了原子间的相互扩散，当被焊金属加热至熔化状态形成液态熔池时，原子之间可以充分扩散和紧密接触，因此，当冷却凝固后就可以形成牢固的焊接接头。熔焊是金属焊接中最主要的一种方法，常用的有焊条电弧焊、埋弧焊、气焊、电渣焊、气体保护焊等。

（2）压焊　压焊就是在焊接过程中，无论加热与否，必须对焊件施加一定压力以完成焊接的焊接方法。这类连接有两种方式：一是对被焊材料局部或整体加热，使连接处达到塑性或熔化状态，从而破坏了金属表面的氧化膜，减小变形阻力，然后施加一定的压力，形成牢固的焊接接头。这种压焊方法主要有电阻焊、摩擦焊、锻焊等。二是不进行加热，仅在被焊金属的接触面上施加足够的压力，借助于压力所形成的塑性变形，使原子间相互靠近而形成牢固接头。这种压焊方法有冷压焊、爆炸焊等。

（3）钎焊　钎焊是采用比母材熔点低的金属材料做钎料，将焊件和钎料加热到高于钎料熔点，但低于母材熔点的温度，利用液态钎料润湿母材，填充接头间隙，并与母材相互扩散而实现连接焊件的方法。根据使用钎料的不同，可将钎焊分为硬钎焊和软钎焊两类。

二、本教材的主要内容及要求

1. 本教材的主要内容

“金属熔焊原理”是高等职业学校焊接专业的主干课程之一。本教材主要介绍金属在熔焊过程中温度、化学成分、组织和性能的变化规律，常见焊接冶金缺陷产生的原因、影响因素及防止措施，焊接材料的性能与应用。

2. 学习本教材应达到的能力目标

本教材是根据高等职业学校焊接专业“金属熔焊原理”课程的教学大纲编写的，通过学习本教材，学习者应达到以下能力目标：

1）了解焊接过程的物理本质，能从理论上说明焊接与其他连接方法的根本区别。

2）了解金属熔焊时焊件上温度变化规律，熟悉焊接条件下金属所经历的化学、物理变化过程，掌握焊接接头在其形成过程中成分、组织与性能变化的基本规律。

3）掌握焊接冶金过程中常见缺陷的特征、产生条件和影响因素，并能根据生产实际条件分析缺陷产生的原因，提出防止措施。

4）掌握常用焊接材料的性能特点及应用范围，了解焊条配方的设计原则及制造过程。

资料卡

焊接结构的特点：

1）焊接结构重量轻，节约材料。

2）焊接结构劳动量少，生产率高。

3）焊接结构强度高，密封性好。

4）焊接结构加工方便，有利于实现机械化和自动化。

【综合训练】

一、理论部分

（一）填空题

1. 焊接是通过________或________，或者两者并用，并且用或不用________，使焊件间达到________________的一种加工方法。

2. 焊接与其他金属连接方法最根本的区别在于，通过焊接，两个焊件不仅在宏观上建立了______________，而且在微观上形成了______________。

3. 按焊接过程中金属所处的状态不同，可以把焊接方法分为________、________和________三大类。

4. 熔焊是指____的焊接方法。

5. 压焊就是在焊接过程中，无论加热与否，必须____。

（二）判断题（正确的画“√”，错误的画“×”）

1. 焊接是一种可以拆卸的连接方式。（　）

2. 熔焊是一种既加热又加压的焊接方法。（　）

3. 钎焊虽然在宏观上也能够形成不可拆卸的接头，但在微观上与压焊和熔焊是有本质区别的。（　）

（三）简答题

1. 焊接过程的实质是什么？

2. 本教材的学习目标及重点是什么？

二、实践部分

1. 训练目标：了解焊接在现代工业生产中的应用及常用的焊接方法中有哪些属于熔焊。

2. 训练准备：

（1）人员的准备：每组5~7人，组成一个考查小组。

（2）资料的准备：准备有关焊接生产方法的资料。

3. 训练地点：图书馆和实习工厂。

4. 训练方法：

(1) 考查小组首先准备有关焊接生产方面的资料，查阅有关焊接方法分类的资料。

(2) 通过查阅资料了解目前生产中常用的焊接方法有哪些，并对常用的焊接方法进行分类，了解哪些是熔焊的方法。

(3) 带着查阅的资料,到实习工厂去了解一下,这些常用的熔焊方法在生产中的应用情况。

第一单元　焊接热过程

学习目标

通过本单元的学习，了解焊接热过程的特点及其对焊接接头组织和性能的影响，熟悉常用的焊接热源的种类，掌握焊接温度场的分布及影响因素，焊接热循环的特点、影响因素及调节方法。

模块一　焊接热过程及其特点

一、焊接的一般过程

熔焊是应用最广泛的一类金属焊接方法，一般焊接部位须经历加热—熔化—冶金反应—凝固结晶—固态相变—形成接头等过程，也可归纳成如下三个互相交错进行而又彼此联系的过程，如图1-1所示。

1. 焊接热过程

在焊接热源作用下金属局部被加热与熔化，同时出现热量的传播和分布的现象，而且这种现象贯穿整个焊接过程的始终，这就是焊接热过程。一切焊接物理化学过程都在这种过程中发生和发展，它直接影响着焊接质量和生产率。

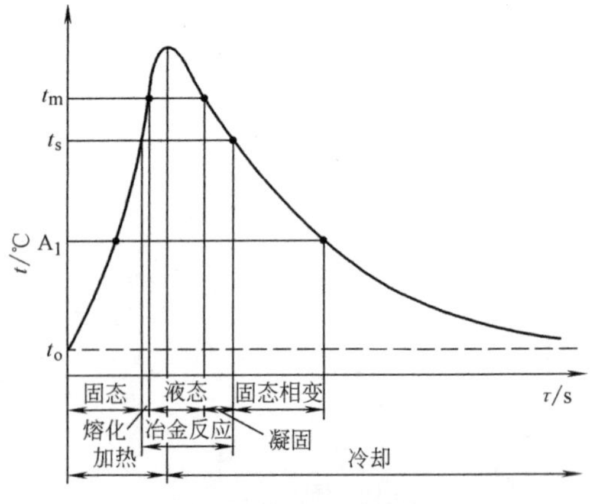

图1-1　熔焊时焊缝区金属经历的过程

t_m—金属的熔化温度（液相线）

t_s—金属的凝固温度（固相线）

A_1—钢的 A_1 相变点　t_o—初始温度

2. 焊接冶金过程

高温下熔化金属、熔渣、气相之间进行着一系列化学冶金反应，如金属的氧化、还原、脱硫、脱磷、渗合金以及与氢的作用等，这些反应直接影响焊缝金属的成分、组织和性能。控制冶金过程是提高焊缝质量的重要措施之一。

3. 焊接时金属的结晶和相变过程

在焊接条件下，热源离开后被熔化的金属便快速连续冷却，并发生结晶和相变过程，最后形成焊缝。在这一过程中有可能在焊缝金属中产生偏析、夹杂、气孔、热裂纹、淬硬、脆化、冷裂纹等缺陷。控制和调整焊缝金属的结晶和相变过程是保证焊接质量的又一关键。

焊缝两侧的母材因热传导而受到热的作用，于是发生组织的变化，形成了焊接热影响区（HAZ，Heat Affected Zone），在该区可能导致缺陷或性能变坏。

二、焊接热过程的特点

一切焊接物理化学过程、结晶相变过程都是在焊接热过程的基础上发生和发展的。焊接热过程比热处理条件下的热过程复杂得多。

1. 焊接热过程的不均匀性

焊件在焊接时不是整体被加热，而是热源只直接加热作用点附近的区域，加热和冷却极不均匀。

2. 焊接热过程的运动性

焊接过程中热源相对于焊件是运动的，焊件受热区域不断变化。当焊接热源接近焊件某一点时，该点温度迅速升高；当热源逐渐远离时，该点又迅速冷却。

3. 焊接热过程的瞬时性

在高度集中热源作用下，加热速度很快（电弧焊加热速度为1500℃/s），在很短的时间内热量从热源传递到焊件上。由于热源向前移动，曾被加热达到高温部位的热量被迅速导出而冷却降温。

4. 焊接热过程的复合性

焊接熔池中的液态金属处于强烈的运动状态。在熔池内部，传热过程以流体对流为主，而在熔池外部，以固体导热为主，还存在着对流传热以及辐射传热。

三、焊接热过程对焊接质量的影响

焊缝金属的内在质量、热影响区的组织与性能的变化、焊接接头上的应力状态以及焊接生产率等，直接受到热过程的影响。焊接热过程对焊接质量的影响主要有以下几点：

1）焊接热过程决定了焊接熔池的温度和存在时间。温度高低和时间长短，直接影响着熔池金属的理化反应。若反应不完全，在焊缝金属中将会产生如偏析、气孔、夹杂等缺陷。

2）在焊接热过程中，由于热传导的作用，近缝区的母材金属将发生组织与性能的变化，这种变化与焊接热源性质、加热时间和冷却速度有关，受其影响在该区可能产生淬硬、脆化或软化现象。

3）焊接是不均匀加热和冷却的过程，在接头区发生不同程度热弹塑性变化，焊后将产生不均匀的应力状态和各种变形，焊接应力与冶金因素共同起作用可以产生裂纹。

4）提高母材和填充材料的熔化速度是提高焊接生产率的重要途径，而熔化速度则取决于热的作用，故焊接热过程对焊接生产率产生影响。

研究焊接热过程要注意热源的特性和被焊金属（母材）的传热特点，其中包括各种焊接热源、焊接温度场、焊接传热基本规律、母材与焊材的加热与熔化、焊接热循环等。

【综合训练】

一、理论部分

（一）填空题

1. 在焊接热源作用下________________，同时出现________________现象，而且这种现象贯穿整个焊接过程的始终，这就是焊接热过程。

2. 在焊接条件下，热源离开后被熔化的金属便快速连续冷却，并发生______和______过程，最后形成______。

（二）判断题

1. 焊接热过程与金属热处理不同，不均匀加热是焊接过程的基本特征。（　）

2. 在焊接热过程中，由于热传导的作用，近缝区的母材会产生淬硬、脆化或软化现象。（　）

3. 提高母材和填充材料的熔化速度，能够提高焊接生产率。（　）

（三）简答题

1. 焊接热过程的特点是什么？

2. 焊接热过程对焊接质量主要有哪几个方面的影响？

二、实践部分

1. 训练目标：了解熔焊焊接热过程中被焊金属的变化。

2. 训练准备：

(1) 人员准备：每组5~7人，组成一个研究小组。

(2) 材料的准备：焊条电弧焊的焊机一台、焊条若干、试板一块。

3. 训练地点：实验室。

4. 训练方法：观察焊条电弧焊的焊接过程。

模块二　焊接热源

焊接需要外加能量，对于熔焊主要是热能。现代焊接发展趋势是逐步向高质量、高效率、低劳动强度和低能耗的方向发展。用于焊接的热量总是希望高度集中，能快速完成焊接过程，并能保证得到热影响区最窄及焊缝致密的接头。

一、常用的焊接热源

焊接热源的性质与功率，决定了焊接加热的速度、加热的温度和加热的范围，将直接影响焊接质量和生产率。因此，不断研制和开辟新的热源，对焊接技术的发展有重要作用。

生产中常用的焊接热源有以下几种：

(1) 电弧热　电弧热是指利用熔化或不熔化的电极与焊件之间的电弧所产生的热量。电弧是目前应用最广的焊接热源。

(2) 化学热　化学热是指利用可燃性气体（如乙炔、液化石油气等）燃烧时放出的热量，或热剂（由一定成分的铝粉或镁粉、氧化铁粉、铁屑或铁合金等按一定比例配制而成）在一定温度下进行反应所产生的热量。

（3）电阻热　电阻热是指利用电流通过接头的接触面及邻近区域所产生的热量，或电流通过熔渣时所产生的热量进行焊接。

（4）摩擦热　摩擦热是指利用机械摩擦所产生的热量。

（5）等离子弧　等离子弧是指借助水冷喷嘴对电弧的拘束作用，获得高电离度和高能量密度的电弧。

（6）电子束　利用加速和聚焦的电子束轰击置于真空或非真空中的焊件表面，使动能转变为热能而进行焊接。

> **小知识**
>
> 随着科技的发展进步，现有的热源不断地完善，同时还将开发出更新的热源，如激波热、太阳能等热源也将被用于焊接中。

（7）激光束　以经过聚焦的激光束轰击焊件时所产生的热量进行焊接。

（8）高频感应热　对于有磁性的金属，利用高频感应产生的二次电流作为热源，在局部集中加热进行焊接。

二、焊接热源的主要特征

熔焊热源的功率和密度须足以使焊件局部熔化，当加入填充金属时，还具有断续或连续地熔化填充金属的作用。各种热源产生热量的方式和方法不同，其功率密度或温度存在差别。热源输送的功率，即单位时间由热源向工件输送的能量，一般用瓦（W）表示。功率密度是指热源和工件之间有效接触的单位面积上传送的功率，一般以每平方米或每平方厘米的瓦数（即 W/m^2 或 W/cm^2）表示。功率密度是衡量“热度”的尺度，可作为各种焊接热源比较的指标。

热源的性能不仅影响焊接质量，而且对焊接生产率有着决定性的作用。先进的焊接技术要求热源能够进行高速焊接，并能获得致密的焊缝和最小的加热范围。通常从以下三个方面对焊接热源进行对比。

（1）最小加热面积　即在保证热源稳定的条件下加热的最小面积，单位为 cm^2。

（2）最大功率密度　即热源在单位面积上的最大功率，单位为 W/cm^2。在功率相同时，热源加热面积越小，则功率密度越高，表明热源的集中性越好。

（3）在正常的焊接参数条件下能达到的温度　在正常的焊接参数条件下能达到的温度越高，则加热速度越快，因而可用来焊接高熔点金属，具有更宽的应用范围。

常用焊接热源的上述三个特性数据见表 1-1。

表 1-1　常用焊接热源的特性数据

焊接热源	最小加热面积/cm^2	最大功率密度/(W/cm^{-2})	达到温度
乙炔火焰	10^{-2}	2×10^3	3200℃
金属极电弧	10^{-3}	10^4	6000K
钨极氩弧（TIG）	10^{-3}	1.5×10^4	8000K
埋弧焊	10^{-3}	2×10^4	6400K
电渣焊	10^{-2}	10^4	2000℃

（续）

焊接热源	最小加热面积/cm^2	最大功率密度/(W/cm^{-2})	达到温度
熔化极氩弧（MIG） CO_2 气体保护电弧	10^{-4}	$10^4 \sim 10^5$	
等离子弧 电子束 激光束	10^{-5} 10^{-7} 10^{-8}	1.5×10^5 $10^7 \sim 10^9$ $10^7 \sim 10^9$	18000～24000K — —

从表1-1中可以看出，不同焊接热源的特性数据差别是相当大的。理想的热源应该是具有加热面积小、功率密度大、加热温度高等特点，等离子弧、电子束、激光束等属于此类焊接热源。

三、焊接过程的热效率

在焊接过程中，热源所产生的热量并不是全部被利用，而是有一部分热量损失于周围介质和飞溅等，即焊件吸收到的热量要少于热源所提供的热量。焊件（包括母材与填充金属）所吸收的热量叫做热源的有效热功率。有效热功率是热源输出总功率的一部分。

1. 电弧焊时的热效率

电弧焊的焊接热源是电弧，电弧焊是通过电弧将电能转换为热能来进行焊接的。电弧功率可表示为

$$P_0 = UI$$

式中　P_0——电弧功率，即电弧在单位时间内放出的能量（W）；

U——电弧电压（V）；

I——焊接电流（A）。

实际上电弧所产生的热量并没有全部被利用，有一部分因辐射、对流和传导等损失掉了，焊条电弧焊和埋弧焊的热量分配如图1-2所示。所以真正有效地用于加热、熔化焊件和填充材料的电弧功率称为电弧有效热功率，可表示为

$$P = \eta' P_0$$

式中　P——有效热功率；

η'——电弧有效功率系数，简称焊接热效率。

η'值一般根据实验测定，不同焊接方法的η'值见表1-2。可以看出，埋弧焊的热效率高于焊条电弧焊，这是由于埋弧焊过程中飞溅与散失到周围介质中的热量均小于焊条电弧焊所致，因而热量利用更为充分。此外，电弧热效率还与焊接参数、被焊材料等因素有关。

表1-2　不同焊接方法的η'值

焊接方法	碳弧焊	焊条电弧焊	埋弧焊	钨极氩弧焊		熔化极氩弧焊	
				交流	直流	钢	铝
η'	0.5～0.65	0.74～0.87	0.77～0.90	0.68～0.85	0.78～0.85	0.66～0.69	0.70～0.85

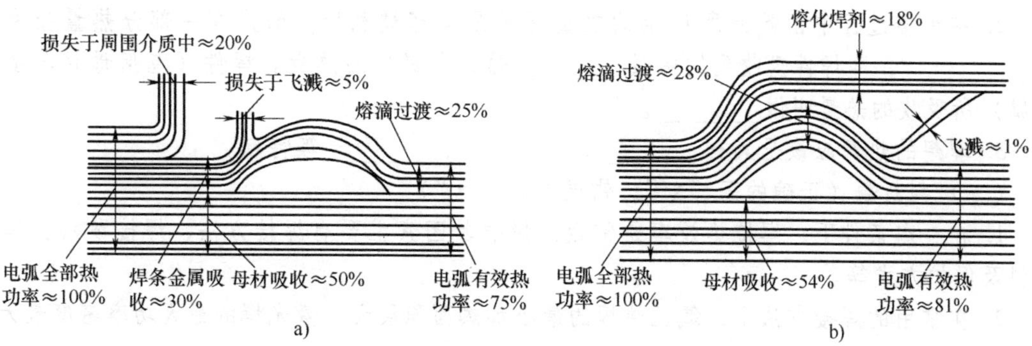

图 1-2　焊条电弧焊和埋弧焊的热量分配

a）焊条电弧焊　b）埋弧焊

2. 电渣焊时的热效率

电渣焊时，渣池处于厚大工件的中间，热能主要损失于强制成形的冷却滑块。实践证明，焊件的厚度越大，滑块带走热量的比例（即损失于滑块的热量）越小。这说明电渣焊时，板厚越大，则热效率越高。

应指出，电渣焊时，在熔化金属的同时，有大量的热能向母材金属传导，因而导致焊接热影响区过宽、晶粒粗大，成为电渣焊的最大缺点。

3. 电子束与激光焊接的热效率

由于电子束是在真空中焊接，因此它的能量损失很少，热效率可达 90% 以上，电子动能的绝大部分都能转化为热能。

激光对焊件加热的机理与电子束不同，它照射焊件时，一部分被吸收，另一部分被焊件表面反射，吸收与反射的比例与被焊材料的种类及其表面状态有关。一般来讲，只要被焊件吸收的能量，就能被充分利用，能量的损失极少。

这两种热源的共同特点是能量极为集中，可以在最小的加热面积上提供最大的功率。利用这种热源进行焊接时，可在瞬时之间实现焊接，使绝大部分能量（90% 以上）都用于熔化金属，所以在焊接同样的工件时所需的功率比其他焊接方法要小得多。

应该指出，这里所说的热效率 η'，只是考虑焊件所能吸收到的热能。实际上这部分热能又分为两部分：一部分用于熔化金属而形成焊缝；另一部分由于热传导而流失于母材形成热影响区。热效率 η' 并没有反映这两部分的比例。严格来讲，用于熔化金属形成焊缝的热能才是真正的热效率。

热源的熔化效率，是指焊接时用于熔化金属的热量占热源功率的百分比。它不仅能确切说明能量的利用率，并可作为描述焊接热源先进性的判据之一。熔化效率高的热源（如电子束和激光束的熔化效率可达 90% 以上）焊接生产率高、热影响区窄、焊接质量好，而且节约能源，对于焊接一些难熔或化学性质活泼的金属材料，有更广的应用范围。

【综合训练】

一、理论部分

（一）填空题

1. 焊接热源主要的三个特征是________、________和________。

2. 在焊接过程中由热源所产生的热量并不是全部被利用，而是有一部分热量损失于__________，即焊件吸收到的热量________热源所提供的热量。焊件（包括母材与填充金属）所吸收的热量叫做________。

3. 理想的热源应该是具有________、________、________等特点。

（二）判断题（正确的画“√”，错误的画“×”）

1. 在一定条件下，焊接热效率是常数，影响其因素主要有焊接方法、焊接参数、焊接材料及保护方式等。（　）

2. 在常用的焊接方法中，氧乙炔焊的最小加热面积最大，激光焊的最大功率密度最大。（　）

3. 电弧焊时，电弧产生的热量全部被用来熔化焊条（焊丝）和母材。（　）

（三）简答题

1. 生产中常用的焊接热源有哪些？

2. 比较电弧焊与电渣焊焊接热源的特点及热效率。

3. 分析各种焊接方法所用的焊接热源的特点，讨论一下不同焊接热源的热效率。

二、实践部分

1. 训练目标：了解现在焊接时常用焊接热源的种类及特点，掌握这些焊接热源在焊接生产中的应用。

2. 训练准备：

（1）人员准备：每5~8人一组。

（2）材料准备：焊接热源及应用方面的材料。

3. 训练地点：图书馆和实习工厂。

4. 训练方法：

（1）首先查阅有关焊接方面的书籍，了解现在焊接中常用的焊接热源有哪些，以及焊接热源的发展历史及应用。

（2）到实习工厂去了解现在生产中焊接热源的应用情况，并了解不同的焊接热源在应用方面的特点。

（3）对各种焊接热源的应用进行对比分析，得出焊接热源对焊接质量的影响。

模块三　焊接温度场

一、焊接过程中热能传递方式

> **小知识**
>
> 根据热力学第二定律，热的传递有三种基本方式，即传导、对流和辐射。

热力学第二定律指出，热总是不断地从高温流向低温，只要有温度差存在，就会有热的流动。焊接时，由于工件是局部受热的，工件上存在着很大的温度差，并且工件与周围介质之间也存在着很大的温度差，所以在焊件内部和焊件与周围介质之间都要发生热能的流动。

1. 热传导

热传导发生于物体内部或相互接触的物体之间。在金属内部，传导是热交换的唯一形式。热传导是由于温度（受热）不同，在物体内部引起自由电子移动和原子、离子发生振动的结果。温度差越大，则自由电子的移动就越激烈，因此，良好的导电体也是好的导热体。

2. 对流

对流是由运动的质点来传递热能的，它是利用不同温度区域质点的密度不同来传热的，例如，把盛液体或气体的容器加热之后，容器内受热的液体或气体就要向上浮起，而较冷的液体或气体就要下沉，这种现象就称为对流。

3. 辐射

辐射是因为物体受热之后，内部原子发生振动而出现一种电磁波，此电磁波从物体的表面向外发射，它到达另一物体的表面时又转变为热能。应指出，在传热体和吸热体之间的辐射交换是彼此往复的，只是两者以不同的速度进行辐射。

想一想

在焊接过程中，热的传递以哪一种传热方式为主呢？

1）热能由热源传给焊件及焊条。

2）热能在母材和焊条内部的传播。

二、焊接温度场

（一）焊接温度场的定义及特点

1. 焊接温度场的定义

焊接时，焊件上各点的温度每一瞬时都在变化，但这种变化是有规律的。焊接温度场是指焊接过程中某一瞬时焊件上各点的温度分布。在掌握温度场的定义时，应注意以下两点：

1）与磁场、电场一样，温度场考察的对象是空间一定范围内的温度分布状态。

2）因为焊件上各点的温度是随时间变化的，因此温度场是某个瞬时的 P 温度场。

温度场的数学表达式可写作

$$t = f(x, y, z, \tau)$$

式中 t——工件上某一点在某一瞬时的温度；

x，y，z——某一点的空间坐标；

τ——时间。

2. 焊接温度场的特点

1）可用图形表示，图 1-3 所示为薄板在电弧焊时的一个典型温度场。图 1-3a 所示是用垂直于板平面的坐标表示其面上各点的温度分布；图 1-3b 所示为距焊缝中心线在 y 向不同距离的温度分布；图 1-3c 所示为在 x 方向距热输入点不同距离的温度分布；图 1-3d 所示为利用焊件上温度相同的点连成等温线来表示的温度分布，若在体积内则能连成等温面。

以上各种表示温度场的图形中以图 1-3d，即用等温线（或面）表示，最为常用。

2）等温线或等温面之间互不相交，有温度梯度。从图 1-3d 可以看出，各等温线或等温面之间存在温度差，故互不相交。在相邻等温线或等温面之间，在某一方向上单位距离的温度变化率称温度梯度，它表示单位体积内温度变化的激烈程度。温度梯度是矢量，在等温线

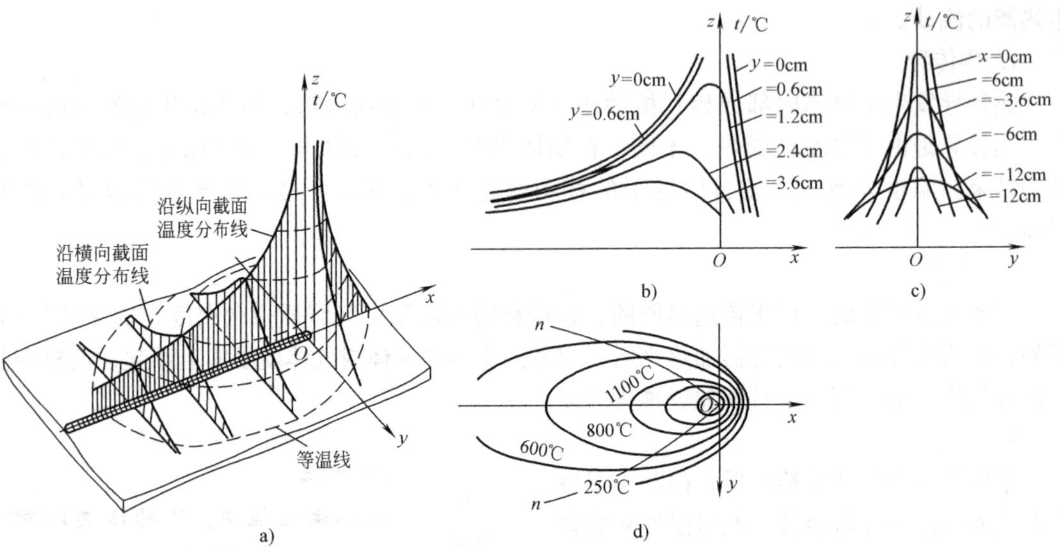

图 1-3　焊接温度场

a）三维（立体）温度分布　b）沿纵向截面温度分布　c）沿横向截面温度分布　d）等温线

或等温面法线方向上的温度梯度最大。

在图 1-3d 中的 n-n 曲线是各等温线在 y 方向最外侧的点的连线，它实际上是焊件中温度上升及下降的分界的轨迹，在该曲线左侧的所有点都处在冷却过程中，而右侧的各点则都处在加热过程中。

图 1-4 所示为在相同热功率 P 和热源移动速度 v 条件下，不同材料板上的温度场。图中影线部分习惯上是表示在该瞬时母材的屈服应力可以忽略不计的区域，对碳钢大约在 600℃ 等温线内。

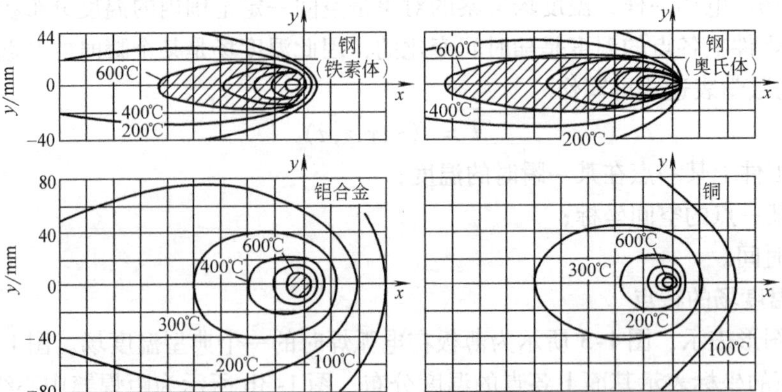

图 1-4　相同热功率和热源移动速度条件下，不同材料板上的温度场

$P = 4.19\text{kJ/s}$　$v = 2\text{mm/s}$　$\delta = 10\text{mm}$　$t_0 = 0℃$

3. 焊接温度场的分类

根据焊件的尺寸和形状不同，温度场可以分为三维的（即三向传热）、二维的（即两向

传热）和一维的（即单向传热）。

对于厚大焊件，当在它的表面进行堆焊时，就可以把它的温度场看作是三维的，这时可以把热源看成是一个点（或称点状热源），热的传播是三个方向（即 x，y，z 方向）的，如图 1-5a 所示。

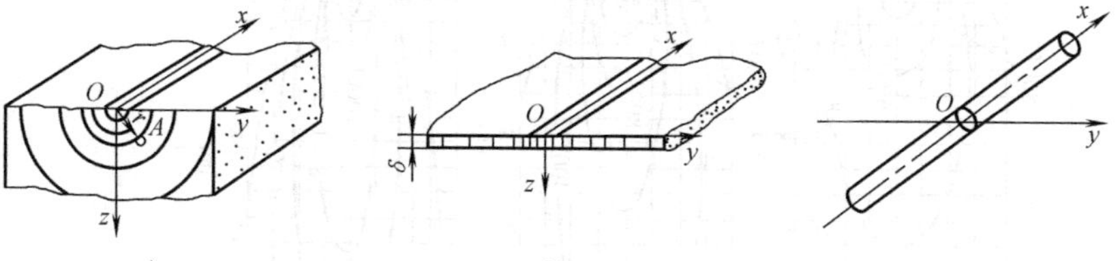

图 1-5　温度场的分类

a）三维温度场　b）二维温度场　c）一维温度场

一次熔透的薄板，温度场可以看成是二维的。这时认为热能均匀分布在板的厚度方向上，即在板厚度方向没有温差，把热源看成是沿板厚的一条线（或称线状热源），热的传播是两个方向（即 x，y 方向）的，沿平面进行，如图 1-5b 所示。

细棒的对接及焊条的加热，其温度场均是一维的。如果热在细棒截面上的分布是均匀的，如同以一个均温的小平面进行热的传播（即面状热源），此时传热的方向只有一个（即 x 方向），如图 1-5c 所示。

（二）影响焊接温度场的因素

影响焊接温度场的因素很多，其中主要有以下几个方面：

1. 热源的性质

由于热源的性质不同，焊接时温度场的分布也不同。热源越集中，则加热面积越小，温度场中等温线（或面）的分布就越密集。如电子束焊时，热能极其集中，所以温度场的范围很小，仅为几个毫米的区域；而在气焊时，热源的作用面积较大，因此温度场的范围也较大，可达几个厘米。

2. 焊接参数

焊接参数是焊接时为保证焊接质量而选定的各项参数的总称，包括焊接电流、电弧电压、焊接速度、热输入等。同样的焊接热源，由于采用的焊接参数不同，对温度场的分布也有很大影响，其中影响最大的是有效热功率 P 和焊接速度 v，如图 1-6 所示。

图 1-6a 所示为 P 不变而改变 v 的情况，随焊接速度 v 的增加，加热面积减小，热源前方的等温线更加密集。图 b 所示为 v 不变而改变 P 的情况，当 P 增加时，由于单位长度焊缝所吸收的能量增加，加热范围明显增大。图 c 所示为 P 与 v 同时变化，但 P/v = 常数，随 P 与 v 的增加，等温线沿运动方向伸长，但宽度变化不明显。

P/v 值是一个很有实用意义的参数，其物理意义如下：熔焊时，由焊接热源输入给单位长度焊缝的能量，单位为 J/cm，称为热输入。

3. 被焊金属的热物理性能

同样形状尺寸的焊件，在相同热源的作用下，由于金属材料的热物理性能不同，也会有不同的温度场。热导率、比热容、焓及表面传热系数对焊接温度场的分布均产生一定的影响。

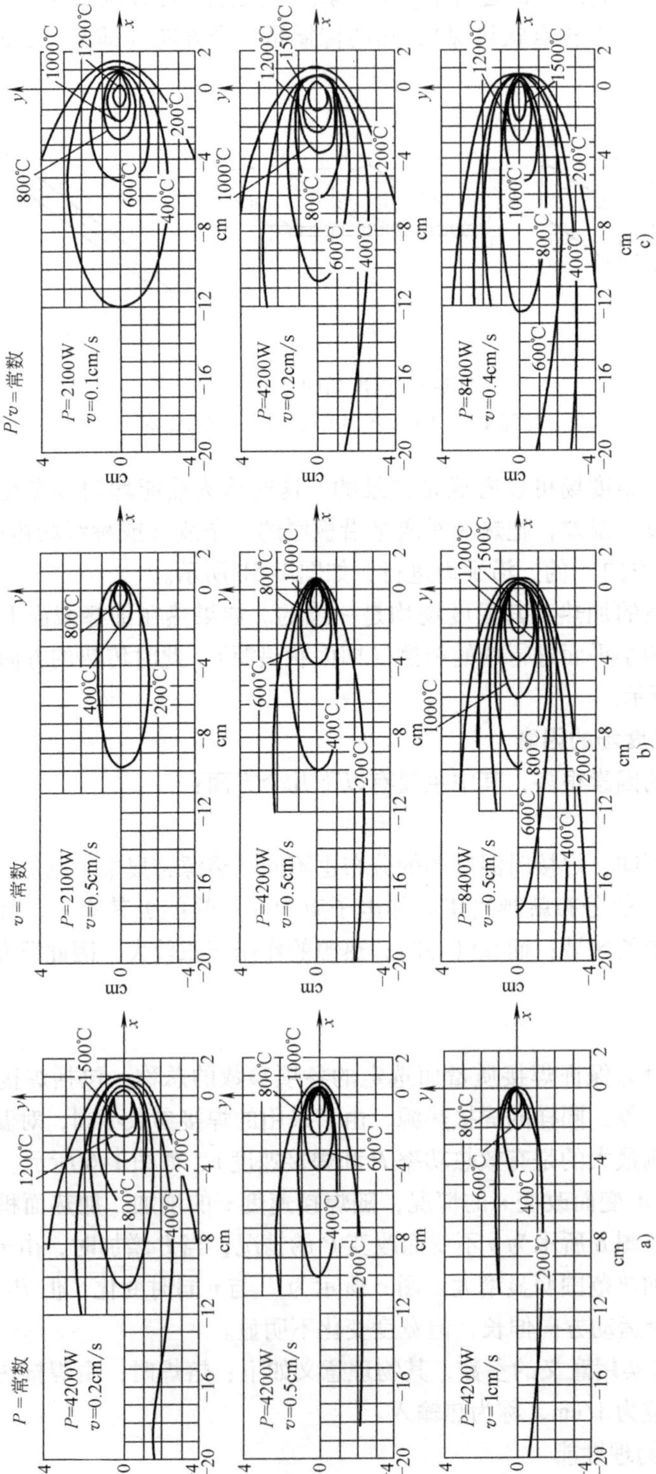

图1-6　焊接参数对温度场的影响（母材为低碳钢）

a）P=常数，v变化　b）v=常数，P变化　c）P/v=常数，P、v同时变化

(1) 热导率（λ） λ 表示金属内部的导热能力。热导率的物理意义是：在单位时间内，沿等温面法线方向单位距离温度降低 1℃ 时，经过单位面积所传递的热量，单位为W/(cm·℃)。

(2) 比热容（c） 比热容为单位质量的物质升高 1℃时所需的热量，单位为 J/(g·℃)。不同种材料具有不同的比热容。比热容越高的金属，加热时温度上升越慢。

(3) 焓（H） 焓为单位质量的物质加热到温度 t 时所吸收的热能，即在某温度下，单位质量的物质所含有的热能，单位为 J/g。对于低碳钢来说，加热到熔化温度时，焓约为1331.4J/g。

(4) 表面传热系数（α） 表面传热系数是说明金属散热的能力，它的物理意义是：散热体表面与周围介质每相差 1℃ 时，通过单位面积在单位时间内所散失的热量，单位为W/(m^2·℃)。

图 1-7 所示为金属热物理性能对焊接温度场的影响。

4. 被焊金属的几何尺寸

被焊金属的几何尺寸会直接影响导热的面积和导热的方向。金属的导热能力一般都明显高于周围的介质，因此来自热源的热量大部分在金属内部传播。工件的尺寸越大，传到金属内部的热量越多，传播的速度越快，热源附近的冷却速度也越快。

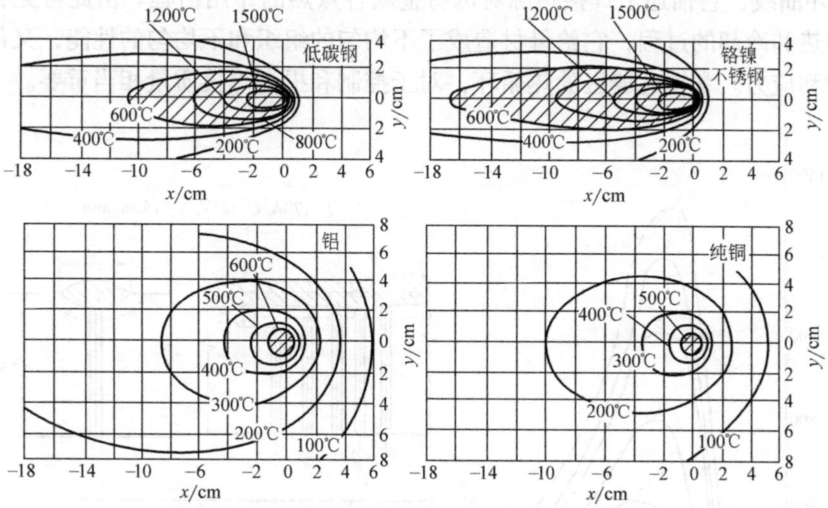

图 1-7 金属热物理性能对焊接温度场的影响

$P=4200\text{J/s}$ $v=0.2\text{cm/s}$ $\delta=10\text{mm}$

【综合训练】

（一）填空题

1. 焊接温度场是指____。

2. 根据焊件的尺寸和形状不同，温度场可以是________、________和________。

3. 焊接热输入是指____________________________。

4. 根据研究的结果认为，热能由热源传给焊件（除电阻焊和摩擦焊以外）主要是以________和________为主；而母材和焊条获得热能之后，热的传播则以________为主。

（二）判断题（正确的画“√”，错误的画“×”）

1. 焊接温度场是指焊接过程中某一瞬时焊件上各点的温度分布状态。（　　）

2. 同样形状和尺寸的焊件，在相同热源的作用下，由于金属材料的热物理性能不同，焊接温度场也不同。（　　）

（三）简答题

1. 焊接温度场的特点有哪些？

2. 影响焊接温度场分布的因素有哪些？对焊接温度场的分布有什么影响？

3. 分析不同的焊接条件下焊接温度场的分布。

模块四　焊接热循环

一、焊接热循环及其特征

在焊接过程中热源沿焊件移动时，焊件上某点的温度随时间由低而高达到最大值后又由高到低变化的过程称焊接热循环。图1-8所示是电弧焊时在母材上距焊缝中心线不同距离的5点的热循环曲线，它描述了焊接热源对母材金属各点热的作用历程。由此可见，焊接是一个不均匀加热和冷却的过程，它给母材造成了不均匀的组织和不均匀的性能，又使焊件产生复杂的应变和应力。掌握近缝区的热循环，对于控制和提高焊接质量相当重要。

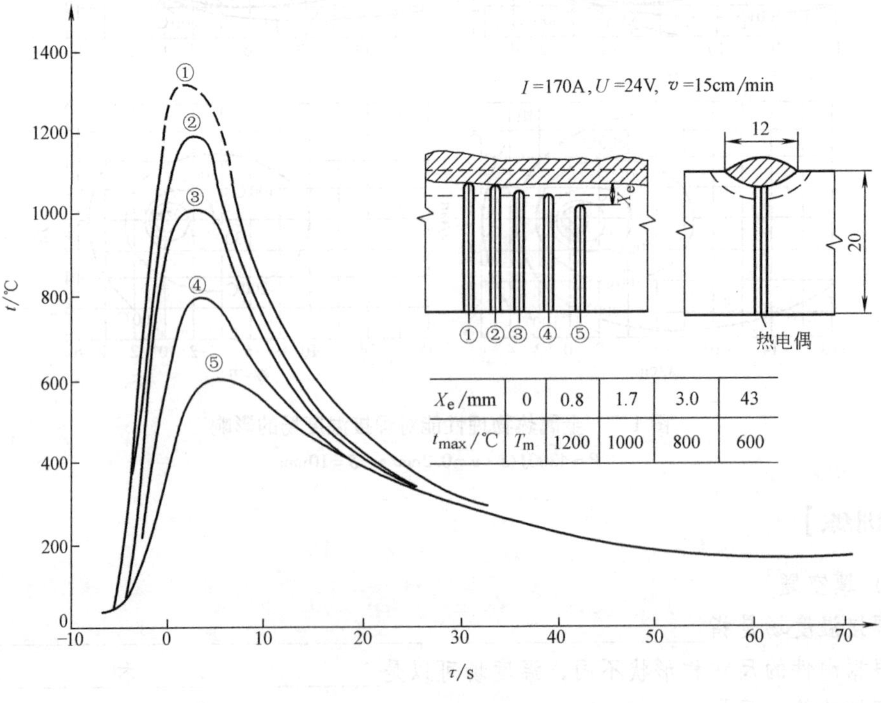

图1-8　电弧焊热影响区中各指定点的热循环

从图1-8中看出焊接热循环有以下三个特征：

1）加热最高温度（即峰值温度）随着离焊缝中心线距离的增大而迅速下降（见图中虚线）。

2）达到峰值温度所需的时间随着离焊缝中心线距离的增大而增加。

3）加热速度和冷却速度都随着离焊缝中心线距离的增大而下降，即曲线从陡峭变为平缓。

二、焊接热循环的主要参数

焊接热影响区上任一点的焊接热循环均可用图 1-8 所示的温度-时间曲线表示。

任取其中一条示于图 1-9，在该曲线上能够反映其热循环特征的，并对金属组织与性能发生影响的参数主要有：加热速度 v_h、峰值温度 t_m、高温停留时间 τ_h、在某一温度 t_c 时的瞬时冷却速度 v_c 或某一温度区间的冷却时间 τ_A 等。

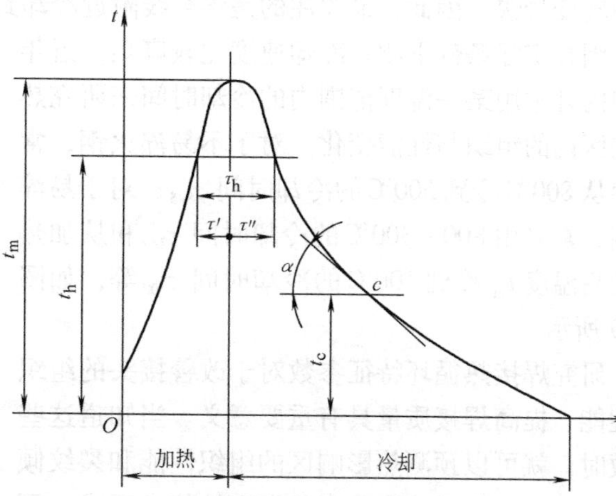

图 1-9　焊接热循环参数

t_c—c 点瞬时温度　t_h—相变温度

（1）加热速度（v_h）　焊接时的加热速度比普通的金属热处理条件下快得多，它受焊接方法、焊接热输入、板厚及几何尺寸和金属热物理性质的影响，见表 1-3。

焊接钢材时，加热速度越快，钢中奥氏体的均质化和碳化物溶解就越不充分，必然影响到焊接热影响区冷却后的组织与性能。

表 1-3　单层电弧焊和电渣焊低合金钢时近缝区热循环参数

板厚 /mm	焊接方法	焊接热输入 /(J/cm)	900℃时的加热速度 /(℃/s)	900℃以上的停留时间/s		冷却速度 /(℃/s)		备注
				加热时 τ′	冷却时 τ″	900℃	550℃	
1	钨极氩弧焊	840	1700	0.4	1.2	240	60	对接不开坡口
2	钨极氩弧焊	1680	1200	0.6	1.8	120	30	对接不开坡口
3	埋弧焊	3780	700	2.0	5.5	54	12	对接不开坡口，有焊剂垫
10	埋弧焊	19320	200	4.0	13	22	5	V 形坡口对接，有焊剂垫
15	埋弧焊	42000	100	9.0	22	9	2	V 形坡口对接，有焊剂垫
50	电渣焊	504000	4	162.0	335	1.0	0.3	双丝

（2）峰值温度（t_m）　即最高加热温度，它决定着焊后母材热影响区的组织与性能。例如，接头熔合线附近的过热区，就是因为温度高，引起晶粒粗大，致使韧性下降。

(3) 高温停留时间（τ_h） 是指在相变温度 t_h 以上停留的时间，该时间对于金属相的溶解、析出、扩散均质化以及晶粒粗化等影响很大。对于低碳钢和低合金钢，相变温度以上的停留时间是指 Ac_3 以上的停留时间，该时间越长，越有利于奥氏体的均质化和奥氏体晶粒长大。常把高温停留时间 τ_h 分成加热过程的高温停留时间 τ' 和冷却过程的高温停留时间 τ''，一般 $\tau' < \tau''$。

(4) 冷却速度（v_c）和冷却时间（$\tau_{8/5}$ 或 τ_{100}） 冷却速度或冷却时间是影响焊接热影响区组织与性能的主要因素。在热循环曲线上，每一温度下的瞬时冷却速度都不相同，各点的冷却速度可用该点切线的斜率表示。对于低合金钢，在连续冷却条件下，由于在540℃左右组织转变最快，因此，最关注的是熔合线附近冷却到540℃左右的瞬时冷却速度。

因在实际条件下测定冷却速度比较麻烦，近年来国内外常用某一温度范围内的冷却时间来研究热影响区内的组织与性能变化。对于不易淬火钢，常采用从800℃冷到500℃的冷却时间 $\tau_{8/5}$；对于易淬火钢，常采用800～300℃的冷却时间 $\tau_{8/3}$ 和从加热的最高温度 t_m 冷到100℃的冷却时间 τ_{100} 等，如图1-10所示。

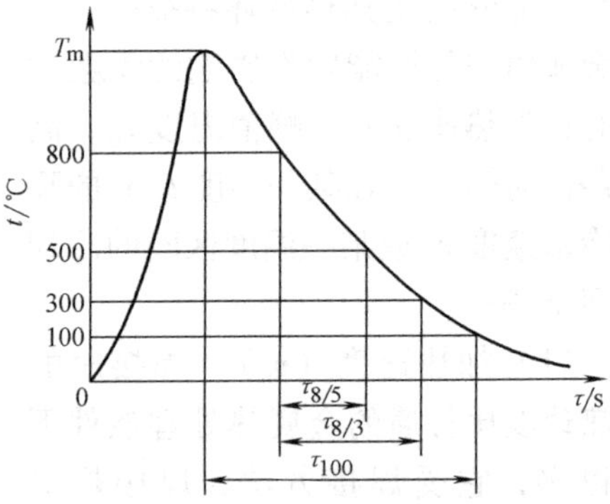

图1-10　一定温度范围内的冷却时间

研究焊接热循环特征参数对于改善接头的组织与性能、提高焊接质量具有重要意义。当知道这些参数时，就可以预测热影响区的组织性能和裂纹倾向；反之，根据对热影响区组织和性能的要求，可以合理地选择热循环特征参数，并制订正确的焊接参数。

三、影响焊接热循环的主要因素

影响焊接热循环的因素与影响温度场的因素基本相同，主要是热源的种类及功率、被焊金属的热物理性能、焊件的几何尺寸等。总之，凡是使热输入值或热量传递速度发生变化的因素，都会对热循环参数产生影响。

(1) 热输入　热输入增大时，会使最高加热温度升高，相变温度以上停留时间延长，而冷却速度显著降低。

(2) 预热温度　预热温度的影响效果完全类似于焊接热输入。提高预热温度会使热影响区的宽度增大；但与热输入相反，提高预热温度可以显著降低冷却速度，而不会明显影响在峰值温度附近停留的时间。

(3) 焊接方法　当热输入相同时，焊接方法对焊接热循环也有一定的影响。实验测定，几种常用的焊接方法中，埋弧焊时的冷却速度最慢，焊条电弧焊时冷却速度最快；氩弧焊与 CO_2+O_2 焊两者基本相同，且均比埋弧焊时冷却速度快一些。这是因为尽管焊接热输入相同，但不同的焊接方法所选定的焊接电流和焊接速度的数值可能相差较大，结果在焊缝形状及熔透深度上必将有所不同，从而影响到焊件上的热传播过程。

(4) 焊接接头尺寸形状　接头尺寸形状不同，导热情况就有差异。T形接头或角接接头与同样板厚的对接接头相比，前者的冷却速度约为后者的1.5倍左右。同一坡口形式，板厚增加时，冷却速度也随之增大。

(5) 焊道长度　焊道长度对冷却速度的影响如图1-11所示。在接头形式与焊接条件相同时，焊道越短，其冷却速度越高。当焊道长度小于40mm时，冷却速度会急剧增加，因此定位焊的焊道不能过短；而且弧坑处的冷却速度最高，约为焊缝中部的两倍，比引弧端也要大20%左右。

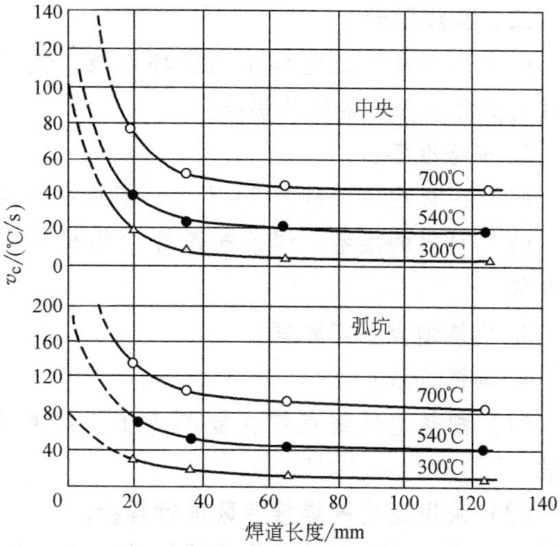

图1-11　焊道长度对不同温度下冷却速度的影响

四、焊接热循环的调节方法

焊接热循环对焊接接头的质量有很大的影响，有时为了改进焊接质量而使热循环在一定范围内进行调整，那么这种调整方法也可以作为提高焊接质量的重要措施之一。当产品一定时，通过一定的工艺措施可以调整焊接热循环，达到改善焊接接头的组织与性能的目的。工艺措施的应用，必须充分考虑被焊金属的化学成分、物理性能及热处理状态等因素。具体可以从以下几个方面入手：

1）根据被焊金属的成分和性能选择适用的焊接方法。

2）合理选用焊接参数。

3）采用预热或缓冷等措施降低冷却速度。对某些要求快冷的材料，也可以采用某些强制冷却的措施，以提高冷却速度。

4）调整多层焊的层数或焊道长度，控制层间温度。

上述措施仅指出一些调整焊接热循环的方向，至于应采取哪个具体措施，依具体情况而定。

【综合训练】

一、理论部分

（一）填空题

1. 在焊接过程中热源沿焊件移动时，焊件上某点的________随时间________过程称焊接热循环。

2. 焊接热循环的四个参数是________、________、________和________。

（二）判断题（正确的画“√”，错误的画“×”）

1. 焊缝两侧距离相同的各点其焊接热循环是相同的。（　）

2. 对于低碳钢和低合金钢，高温停留时间越长，越有利于奥氏体的均质化。（　）

3. 影响焊接热循环的因素与影响温度场的因素基本相同。（　）

（三）简答题

1. 影响焊接热循环的主要因素有哪些？对焊接热循环的曲线分布有什么影响？

2. 试说出几种可以调节焊接热循环曲线的方法。

二、实践部分

1. 训练目标：测量焊接热循环曲线，使学生了解焊接热循环曲线的特征和主要参数，以及对焊接热循环曲线的影响。

2. 训练准备：

(1) 人员准备：每组5~7人，组成一个实验小组。

(2) 材料的准备：焊条电弧焊的焊机一台、焊条若干、试板一块、*X-Y*函数记录仪、热电偶。

3. 训练地点：实验室。

4. 训练方法：

(1) 把热电偶结点焊在被测点上，热电偶的另一端则接在*X-Y*函数记录仪的输入信号端。

(2) 采用设定的焊接参数进行焊接。

(3) 由记录仪自动记录下焊接时的温度变化。

(4) 利用热电势温度换算表得到被测点的热循环曲线。

(5) 分析焊接规范参数对焊接热循环曲线的影响。

第二单元　焊缝金属的构成

学习目标

通过本单元的学习，了解焊缝金属的组成，焊条（焊丝）与母材在焊接过程中加热与熔化的特点，熟悉焊缝金属的形成过程，掌握熔滴过渡特性对焊接过程的影响。

模块一　焊条（焊丝）的加热与熔化

一、焊条（焊丝）的加热

电弧焊时焊条（或焊丝）是电弧放电的电极之一，加热熔化后进入熔池，与熔化的母材混合而形成焊缝。

电弧焊时，加热和熔化焊条（或焊丝）的能量有：焊接电流通过焊芯时所产生的电阻热，焊接电弧传给焊条端部的热能。由于化学反应所产生的热能，在一般情况下后者仅占1%~3%，因此可忽略不计。

1. 电阻加热

焊接电流通过焊芯时产生的电阻热，使其本身和药皮的温度升高。电流通过焊条产生的电阻热 Q_R 为

$$Q_R = I^2 R \tau$$

式中　I——焊接电流（A）；

R——焊芯的电阻（Ω）；

τ——电弧燃烧时间（s）。

电阻加热的特点是：从导电接触点至电弧之间的焊芯上，热量均匀分布。当电流密度不大和加热时间不长时，电阻热的影响可以不考虑。当焊接电流密度很大、焊芯过长时，由于电阻热增大，使焊芯和药皮温升过高将引起以下的不良后果：①焊条金属在电弧作用下熔化过分激烈，使飞溅增加；②焊条药皮开裂，或过早脱落使电弧不能稳定燃烧；③药皮组成物之间过早地发生反应，丧失其冶金性能；④焊缝成形变坏，甚至产生气孔等缺陷；⑤焊条发红变软，操作困难。用不锈钢焊条焊接时，这种现象更加突出，严重者焊接时熔化焊条长度的三分之二，就会因药皮发红、脱落而不能继续施焊，不仅影响了焊接质量，而且造成很大浪费。因此，焊条电弧焊时，应当严格限制焊芯或药皮的加热温度。

实验表明，焊芯和药皮的加热温度取决于电流密度、焊芯的电阻、焊芯的熔化速度、药皮厚度及其成分等。在其他条件相同的情况下，电流密度越大，焊芯的温升越高，所以调节焊接电流密度是控制焊芯加热温度的有效方法。显然，在同样的电流密度下，焊芯的电阻越大，其温升越高。例如，H08A 低碳钢焊芯比 Cr18Ni9 不锈钢焊芯的电阻小，当 130A 的电流通过直径为 4mm 的上述两种焊芯时，其表面温升分别为 532℃和 917℃，后者比前者高约 400℃。故电阻较大的不锈钢焊条比碳钢焊条短，相同直径的焊条选用的电流也要低些。在同样条件下，焊条的熔化速度越快，因其被加热的时间缩短，它的温升越低。药皮的成分和厚度直接影响焊芯表面的散热条件，随着药皮厚度的增加，药皮表面的温度会直线下降，但同时也增加了药皮和焊芯之间的温差，因而增加了药皮开裂倾向；调整药皮的成分，使焊芯金属由短路过渡变成细颗粒过渡，可以提高焊条的熔化速度，降低焊接终了时药皮的温度。

2. 电弧加热

> **小知识**
>
> 经测量表明，焊条的熔化主要依靠电弧的热量，电阻热占次要地位。

焊接电弧产生的热量，大部分用于熔化母材，一小部分用于熔化焊条。焊条端部得到这部分能量后，一部分消耗于熔化端部的药皮及焊芯，另一部分传导到焊芯的上部，使焊芯和药皮的温度升高。但电弧对焊条加热的特点是热量非常集中，沿焊条轴向与径向的温度场都非常窄。对焊条轴向药皮表面温度测量的结果表明，电弧热量集中在至焊条端部 10mm 以内，如图 2-1 所示。焊条径向温度下降得也很快，药皮表面比焊芯的温度要低得多，如图 2-2 所示。

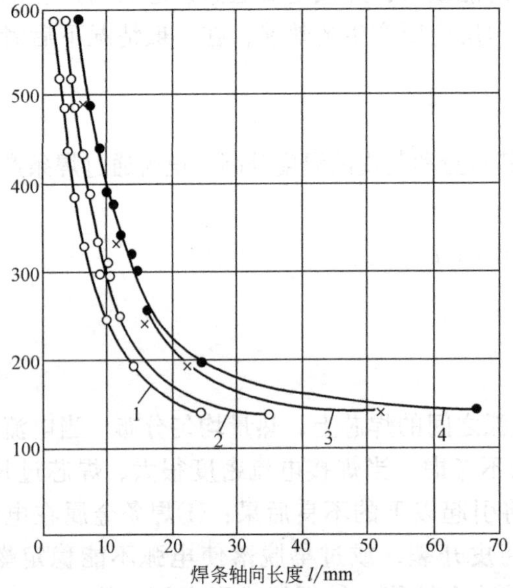

图 2-1 焊接时沿焊条轴向（药皮表面）上的温度分布

不锈钢焊条，$\phi=5\text{mm}$，$I=190\text{A}$，$U=25\text{V}$

电弧燃烧时间：1—10s 2—20s 3—30s 4—40s

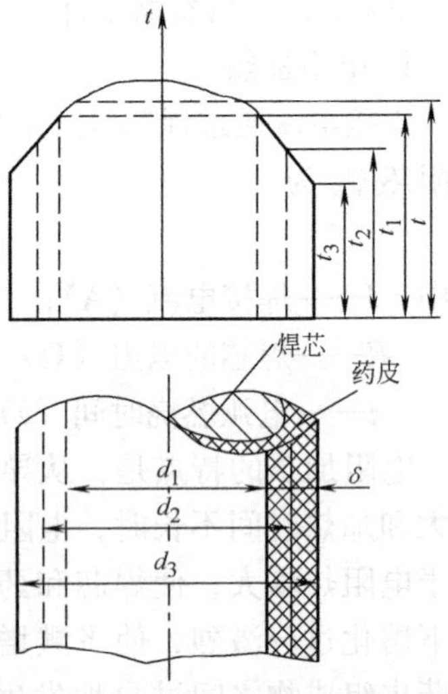

图 2-2 在焊条横截面上的温度分布

t—焊芯平均温度 t_1—药皮内表面温度

t_2—药皮平均温度 t_3—药皮外表面温度

δ—药皮厚度

二、焊条的熔化速度

在电弧热的作用下，焊条端部的焊芯熔化后进入熔池。焊条的熔化速度是标志焊接生产率的主要参数。经研究发现，焊条的熔化是以周期性的滴状形式进行的，这说明焊条的熔化是不均匀的。另外，在大电流密度下用焊条焊接时，由于电流对焊芯的强烈预热作用，焊接终了时的熔化速度比开始时大30%或更多。

焊条的熔化速度可用单位时间内焊芯熔化的长度或质量来表示。试验证明，在正常焊接参数条件下，焊条的平均熔化速度与焊接电流成正比，即

$$v_m = \frac{m}{\tau} = \alpha_P I$$

式中　v_m——焊条的平均熔化速度（g/h）；

m——熔化的焊芯质量（g）；

τ——电弧燃烧的时间（h）；

α_P——焊条的熔化系数［g/(h·A)］。

$$\alpha_P = \frac{m}{I\tau}$$

α_P 的物理意义是：熔焊过程中，在单位时间内使用单位电流时焊芯（或焊丝）的熔化量。

在焊接时，熔化的焊芯或焊丝金属并不是全部进入熔池形成焊缝，而是有一部分损失掉了。单位电流、单位时间内焊芯（或焊丝）熔敷在焊件上的金属量称为熔敷系数，可表示为

$$\alpha_H = \frac{m_H}{I\tau}$$

式中　m_H——熔敷到焊缝中的金属质量（g）；

α_H——熔敷系数［g/(h·A)］。

由于金属蒸发、氧化和飞溅，焊芯（或焊丝）在熔敷过程中的损失量与熔化的焊芯（或焊丝）原有质量的百分比叫做飞溅率（ψ），可以表示为

$$\psi = \frac{m - m_H}{m} = \frac{v_m - v_H}{v_m} = 1 - \frac{\alpha_H}{\alpha_P}$$

或

$$\alpha_H = (1 - \psi)\alpha_P$$

式中　v_H——焊条的平均熔敷速度。

可见，熔化系数并不能确切地反映对焊条金属的利用率和生产率的高低，而真正反映焊条金属利用率及生产率的指标是熔敷系数。

三、焊条药皮的熔化及过渡

药皮的温度、熔化及过渡特点对焊接化学冶金反应有极其重要的影响。前面已介绍了药皮表面的温度及其沿焊条长度的分布情况，这里仅就药皮的熔化及过渡加以讨论。

焊条药皮是压涂在焊芯表面上的涂料层，它是具有不同物理和化学性质的细颗粒物质的

紧密混合物。加热和熔化这样的混合物伴随着各种过程的发生（如化合物的分解、各组成物之间的相互作用、水分的蒸发、低沸点材料的挥发等）。药皮各组成物的熔化并不是同时进行的，而是从低熔点的成分开始，并同时发生高熔点成分溶解在所形成的液体中。

由于焊条药皮的导热能力比焊芯低得多，加之药皮表面的散热作用，因此，在药皮厚度方向的温度分布是不均匀的，等温线由焊芯过渡到药皮内表面发生突然转折，以锥面伸展到药皮外表面，这样在焊条端部形成了所谓的套筒，如图2-3所示。药皮的熔点越高，药皮厚度越大，套筒也就越长。

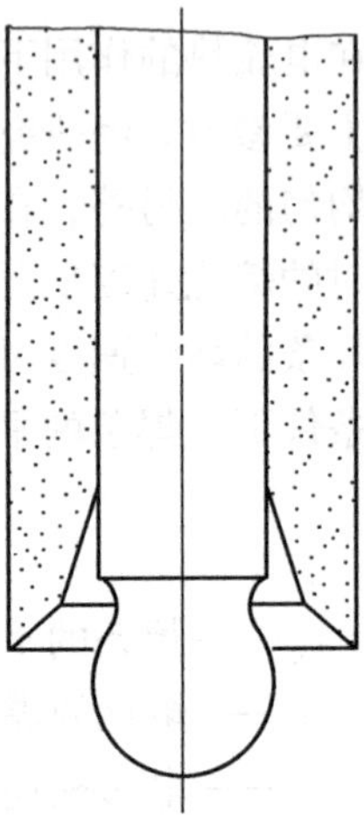

图2-3 药皮形成的套筒

药皮套筒的长度对焊接工艺性能、熔滴过渡形态和化学冶金过程都有影响。增大套筒长度可以提高电弧吹力，增加熔深，细化熔滴，并使气流对熔滴的保护作用得到加强。但套筒过长，将使电弧拉长，造成电弧不稳，甚至中断或使药皮成块脱落。

药皮熔化后，形成熔渣向熔池过渡。熔渣过渡形式有两种：一是包在熔滴外形成一层薄膜或部分熔渣质点被熔滴金属包裹，随熔滴过渡；二是从焊条端部直接进入熔池。在第一种情况下，熔渣在过渡过程中就能与熔滴进行冶金反应，因此冶金反应进行得比较充分。第二种情况是在药皮厚度比较大时才会出现，熔渣仅和熔池金属进行反应。

【综合训练】

一、理论部分

（一）填空题

1. 电弧焊时，加热和熔化焊条（或焊丝）的能量有________、________、______。

2. 焊条的熔化速度可用____________来表示。在正常焊接参数条件下，焊条的平均熔化速度与____________成正比。

3. 由于金属蒸发、氧化和飞溅，焊芯（或焊丝）在熔敷过程中的损失量与__________的百分比叫做飞溅率。

（二）判断题（正确的画“√”，错误的画“×”）

1. 焊接电弧产生的热量，大部分用于熔化焊条，一小部分用于熔化母材。（　）

2. 熔化系数能确切地反映对焊条金属的利用率和生产率的高低。（　）

（三）简答题

什么是熔敷系数？其表达式是什么？

二、实践部分

1. 训练目标：通过实验测量焊条的熔化系数。

2. 训练准备：

（1）人员准备：每5~8人组成一个实验小组。

（2）材料准备：交、直流手弧焊机各一台；交、直流电流表、电压表各一块；天平一台；秒表一块；E5015、E4303焊条若干；低合金钢板若干。

3. 训练地点：实验室。

4. 训练方法：

（1）准备实验材料。

（2）称量出所用焊条的质量，并做好记录。

（3）称量出所用钢板的质量，并记录。

（4）在钢板上用所称的焊条进行堆焊，记录焊接时间、焊接电流等参数。

（5）清除表面的焊渣及飞溅物后，称出试样的质量。

（6）称出焊后焊条的质量，并做记录。

（7）根据记录的结果，计算焊条的熔化系数、熔敷系数。

模块二 熔滴过渡

一、熔滴的过渡特性

1. 熔滴的比表面积和相互作用时间

焊接时金属与熔渣和气体的相互作用属于高温多相反应。因此，熔滴的表面积和熔滴与周围介质相互作用的时间对熔滴阶段的冶金反应有很大的影响。

熔滴的比表面积 S，即熔滴的表面积 A_g 与其体积 V_g 或质量 ρV_g 之比，可表示为

$$S=\frac{A_g}{V_g} \quad 或 \quad S=\frac{A_g}{\rho V_g}$$

随着物体体积的增大，其表面积也迅速增大，因此，在熔滴长大的过程中，其比表面积也应当是变化的，熔滴的比表面积取决于它的形状和尺寸。

熔滴越细，其比表面积越大。因此，凡是能使熔滴变细的因素，如增大电流密度、在药皮中加入表面活性物质等，都能使熔滴的比表面积增大，从而有利于冶金反应的进行。

焊接时，熔滴的比表面积是相当大的，据统计可达 $10^3 \sim 10^4 cm^2/kg$。熔滴与其他相的接触面积比熔滴的表面积还要大，因为在熔滴内部常常含有熔渣的质点和气泡。焊接时的化学冶金反应是很激烈的。

熔滴与周围介质相互作用的时间越长，冶金反应越充分。作用时间与熔滴长大的时间有关，而且很大程度上取决于熔滴脱落后在焊条端部剩下的液体金属的质量 m_0 与单个熔滴的质量 m_{tr}之比。当熔滴长大所需的时间增加时，熔滴与周围介质相互作用的时间增加；当 m_0/m_{tr}增加时，相互作用的时间也增加。

2. 熔滴的温度

熔滴的温度是研究熔滴阶段各种物理化学反应时不可缺少的重要参数。到目前为止，还不能从理论上精确计算出熔滴的温度。

对焊接低碳钢而言，熔滴的平均温度波动在 2100～2700K 的范围内。

试验表明，熔滴的平均温度随焊接电流的增加而升高，并随焊丝直径的增加而降低。在多数情况下，正极性焊接时熔滴的平均温度比反极性焊接时低。这首先是因为电弧在阳极区析出的能量比在阴极区析出的能量多；其次是反极性时电弧的斑点稳定于熔滴的下面，因此

易使它过热，而正极性时电弧斑点在熔滴表面上飘动，有时转移到液体金属与固体金属的交界处，电弧热可直接传给焊丝，自然使熔滴的温度下降。

二、熔滴的过渡特性对焊接过程的影响

熔滴的过渡特性对焊接过程的影响如下：

1）熔滴过渡的速度和熔滴的尺寸影响焊接过程的稳定性、飞溅程度以及焊缝成形的好坏。

2）熔滴的尺寸大小和长大情况决定了熔滴反应的作用时间和比表面积的大小，从而决定了熔滴反应速度和完全程度。

3）熔滴过渡的形式与频率直接影响焊接生产率。

4）熔滴过渡的特性对焊接热输入有一定的影响，改变熔滴过渡的特性可以在一定程度上调节焊接热输入，从而改变焊缝的结晶过程和热影响区的尺寸及性能。

三、熔滴过渡的作用力

你知道吗？

用来说明熔滴过渡的主要参数是：过渡的熔滴质量；熔滴过渡的频率；熔滴过渡的周期；熔滴的比表面积等。这些参数对熔滴与其周围介质相互作用的时间和冶金反应完全程度有着很大影响。

根据作用力的来源不同，熔滴过渡的作用力主要有以下几种。

1. 重力

当焊丝直径较大而焊接电流较小时，在平焊位置的情况下，使熔滴脱离焊丝的力主要是重力，其大小为

$$F_g = \frac{4}{3}\pi r^3 \rho g$$

式中 r——熔滴半径；

ρ——熔滴的密度；

g——重力加速度。

如果熔滴的重力大于表面张力时，熔滴就要脱离焊丝。

显然，在立焊及仰焊时，重力阻碍熔滴过渡。

2. 表面张力

表面张力是使熔滴保持在焊丝端部上的主要作用力，如图2-4所示。其大小为

$$F_\sigma = 2\pi R \sigma$$

式中 F_σ——表面张力；

R——焊丝半径；

σ——表面张力系数。

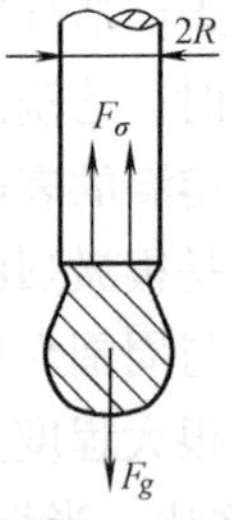

图 2-4 熔滴承受重力和表面张力示意图

σ 的数值与材料成分、温度、气体介质等因素有关。表2-1列举出了一些纯金属的表面张力系数。

表 2-1 纯金属的表面张力系数

金属种类	Mg	Zn	Al	Cu	Fe	Ti	Mo	W
$\sigma/(10^{-3}\mathrm{N/m})$	650	770	900	1150	1220	1510	2250	2680

平焊时，表面张力阻碍熔滴过渡，因此，只要使表面张力减小的措施都将有利于平焊时熔滴的过渡。除平焊之外的其他位置焊接时，表面张力对熔滴过渡有利。

在熔滴上具有少量的表面活化物质时可以大大地降低表面张力系数。在液态钢中最大的表面活化物质是氧和硫。因此，影响这些杂质含量的各种因素（金属的脱氧程度、熔渣的成分等）将会影响熔滴过渡的特征。

增加熔滴温度，会降低金属的表面张力系数，从而减小熔滴尺寸。

3. 电磁力

电流流过导体时，在导体周围产生磁场，此磁场对导体又产生压缩力 p（见图2-5），这种力称为电磁力。

电磁力的方向垂直于导体表面（更确切地说是垂直于电流线），使导体截面积减小。电磁力对焊条未熔化部分无明显影响，而对熔化的金属则有显著的压缩作用。特别是在焊条末端与熔滴之间的细颈部分，电流密度最大，电磁力也最大。此种沿焊条轴线分布不均匀的电磁力又构成一种轴向推力，促使熔滴脱离焊条，而向熔池过渡。

在空间任何位置进行焊接时，电磁力都有促进熔滴过渡的作用。在用大电流施焊时，电磁力是熔滴过渡中的主要作用力。

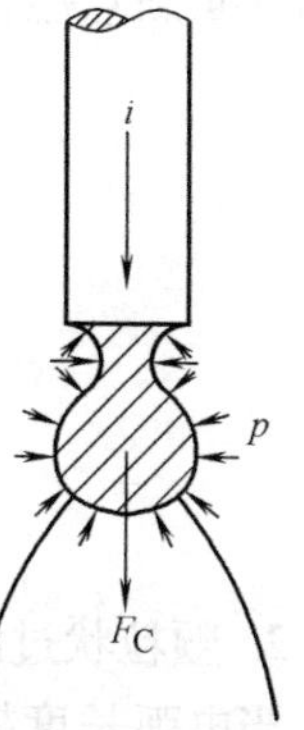

图2-5　电磁力

4. 熔滴爆破力

当熔滴内部因冶金反应而生成气体或含易蒸发金属时，在电弧高温作用下将使积聚气体膨胀而产生较大的内压力，致使熔滴爆破，这一内压力称为熔滴爆破力。当短路过渡焊接时，在电磁力及表面张力的作用下形成缩颈，在其中流过较大电流，使小桥爆破形成熔滴过渡，同时会产生飞溅。

5. 电弧的气体吹力

在焊条电弧焊时，焊条药皮的熔化滞后于焊芯的熔化，这样在焊条的端头形成套筒，此时药皮中造气剂产生的气体及焊芯中碳元素氧化产生的CO气体在高温作用下急剧膨胀，从套筒中喷出，作用于熔滴。不论何种位置的焊接，电弧气体吹力总是促进熔滴过渡。

6. 斑点压力

电极上形成斑点时，由于斑点是导电的主要通道，所以此处也是产热集中的地方。同时该处将承受电子（反接）或正离子（正接）的撞击力。又因该处电流密度很高，将使金属强烈蒸发，金属蒸发时对金属表面产生很大的反作用力，对电极造成压力。当斑点面积较小时（如 CO_2 焊接时的情况），斑点压力常常是阻碍熔滴过渡的力；而当斑点面积很大，笼罩整个熔滴时（如MIG焊喷射过渡的情况），斑点压力常常促进熔滴过渡。

资料卡

影响熔滴过渡的力有多种，各种力对熔滴过渡的作用，应根据不同的工艺条件具体分析。如重力在平焊时是促进熔滴过渡的力，而当立焊和仰焊时，重力则使过渡的金属偏离电弧的轴线方向而阻碍熔滴过渡。

在长弧焊接时，表面张力总是阻碍熔滴从焊丝端部脱离，但当熔滴与熔池液体金属短路并形成液态金属桥时，由于熔池界面很大，这时表面张力有助于把液态金属拉进熔池，而促使熔滴过渡。

四、熔滴过渡的形式

熔滴过渡的形式可分为以下四种。

1. 短路过渡

在短弧焊时，熔滴长大受到电弧空间的限制。这时，熔滴还没有长大到它在自由成形时的最大尺寸就与熔池接触，形成短路，如图2-6所示。金属熔滴在表面张力和其他力的作用下，开始沿着熔池表面流散，并在熔滴和熔池之间迅速形成缩颈，称之为金属小桥。显然，小桥中的电流密度将急剧升高，熔滴被强烈过热而发生爆炸便脱离焊丝过渡到熔池内。然后电弧又重新点燃，开始下一个周期的过程。

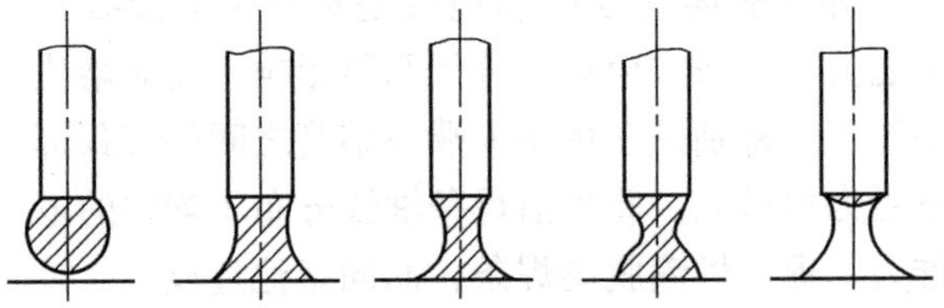

图2-6　短路过渡过程示意图

2. 颗粒状过渡

当电弧长度超过临界值时，熔滴依靠表面张力的作用可以保持在焊丝端部自由长大。当促使熔滴下落的力（如重力、电磁力等）大于表面张力时，熔滴就离开焊丝落到熔池中，而不发生短路，因此焊接电流和电压的波动比短路过渡时小。这种过渡形式根据熔滴的大小又可分为粗颗粒过渡和细颗粒过渡。从焊接质量方面的要求来看，希望获得细颗粒过渡。减小焊丝直径，增大焊接电流可以使熔滴细化、单个熔滴的质量减小、过渡频率提高。此外，熔滴过渡还与电流极性、保护气体、焊剂和药皮成分等因素有关。

3. 喷射过渡

用细焊丝和直流反极性在惰性气体中焊接时，如果电流达到某个临界值，将发生喷射过渡。其特点是熔滴细，过渡频率高，熔滴沿焊丝轴向以高速向熔池运动，过程稳定，飞溅小，熔深大，焊缝成形美观。此外，焊丝端部变细，如图2-7所示。但是，这是只有在很大的电流密度下才会出现的过渡形式。

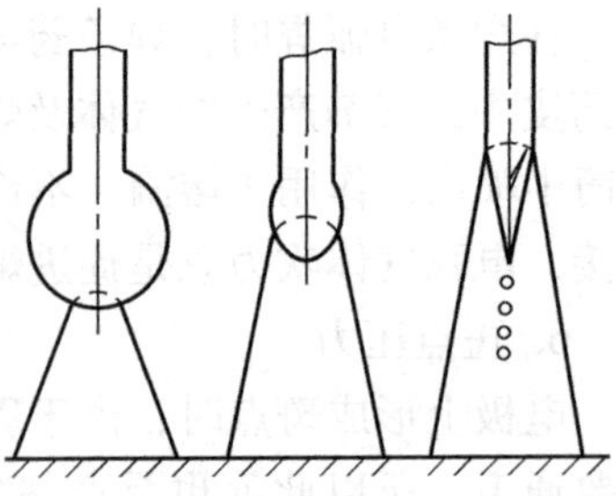

图2-7　由颗粒状过渡向喷射过渡转变

4. 渣壁过渡

渣壁过渡只出现在焊条电弧焊和埋弧焊中。在这种过渡方式中，熔滴沿渣壁流入熔池。焊条电弧焊时熔滴沿药皮套筒过渡，埋弧焊时熔滴沿熔渣壁过渡。

【综合训练】

一、理论部分

（一）填空题

1. 熔滴比表面积是指熔滴的______与其______或______之比，其表达式为________。

2. 试验表明，熔滴的平均温度随焊接电流的增加而________，并随焊丝直径的增加而________。

3. 熔滴过渡的作用力主要有______________、______________、______________、______________、______________、______________六种。

（二）判断题（正确的画“√”，错误的画“×”）

1. 熔滴越细，其比表面积越大。（　）

2. 熔滴与周围介质相互作用的时间越长，冶金反应越充分。（　）

3. 在立焊及仰焊时，重力有助于熔滴过渡。（　）

（三）简答题

1. 熔滴的过渡特性对焊接过程的影响有哪些方面？

2. 熔滴过渡的方式有哪几种？各有什么特点？

3. 熔滴过渡时受哪些作用力的影响？各个作用力对熔滴的过渡分别起到什么样的影响？

二、实践部分

观察采用不同的焊接参数时，熔滴的过渡形式有什么不同。并针对观察到的现象进行分组讨论。

模块三　母材的熔化与焊缝的形成

熔焊时，在热源的作用下，与焊条金属熔化的同时，被焊金属——母材也发生局部熔化。在母材上由熔化的焊条金属和母材组成的具有一定几何形状的液体金属叫熔池。如焊接时不填加金属，则熔池仅由熔化的母材组成。

熔池的形状、尺寸、体积，它在液态存在的时间、温度及其中流体的运动状态等，对熔池中冶金反应进行的方向和程度，包括结晶的方向、晶体结构和焊缝中夹杂物的数量与分布，以及某些焊接缺陷（如气孔和结晶裂纹）的产生和焊缝的形状都有极其重要的影响。

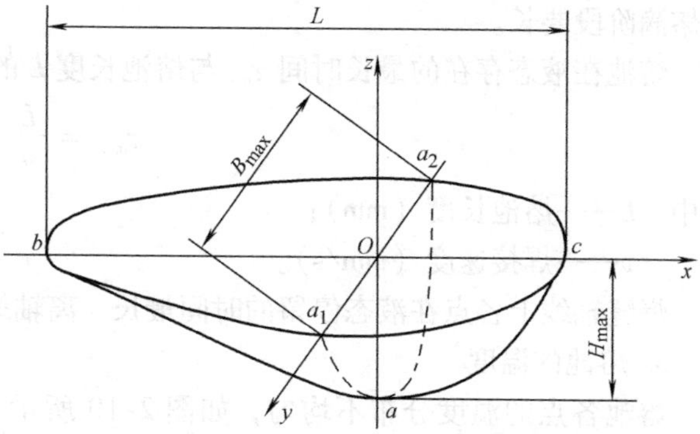

图 2-8　焊接熔池外形

一、熔池的形状和尺寸

焊接开始后，经过一段时期，熔池的形状与尺寸不再变化，母材的熔化速度与结晶速度相等，熔池与热源做同步运动，此时焊件传热进入准稳定阶段，熔池外形如图 2-8 所示。其轮廓应刚好是熔点的等温面，形状接近于不太规则的半个椭球。熔池的宽度和深度随 x 轴连续变化。熔池的主要尺寸为熔池长度 L、最大宽度 B_{max}、最大熔深 H_{max}。一般情况下，增加焊接电流，H_{max} 增加，B_{max} 下降；增大电弧电压，则 B_{max} 增加，H_{max} 减小。熔池长度 L 的大小与电弧能量成正比。

熔池的上表面积，即熔池中液体金属与熔渣的接触面，对冶金反应有重要的影响。由于熔池表面形状不规则，且受焊接方法与焊接热功率的影响，因而难以通过理论计算求出。实验测定，在电弧焊的条件下，熔池的上表面积 A_H 一般平均为 $1\sim3cm^2$。熔池的比表面积根据焊接参数的不同，在 $3\sim130cm^2/kg$ 范围内变化，可见比熔滴的比表面积小得多。

二、熔池的特性

1. 熔池的质量

熔池的质量与焊接参数有关。试验得出，焊条电弧焊时熔池的质量 m_p 与 P_0^2/v 成线性关系，如图2-9所示，即 m_p 随 P_0 的增加而急剧上升，随焊接速度的增大而减小。m_p 一般在 $0.6\sim16g$ 之间变化，大多数情况是在5g以下。埋弧焊时，即使电流很大，m_p 也不超过100g。

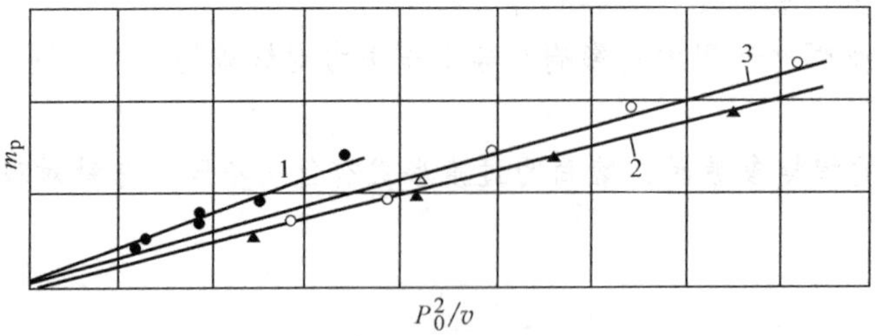

图2-9 熔池质量 m_p 与 P_0^2/v 的关系

1—光焊丝 2—纤维素焊条 3—氧化铁型焊条

P_0—电弧功率 v—焊接速度

2. 熔池的存在时间

熔池存在的时间对冶金反应有直接的影响，由于熔池的体积和质量很小，所以熔池存在的时间一般只在几秒至几十秒之内，这说明在熔池中进行的冶金反应时间是很短暂的，然而比熔滴阶段要长。

熔池在液态存在的最长时间 τ_{max} 与熔池长度 L 的关系为

$$\tau_{max}=\frac{L}{v}$$

式中 L——熔池长度（mm）；

v——焊接速度（mm/s）。

焊缝轴线上各点在液态停留的时间最长，离轴线越远，停留的时间越短。

3. 熔池的温度

熔池各点的温度分布不均匀，如图2-10所示。根据温度分布及变化规律，以热源中心为界可将熔池划分为头部与尾部两部分。熔池的最高温度位于电弧下面的熔池表面。熔池的头部输入的热量大于散失的热量，所以随热源的移动母材不断熔化。而在熔池的尾部，由于输入的热量小于散失的热量，所以随温度下降而不断凝固。由于热源的移动，熔池头部和尾部经历的热过程完全相反，这对熔池中进行的物理化学反应有明显的影响。

在研究冶金反应时，为了使问题简化，一般可取熔池的平均温度。熔池的平均温度取决于被焊金属的熔点 t_m 与焊接方法，见表2-2。

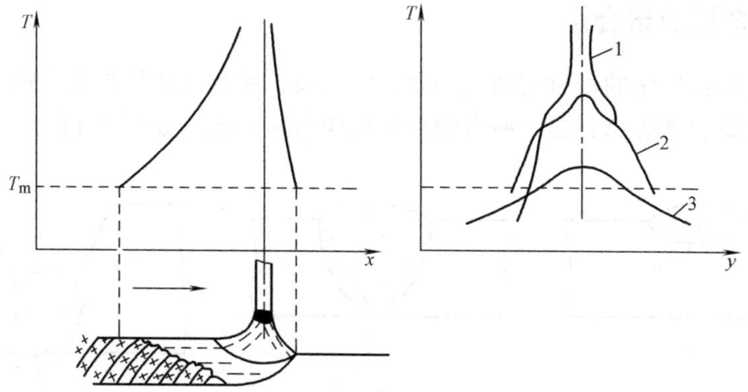

图 2-10　熔池的温度分布

1—熔池中部　2—头部　3—尾部

表 2-2　熔池的平均温度

被焊金属	焊接方法	平均温度/℃	过热度[①]/℃
低碳钢 $t_m=1535℃$	埋弧焊	1705～1860 / 1768	185～325 / 243
	熔化极氩弧焊	1625～1800	100～276
	钨极氩弧焊	1665～1790	140～265
铝 $t_m=660℃$	熔化极氩弧焊	1000～1245	340～585
	钨极氩弧焊	1075～1215	415～550
Cr12V1 钢 $t_m=1310℃$	药芯焊丝	1500～1610 / 1570	190～300 / 260

① 过热度为平均温度与被焊金属熔点之差。

4. 熔池的流动

焊接熔池中的液体金属不是静止不动的，而是在强烈地运动着。正是这种运动使得熔池中的热量和液体的传输过程得以进行。而热量与液体的传输过程，又对熔池的形状、结晶，气体和夹杂物的吸收、聚集和逸出，化学成分的均匀性以及化学反应的平衡都有很大的影响。使熔池中液态金属发生运动的主要原因如下：

1）液体金属的密度差所产生的自由对流运动。

2）表面张力差所引起的强制对流运动。

3）热源的各种机械力所产生的搅拌作用，使熔池处于运动状态。

资料卡

焊接参数、电极直径及其焊嘴（焊把）的倾斜角度、焊接材料的成分等都对熔池中液态金属的运动方向和速度有很大的影响。正是由于这些运动使得母材与焊条金属的成分能很好地混合，获得成分比较均一的焊缝金属。其次，熔池中的搅拌运动有利于气体和非金属夹杂物的逸出，从而有利于消除焊接缺陷（如气孔、夹杂物等），提高焊缝质量。

三、焊缝金属的熔合比

焊缝金属由局部熔化的母材与填充金属共同组成，其组成比例决定了焊缝的成分。熔焊时，局部熔化的母材在焊缝金属中所占的百分比叫做熔合比，如图 2-11 所示。

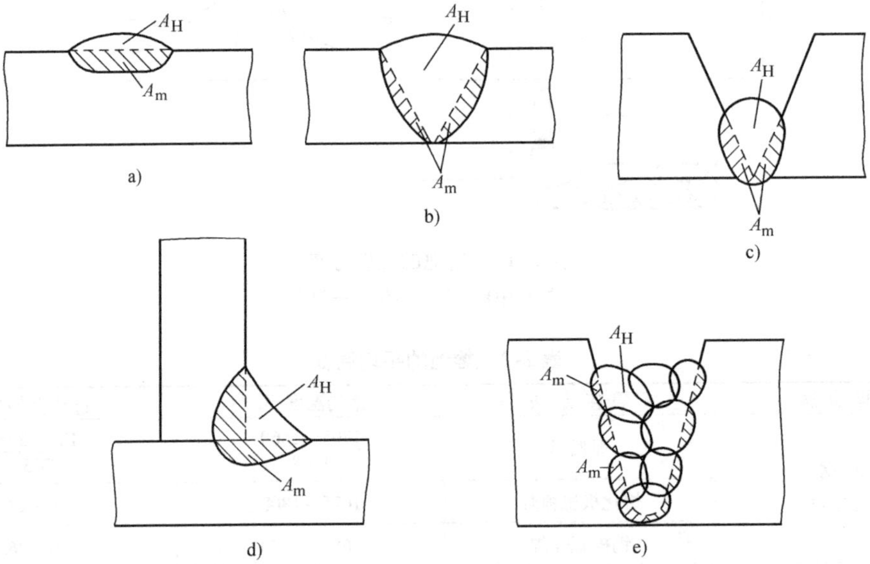

图 2-11 不同接头形式焊缝横截面积的熔透情况

熔合比可以通过实际的测量来粗略估算。

$$\theta = \frac{A_m}{A_H + A_m}$$

式中 θ——熔合比；

A_m——焊缝截面中母材所占的面积（即熔透面积）；

A_H——焊缝截面中焊条金属所占的面积。

所以，熔合比又具有熔透的含义。在实际生产中，母材与焊芯（或焊丝）的成分往往不同，当焊缝金属中的合金元素主要来自于焊芯（如合金堆焊）时，局部熔化的母材将对焊缝的成分起到稀释的作用，因此熔合比又称为稀释率。

显然，熔合比取决于母材的熔透情况以及焊条（或焊丝）熔化的情况，而两者又都与焊接方法、焊接参数、接头尺寸形状、坡口形状、焊道数目以及母材热物理性能有关系；接头形式与焊道层数对熔合比的影响如图 2-12 所示。三种情况下的第一道焊缝的熔合比都很大，随着所焊层数 n 的增加，熔合比逐渐下降。但坡口形式不同，熔合比下降的趋势也不同，其中以表面堆焊时下降最快。焊层比较多时，母材在焊缝金属中所占的比例十分小。

焊接低碳钢时，焊接方法和接头形式对熔合比的影响见表 2-3。

焊件金属的热物理性能对熔合比影响也很大。热导率小的材料在同样的焊接条件下比热导率大的材料的熔合比要大些。例如，奥氏体钢的熔合比比铁素体-珠光体钢大20%～30%。

焊条药皮类型对熔合比的影响如图 2-13 所示。从焊缝的截面可以看出，钛型焊条的熔

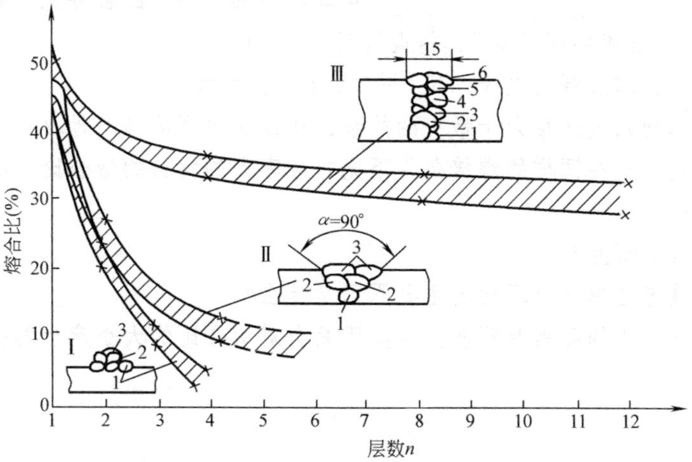

图 2-12　接头形式与焊道层数对熔合比的影响
Ⅰ—表面堆焊　Ⅱ—V 形坡口对接　Ⅲ—U 形坡口对接
（奥氏体钢、焊条电弧焊）

深要小得多，因而熔合比也小，其原因可能是不同类型药皮所产生的电弧吹力不同。

表 2-3　焊接方法和接头形式对熔合比的影响（低碳钢）

焊接方法	焊条电弧焊								埋弧焊
接头形式	I 形坡口对接		V 形坡口对接			角接或搭接		堆焊	对接
板厚/mm	2～14	10	4	6	10～20	2～4	5～20	—	10～30
熔合比 θ	0.4～0.5	0.5～0.6	0.25～0.50	0.2～0.4	0.2～0.3	0.3～0.4	0.2～0.3	0.1～0.4	0.45～0.75

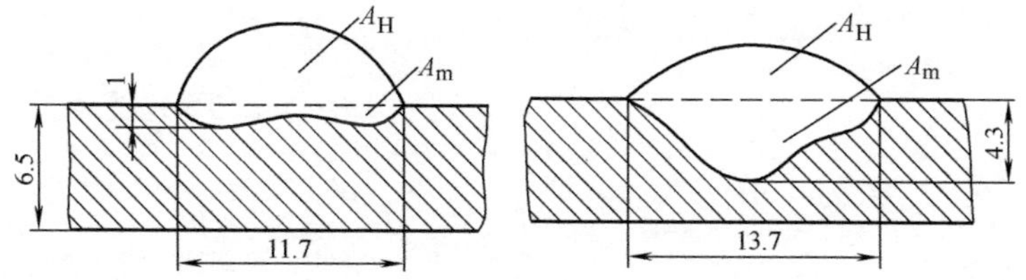

a)　　　b)

图 2-13　药皮类型对焊缝截面及熔合比的影响
（焊芯为 H08Cr19Ni10Ti，ϕ5mm 直流反接）
a）含 TiO_2 药皮　b）含 CaF_2 药皮

【综合训练】

（一）填空题

1. 在母材上由________和________组成的具有________的液体金属叫熔池。
2. 熔池的主要尺寸为________、________、________。

3. 熔焊时，____________________在焊缝金属中所占的百分比叫做熔合比。

（二）判断题（正确的画“√”，错误的画“×”）

1. 一般情况下，增加焊接电流，H_{max}增加，B_{max}也增加。（　　）
2. 熔池的头部输入的热量大于散失的热量，所以随热源的移动母材不断熔化。（　　）
3. 热导率小的材料在同样的焊接条件下比热导率大的材料的熔合比要小一些。（　　）

（三）简答题

1. 熔池的特性有哪些？
2. 使熔池中液态金属发生运动的主要原因是什么？
3. 影响熔合比大小的因素有哪些？这些因素会对熔合比的大小产生怎样的影响？

第三单元　焊接接头的组织与性能

学习目标

通过本单元的学习，了解焊缝金属结晶的特点，掌握焊缝结晶的一般规律，了解焊接接头的组织与性能，掌握焊接接头组织与性能的调节方法。

模块一　熔池的凝固与焊缝金属的固态相变

资料卡

焊接接头由焊缝、熔合区和热影响区三部分组成。熔池金属在经历了一系列化学冶金反应后，随着温度的降低，凝固后成为焊缝，并在继续冷却中发生固态相变。熔合区和热影响区在焊接热源的作用下也发生不同的组织变化。很多焊接缺陷，如气孔、夹杂物、裂纹等都是在上述过程中产生的，因此，了解接头的组织与性能变化的规律，对控制焊接质量、防止焊接缺陷有重要意义。

焊接过程中，母材在高温热源作用下发生局部熔化，并与熔融的填充金属混合而形成了熔池。随着焊接过程的进行，熔池的温度下降，熔池金属开始了从液态到固态转变的凝固过程（见图3-1），并在继续冷却中发生固态相变。熔池的凝固与焊缝的固态相变决定了焊缝金属的晶体结构、组织与性能，焊接缺陷等也都产生于焊缝金属的凝固过程中。熔池快速冷却还会使焊缝产生化学成分的不均匀性和组织的不均匀性。

一、熔池凝固的特点

焊接熔池与铸锭相比，具有如下特点：

（1）熔池的体积小，冷却速度大　在电弧焊条件下，熔池的体积最大也只有30cm^3，一般焊接方法的熔池质量不超过100g，而且熔池周围又被冷金属包围，因此熔池的冷却速度大，平均冷却速度约为4～100℃/s。

（2）熔池的温度分布不均匀　熔池中部处于热源中心，呈过热状态，熔池的头部发生母材金属的熔化；熔池的尾部发生液体金属的凝固，熔池底部接近母材的熔点，因此，从熔池中心到边缘存在很大的温度梯度。熔池的平均温度一般超过母材金属熔点200～500℃。焊接热输入越大，熔池平均温度越高，熔池的过热度越大。

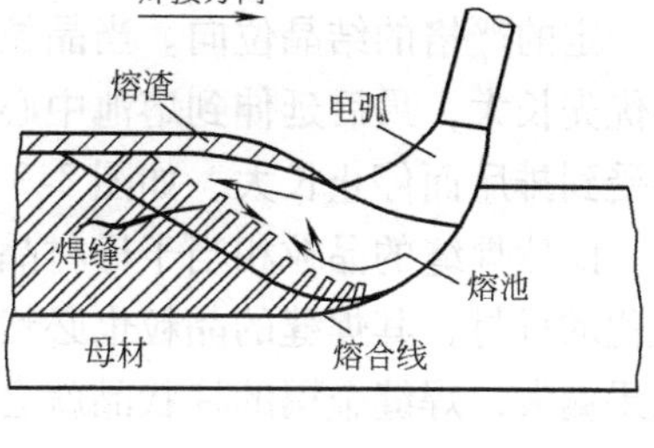

图3-1　熔池凝固过程

（3）熔池是在运动的状态下结晶的　焊接熔池中的液态金属始终处于运动状态。由于熔池随热源做同步运动，在熔池头部熔化的同时，熔池尾部在凝固。同时，在焊接过程中，熔池存在着多种作用力，如电弧的机械力、气体吹力、电磁力，还存在着由于不均匀温度分布造成的金属密度差别和表面张力差别，所以熔池液态金属处于不断的搅拌和对流运动状态。熔池液态金属流动的总趋势是从熔池的头部向尾部流动。这种运动作用在熔池金属凝固过程中，可以使熔池金属中的气体和杂质不断地排出，因而焊缝的凝固组织要比一般铸锭致密性好。

（4）焊接熔池凝固以熔化母材为基础　在熔化母材基础上的凝固过程与熔池的形状、尺寸密切相关，并直接取决于焊接工艺。此外，母材形成的“壁模”与熔池之间不存在间隙，因而具有较好的导热条件与形核条件。

二、熔池金属的凝固过程

金属凝固过程是由晶核不断形成和长大这两个基本过程共同构成的，焊接熔池的凝固过程也服从于金属结晶的基本规律。但是，焊接条件下，金属的凝固过程还受到焊接热循环特殊条件的制约。

焊接时，熔池金属的凝固过程和一般的金属凝固过程一样，也是生核和晶核长大的过程。从金属学的知识可知，过冷度是液体金属凝固的必要条件。在一定的温度范围内，过冷度越大，固液两相的自由能相差越多，越有利于凝固的进行。焊接时的冷却速度很高，容易获得较大的过冷度，有利于凝固过程的进行。

具备了温度条件，结晶过程还必须依靠具有一定尺寸的晶核才能进行。形核有自发形核和非自发形核两种形式。一般情况下，金属结晶是以非自发形核为主。液体金属中悬浮的难溶质点，某些“现成”表面都可以成为非自发形核的核心。焊接熔池的结晶过程中，由于熔池的过热度很高，液体金属中悬浮的难溶质点很少，而熔池边界的母材半熔化晶粒的表面符合与新相的构造及大小相适应的条件，就成为新相形核的现成表面。焊接熔池的结晶过程就是从熔池的边界开始，沿着与散热的反方向以柱状晶的形式不断向前推进，如图3-2所示。

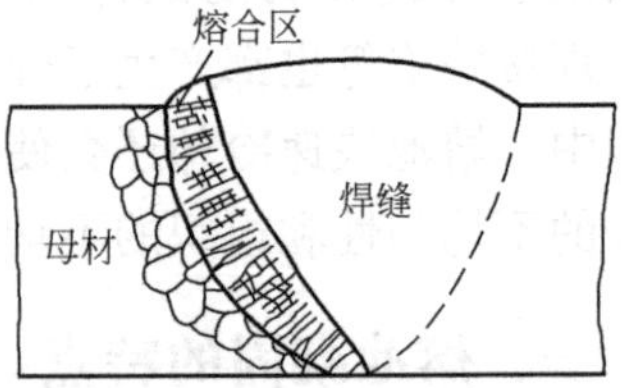

图3-2　焊接熔池熔合区母材晶粒表面柱状晶形成示意图

熔池金属自边界开始结晶后，晶粒沿散热的反方向向熔池中心长大时，每个晶粒推进的速度是不一样的。各个晶粒长大的趋势不同，有的长大很显著，一直延伸到焊缝中心，而有的则长大到一定距离时，甚至刚刚开始长大就被抑制而停止长大。晶粒长大的趋势大小，取决于母材边界半熔化晶粒的结晶位向与散热方向之间的关系。柱状晶成长时主轴有一定的严格的结晶位向。当晶粒的位向与导热的方向一致时，晶粒最容易长大，这些晶粒要优先长大，最后延伸到熔池中心。而那些位向与散热方向不一致的晶粒，则长大较慢，最终受到排斥而停止长大，如图3-3所示。

既然焊缝的晶粒相当于母材晶粒的延伸，这样，在焊接热循环作用下，容易过热而晶粒粗化的母材，其焊缝的晶粒也必然粗化。因此，焊接对过热比较敏感的材料时，焊接热输入如果偏大，焊缝金属的柱状晶就会随着母材而粗化。在实际生产中，通过调整焊接参数来控制热循环以防止母材和焊缝金属的晶粒粗化是有实用意义的。

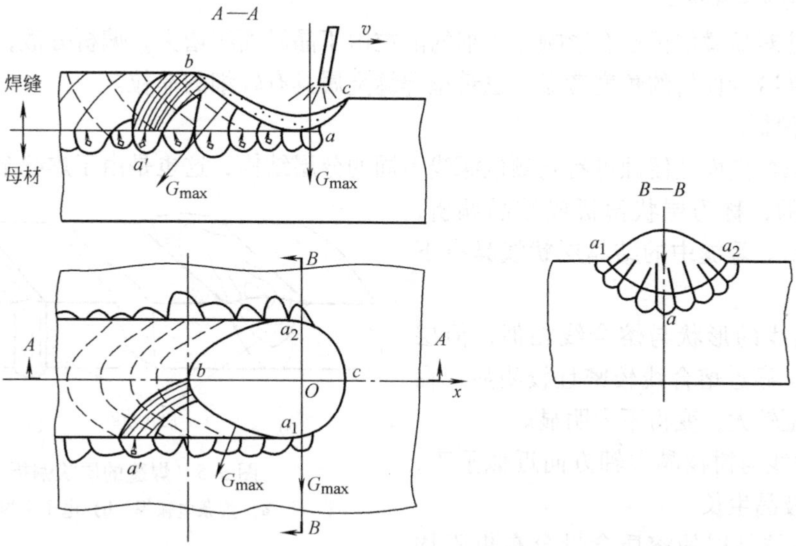

图 3-3 柱状晶的选择长大

G_{max}—最大温度梯度

三、焊缝金属的化学不均匀性

在熔池凝固过程中，由于冷速很高，合金元素来不及扩散，而在每个温度下析出的固溶体成分都要偏离平衡相图固相线所对应的成分，同时先后凝固的固相成分又来不及扩散均匀。这种偏离平衡条件结晶称为不平衡结晶。在不平衡结晶下得到的焊缝金属，其化学成分是不均匀的，即存在偏析。焊缝金属中的偏析主要有显微偏析、区域偏析和层状偏析。

1. 显微偏析

钢在凝固过程中，液固两相的合金成分是变化的。通常是先结晶的固相含溶质的量较低，后结晶的固相含溶质的量较高，并富集了较多的杂质。由于焊接过程冷却较快，固相内的成分来不及扩散，于是，把这种先后结晶而造成的化学不均匀性被保留下来，便形成了显微偏析。图 3-4 所示是显微偏析的示意图，从图中可以看出晶轴部分溶质浓度出现了低谷，而晶界部分则达到了最大值。

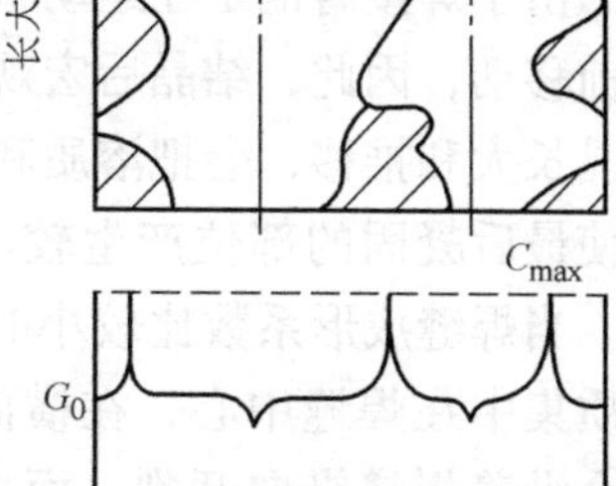

图 3-4 显微偏析示意图

当焊缝结晶的固相呈胞状晶长大时，在胞状晶中心，溶质的含量最低，而在胞状晶体相邻的边界上，溶质的含量最高。当固相呈树枝晶长大时，后结晶的树枝晶和树枝晶之间的晶界上，溶质的含量最高，形成了不同程度的显微偏析。

S、P 和 C 是最容易偏析的元素，焊接过程中要严加控制。合金元素交互作用往往促进偏析。当钢中 w_C 由 0.1% 增加到 0.47% 时，可使 S 偏析增加 65% ~ 70%。但在 Cr18Ni9Ti 奥氏体焊缝金属中，当 w_{Mn} 为 1.5% ~ 2.0% 时，

S偏析下降20%~30%。

晶粒尺寸对显微偏析也有影响，较细的晶粒由于晶界面积增大，偏析分散，偏析程度减弱，因此，从减少偏析的角度考虑，也希望焊缝金属具有较细的晶粒。

2. 层状偏析

焊缝金属横剖面经侵蚀可看到颜色深浅不同的分层结构，这也是由于焊缝金属化学成分不均匀形成的，称为层状偏析或结晶偏析，如图3-5所示。焊缝中的结晶层状线具有下列特征：

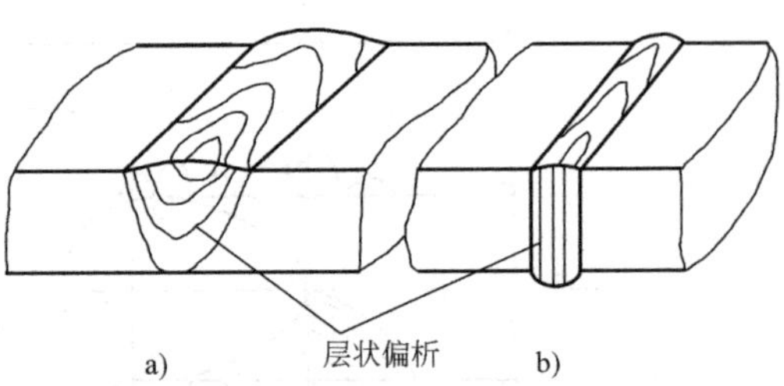

图3-5 焊缝的层状偏析

a）焊条电弧焊 b）电子束焊

1）层状线的形状与熔合线相似，但层间距离不等，靠近熔合线较密且较明显，在焊缝中部间距较大，变得不太明显。

2）层状线与树枝晶主轴方向近似垂直，它不影响树枝晶生长。

3）每一结晶层的溶质含量分布也不均匀，初始区溶质富集，溶质浓度高于平均含量；中间区为平均含量区，溶质分布较均匀；结尾区为溶质贫化区，溶质含量低于平均浓度。

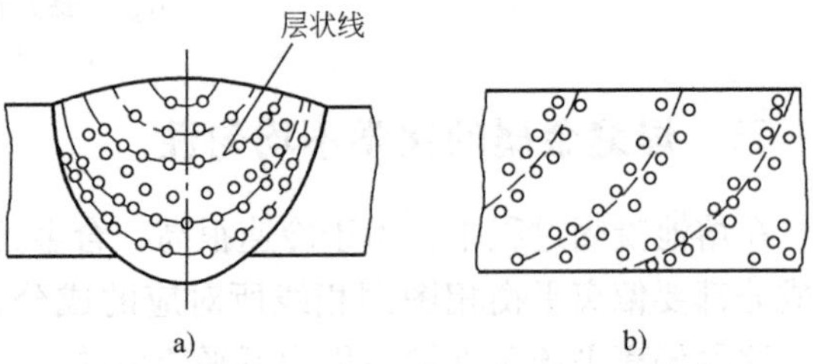

图3-6 层状偏析与气孔

a）横截面气孔的分布 b）纵截面气孔的分布

层状偏析是由于结晶过程放出结晶潜热和熔滴过渡时热能输入周期性变化使树枝晶生长速度周期性变化，从而使结晶界面上溶质原子浓聚程度周期性变化的结果。

实验证明，层状偏析是不连续的有一定宽度的链状偏析带，带中常集中一些有害的元素（C、S和P等），并往往出现气孔等缺陷，如图3-6所示。层状偏析也会引起焊缝的力学性能不均匀，耐腐蚀性能下降以及断裂韧度降低等。

3. 区域偏析

由于焊接熔池是在运动状态下凝固，在熔池中存在着剧烈的搅拌作用，以及熔池在不断向前移动，因此，结晶后宏观的区域偏析不像铸锭那样严重。但是，在焊缝凝固时，由于柱状晶长大和推移，会把溶质和杂质“赶”向熔池中心，于是熔池中的溶质和杂质含量升高，致使最后凝固的部位产生较严重的区域偏析。当焊缝成形系数比较小时（图3-7a），杂质集中在焊缝中心，在横向应力作用下就会沿着焊缝纵向开裂；而成形系数较大时（图3-7b），区域偏析对焊缝的抗裂能力影响较小。因此，在焊接对裂纹比较敏感的材料时，选择焊接参数应考虑对成形系数的要求。此外，在焊缝末端的弧坑处，因不再有新的液体金属补充，在最后凝固

图3-7 焊缝的区域偏析及成形系数的影响

a）成形系数小 b）成形系数大

的弧坑部位积累了较多杂质，亦属区域偏析，该处容易形成弧坑裂纹。

四、焊缝金属的固态相变

具有同素异构转变的金属焊接时，熔池凝固后的一次结晶组织在继续冷却过程中将发生固态相变，转变后得到二次结晶组织，又称为固态相变组织，亦即焊缝的最终组织。

焊缝金属的固态相变遵循金属固态相变的基本规律，相变组织主要取决于焊缝金属的化学成分和冷却条件。下面以低碳钢和低合金钢的焊缝固态相变为例来分析焊缝固态相变的组织。

（一）低碳钢焊缝的固态相变组织

1. 铁素体和珠光体

低碳钢焊缝金属的碳含量很低，其固态相变组织主要是铁素体加少量的珠光体。铁素体一般首先在原奥氏体边界析出，由于焊接熔池体积小、冷却速度大，所以在焊缝中看不到铁素体等轴晶，常呈柱状晶，其晶粒一般较粗大，如图 3-8 所示。

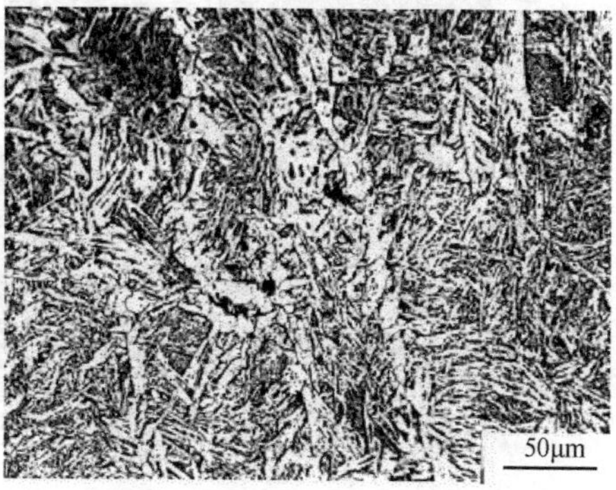

图 3-8　Q235 钢焊缝组织

焊缝成分相同时，在不同的冷却速度下，低碳钢焊缝中铁素体和珠光体的比例有很大差别，见表 3-1。冷却速度越大，焊缝中的珠光体越多、越细，同时焊缝的硬度增高。

表 3-1　冷却速度对低碳钢组织的影响

冷却速度/(℃/s)	焊缝组织（%）		焊缝硬度 HV
	F（铁素体）	P（珠光体）	
1	82	18	165
5	79	21	167
10	65	35	185
35	61	39	195
50	40	60	205
110	38	62	208

低碳钢在进行多层焊或焊后热处理后可以使粗大柱状晶破坏，得到细小的铁素体和珠光体组织。使钢中柱状晶消失的临界温度一般在 A_3 点以上 20 ~ 30℃。试验证明，低碳钢约在 900℃以下短时间加热，可使柱状组织破坏消失，使晶粒细化，大大改善焊缝的力学性能，特别是冲击韧度；超过 1100℃时，则发生晶粒粗化；当在 500 ~ 600℃时，则由于焊缝金属中碳、氮元素发生时效会使冲击韧性下降。

2. 魏氏组织

在过热的低碳钢焊缝中，还可能出现魏氏组织，如图 3-9 所示。魏氏组织的特征是：铁素体在奥氏体晶界呈网状析出，也可从奥氏体晶粒内部沿一定方向析出，具有长短不一的针状或片条状，可直接插入珠光体晶粒之中。魏氏组织的塑性和冲击韧性差，使韧脆性转变温度升高。

魏氏组织是在一定的碳含量，一定的冷却速度（以 v_c 表示）下形成的。在粗晶奥氏体中更容易形成，其条件如图3-10所示。

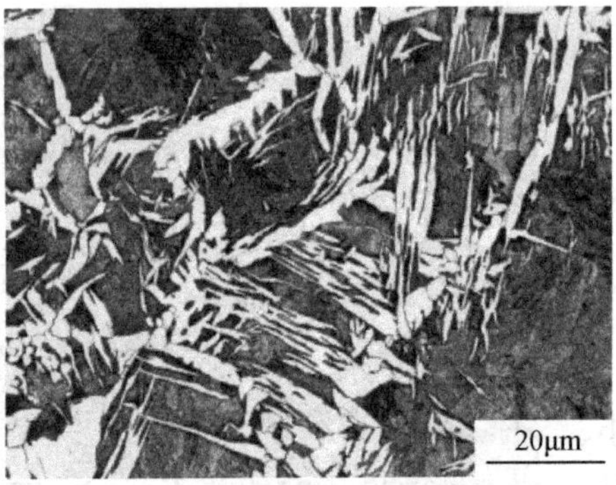

图3-9　低碳钢焊缝中的魏氏组织

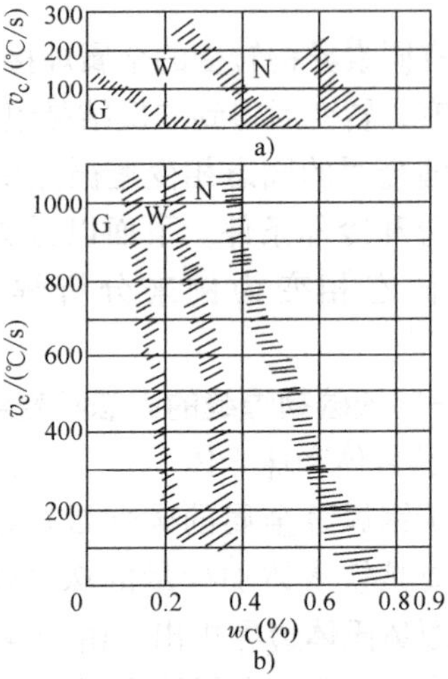

图3-10　魏氏组织形成条件
a）粗晶奥氏体　b）细晶奥氏体

（二）低合金钢焊缝的固态相变组织

低合金钢焊缝固态相变的情况比低碳钢复杂得多，随母材、焊接材料及工艺条件不同而变化。固态相变除铁素体与珠光体转变外，还可能出现贝氏体与马氏体转变，它们对焊缝金属的性能具有十分重要的影响。

1. 铁素体转变

低合金钢中的铁素体形态比较复杂，根据形成条件不同，可分为先共析铁素体、侧板条铁素体、针状铁素体、细晶铁素体，如图3-11所示。

（1）先共析铁素体（Proeutectoid Ferrite，FP）　先共析铁素体因在固态相变时首先沿奥氏体晶界析出而得名，转变温度约在770～680℃之间，如图3-11中A所示。当高温停留时间较长，冷速较低时，先共析铁素体的数量增加。当先共析铁素体的数量较少时，以细条状或不连续网状分布于晶界；较多时，呈块状。由于先共析铁素体为低屈服强度的脆性相，因而使焊缝金属的韧性降低。

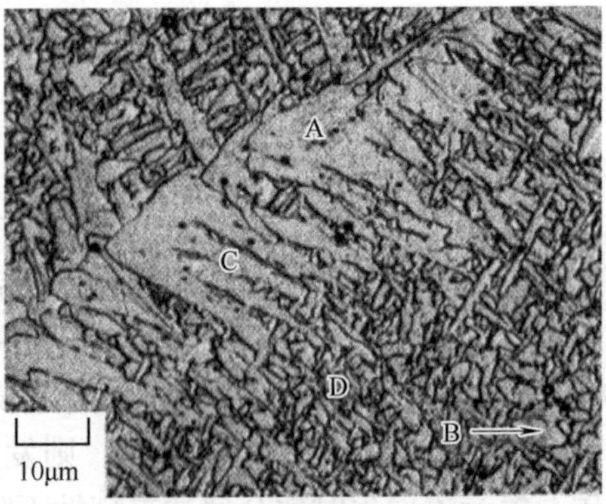

图3-11　低合金钢焊缝组织中的铁素体形态

（2）侧板条铁素体（Ferrite Side Plate，FSP）　侧板条铁素体的形成温度低于先共析铁素体的形成温度在700～550℃。它在奥氏体晶界的先共析铁素体侧面以板条状或锯齿状向晶内伸长，形态如镐牙，长宽比在20以上，实质是魏氏组织，如图3-11中C所示。侧板条铁素体在低合金钢焊缝中不一定总是存在，但在焊缝中出现的机会比母材中多。由于侧板条铁素体内部的位错密度比先共析铁素体高，因而使焊缝金属的韧性显著降低。

（3）针状铁素体（Acicular Ferrite，AF） 针状铁素体的形成温度比侧板条铁素体还低，是在500℃附近的中等冷却速度下，在原奥氏体晶内以针状生长的铁素体，常以某些弥散氧化物或氮化物质点为核心呈放射性成长，使形成的针状铁素体相互制约而不能自由成长，如图3-11中D所示。对于屈服强度低于550MPa、硬度在175～225HV之间的低合金钢焊缝而言，针状铁素体的增加可显著改善焊缝金属的韧性。

（4）细晶铁素体（Fine Grain Ferrite，FGF） 细晶铁素体是在奥氏体晶内形成的，通常形成于含有细化晶粒元素（如Ti、B等）的焊缝金属中，其转变温度一般在500℃以下，如图3-11中B所示。细晶铁素体是介于铁素体与贝氏体之间的转变产物，故又称贝氏铁素体。

2. 珠光体转变

珠光体是铁素体和渗碳体的层片状混合物，是低合金钢在接近平衡状态下，在Ar_1～550℃温度区间发生扩散相变的产物。

在焊接的非平衡状态下，冷却速度快，碳、铁元素不能充分扩散，抑制了珠光体的转变，扩大了铁素体和贝氏体的转变区域。特别是焊缝中含有B、Ti等细化晶粒的元素时，可完全抑制珠光体的转变，致使低合金钢焊缝中很少产生珠光体组织。只有在预热、缓冷及后热等使冷却速度变得极其缓慢的情况下，才能在焊缝中形成少量的珠光体组织。

低合金钢焊缝中的珠光体常存在于铁素体附近，碳化物很细看不到条纹，属于细片状珠光体或粒状珠光体，如图3-12所示。

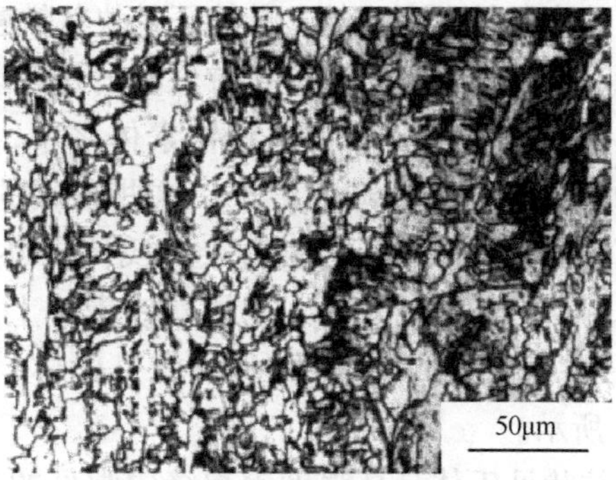

图3-12 Q345钢焊缝中的铁素体+珠光体（黑色）

3. 贝氏体转变

贝氏体转变属中温转变，转变温度约在550℃～*Ms*之间，此时合金元素已不能扩散，只有碳还能扩散。

由于珠光体转变被抑制而出现贝氏体转变，低合金钢焊缝金属中易发生贝氏体转变，其转变过程非常复杂，会出现多种形态的贝氏体组织。根据它们形成的温度区间及其特征可分为：上贝氏体、下贝氏体和粒状贝氏体等。

（1）上贝氏体（Upper Bainite，B_U） 转变温度在550～450℃之间，显微组织呈羽毛状，板条状铁素体中间分布有断续的渗碳体，如图3-13a所示。由于这些渗碳体断续地分布于铁素体条之间，使得裂纹易沿铁素体条间扩展，因而上贝氏体是各种贝氏体中韧性最差的一种。

（2）下贝氏体（Lower Bainite，B_L） 转变温度在450℃～*Ms*之间，显微组织呈针状或竹叶状，系细片状碳化物（$Fe_{2.4}C$）分布于铁素体针内，并与铁素体针长轴方向成55°～60°角，如图3-13b所示。由于碳化物弥散析出于过饱和铁素体片之内，使得裂纹不易穿过，因而下贝氏体具有良好的强度和韧性。

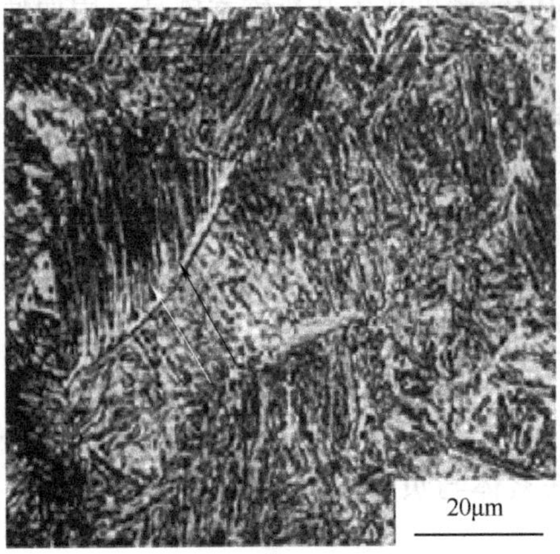

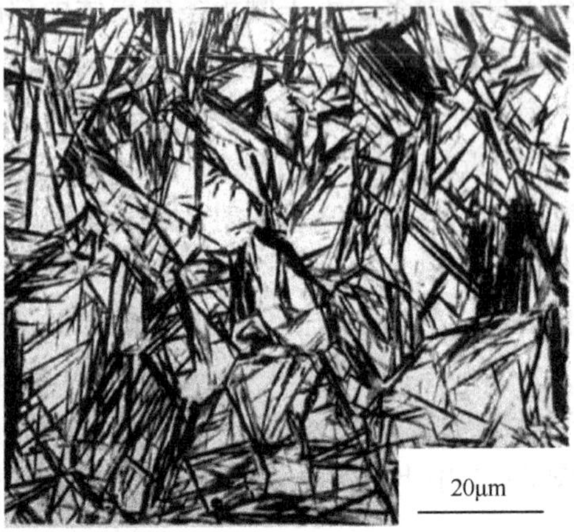

图 3-13　低合金钢焊缝组织中的贝氏体组织
a）上贝氏体　b）下贝氏体

（3）粒状贝氏体（Grain Bainite，B_G）　粒状贝氏体是在稍高于上贝氏体转变温度且中等冷却速度条件下形成的，其特征是块状铁素体上分布有富碳的马氏体和残余奥氏体，即M-A组元。碳含量很低的铁素体首先析出并逐渐扩大，而碳大部分富集到奥氏体中，待转变的富碳奥氏体呈岛状分布在块状铁素体之中，在一定的合金成分和冷却速度下，这些富碳的奥氏体可转变为富碳马氏体和残余奥氏体（M-A 组元）。M-A 组元硬度高，在块状铁素体上的 M-A 组元以粒状分布时，即为粒状贝氏体，如图 3-14 所示。

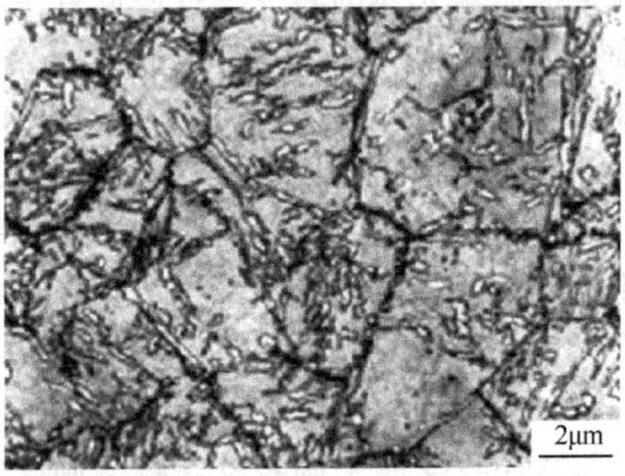

图 3-14　粒状贝氏体组织
（铁素体 + M-A 组元）

粒状贝氏体是高强度钢焊缝中常见的组织。当焊缝中碳当量比较高时，快冷会生成马氏体；冷却速度中等时，则生成粒状贝氏体组织。

4. 马氏体转变

当焊缝金属的碳含量较高或所含合金元素较多，冷却速度较快时，将会发生马氏体转变。马氏体转变是发生在 *Ms* 温度以下的无扩散型相变，所以马氏体实质上是碳在 α-Fe 中的过饱和固溶体。按碳含量不同，马氏体可分为板条马氏体和片状马氏体两种形态。

一般焊接时都尽可能降低焊缝中的碳含量，对于某些中、高碳低合金钢焊接时，甚至采用奥氏体焊条，所以焊缝中一般不会出现片状马氏体。因此，在低碳低合金钢焊缝组织中常出现的是板条马氏体。

板条马氏体的特征是在原奥氏体晶粒内部形成具有一定交角的马氏体板条，每个马氏体板条内部是平行生长的束状细条，如图 3-15 所示。由于条状马氏体碳含量低，其板条内存在许多位错，因而板条马氏体又称低碳马氏体或位错马氏体。板条马氏体不但具有较高的强度，而且具有良好的韧性，因而是综合性能最好的一种马氏体。

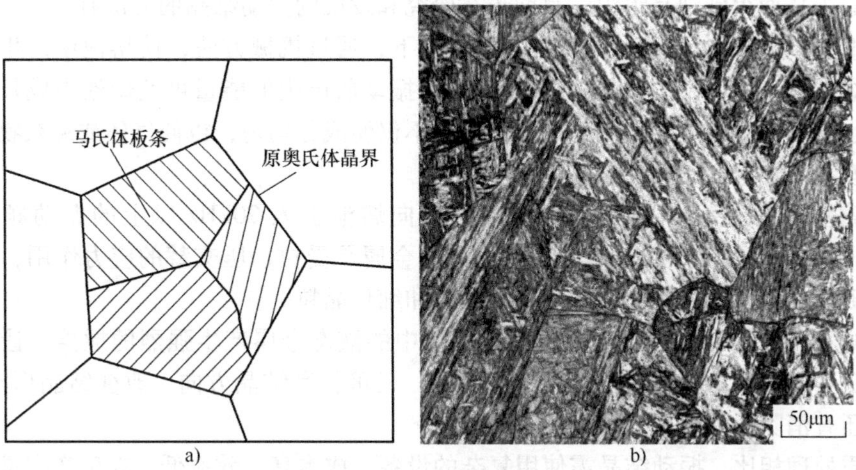

图 3-15　板条马氏体

a）示意图　b）显微组织

五、焊缝组织与性能的改善

（一）改善焊缝金属一次组织的措施

> **资料卡**
>
> 焊缝金属的一次组织在多数情况下是具有方向性的粗大的柱状晶。这种组织不仅对结晶过程的开裂行为有直接的影响，而且决定了焊缝金属冷却以后的力学性能。为了改善焊缝的力学性能，应采取一定的措施改善焊缝的组织与性能。改善焊缝的组织与性能可以从改善一次组织和改善二次组织两方面入手。

改善焊缝金属的一次组织，即通过冶金和工艺措施控制结晶过程，从而细化晶粒并减少不均匀性。

1. 焊缝金属的变质处理

在液体金属中加入少量的合金元素使结晶过程发生明显变化，从而达到细化晶粒的方法叫做变质处理。焊接时通过向熔池中加入少量的合金元素，从而可获得晶粒细化，并防止产生结晶裂纹的良好效果。变质剂的作用有两个方面：一是作为新相的核心，增加晶核数量；二是吸附在某一晶面上阻碍晶面的长大。常用的变质剂应该是能在液体金属中处于弥散状态的难熔物质，或是表面活性物质。在一般的钢铁焊接时，主要用 Mo、V、Ti、Nb、Zr、Al、B、Re 等元素。通过变质处理可使焊缝金属的组织明显细化，既能提高其强度和韧性，又提高了抗结晶裂纹的能力。

但由于微量元素在焊缝中作用的规律比较复杂，其中不仅有元素本身的作用，而且还有不同元素之间的相互影响。各种元素在不同的合金系统的焊缝中都存在一个对提高韧性的最佳含量，同时多种元素共存时并不是简单的叠加关系，这些问题迄今未有统一的结论和理论上的圆满解释。因此，目前，变质剂的最佳含量都是通过反复试验得出的经验数据。此外，变质剂加入的方式与减少其在电弧高温下的烧损等问题，也有待进一步解决。

2. 振动结晶

焊接时，对熔池施加一定的振动去打乱枝晶的生长方向，破坏正在成长的粗大晶粒，增加形核中心，从而得到细晶组织。目前正在研究和发展的振动结晶的方法有：

（1）低频机械振动　振动频率在10kHz以下，通过机械方法，使熔池中产生振动，振动器附在焊丝或工件上，振幅都在2mm以下。振动所产生的能量可使熔池中成长的晶粒破碎，同时也使熔池金属发生强烈的搅拌作用，不仅使成分均匀，也使气体或夹杂物等快速上浮，从而改善了焊缝金属的性能。

（2）高频超声振动　利用超声波发生器向熔池引入20kHz以上的振动频率，振幅10^{-4}mm。超声振动可使焊接熔池中正在结晶的金属承受拉、压交替的应力作用，使正在成长的晶粒破坏，增多结晶中心，改善结晶形态和细化晶粒。

（3）电磁振动　利用强的交变磁场使熔池中的液态金属产生强烈的搅拌，让成长着的晶粒不断受到摩擦和冲洗作用，既可细化晶粒，又可打乱结晶方向，改变结晶形态。此外，电磁振荡还有消除残余应力的作用。

与变质处理相比，振动结晶需使用复杂的设备，成本高，效率低，在生产中推广使用尚有困难。

3. 调整焊接参数

焊接参数决定了熔池的温度、形状、尺寸和冷却速度，最终直接影响熔池结晶时晶粒成长的方向、晶粒的形状和尺寸，并影响焊缝金属的化学不均匀性。一般来说，当功率P不变时，增大焊接速度v，可使焊缝晶粒细化；而当焊接热输入不变而同时提高P和v时，也可使焊缝晶粒细化。此外，为了减少熔池过热，在埋弧焊时可向熔池中送进附加的冷焊丝，或在坡口面预置碎焊丝。

4. 锤击坡口或焊道表面

锤击坡口表面或多层焊层间金属使表面晶粒破碎，熔池以被打碎的晶粒方向为基面形核、长大，而获得较细晶粒的焊缝。此外，逐层锤击焊缝表面，还可以起到减小残余应力的作用。

（二）改善焊缝金属二次组织的措施

1. 焊后热处理

焊后热处理可以改善焊接接头的组织和性能，因此，一些重要的焊接结构，一般都要进行不同的热处理。例如，珠光体耐热钢的电站设备、电渣焊的厚板结构等，焊后都要进行不同的热处理（回火、正火或调质等）。但较大或较长的工件（如高温高压管道等）进行整体处理有困难，常采用局部热处理。

2. 多层焊接

焊接相同厚度的工件时，采用多层焊接可以提高焊缝金属的性能。这种方法主要是因为每层焊缝之间具有附加热处理的作用，从而改善了二次组织。此外，由于每层焊缝断面的变小也改善了一些结晶的条件。

应当指出，多层焊接对于焊条电弧焊的效果较好，因为每一焊层的热作用可以达到前一焊层的整个厚度。而埋弧焊时，由于焊层厚度较厚（为6~10mm），后一焊层的热作用只能达到3~4mm深，因此不能对整个焊层截面起后热作用。

3. 锤击焊道或坡口表面

锤击焊道表面（或坡口表面）可使前一层焊缝不同程度地产生晶粒破碎，使后一层焊缝晶粒细化。同时，逐层锤击可以使焊缝金属产生塑性变形，从而降低残余应力。因此，锤击焊道能提高焊缝的力学性能，特别是冲击韧度。

对于一般碳钢和低合金钢焊缝，多采用风铲锤击，锤头圆角以 1～1.5mm 为宜，锤痕深度为 0.5～1.0mm，锤击焊缝的方向及顺序如图 3-16 所示。

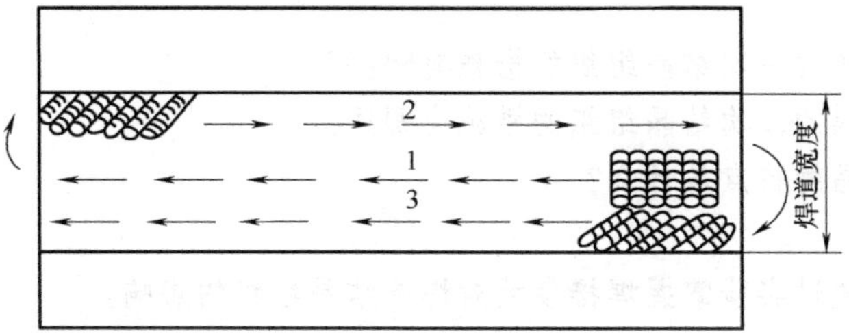

图 3-16　锤击焊缝的方向及顺序

4. 跟踪回火

跟踪回火就是在焊完每道焊缝后用气焊火焰在焊缝表面跟踪加热，从而达到改善焊缝金属二次组织的方法。跟踪回火加热温度为 900～1000℃，可对焊缝表层下 3～10mm 深度范围内的不同深度的金属起到不同的热处理作用。如焊条电弧焊，每一层焊缝的平均厚度为 3mm，最上层的加热温度为 900～1000℃，相当于正火处理；中间深度为 3～6mm 一层的加热温度为 750℃左右，相当于高温回火；表面下 6～9mm 的最下层，则相当于进行 600℃左右的回火处理。这样除了表面一层外，每层焊道都相当于进行了一次焊后正火及不同次数的回火，组织与性能有了明显的改善。

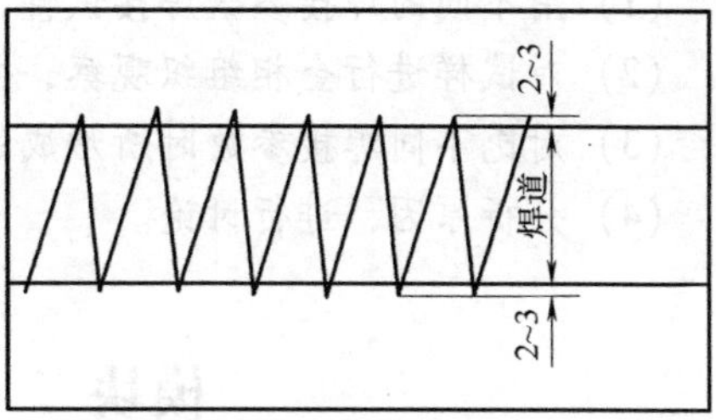

图 3-17　跟踪回火运动轨迹

跟踪回火使用中性焰，将焰心对准焊道“之”字形运动，火焰横向摆动的宽度应大于焊缝宽度 2～3mm，如图 3-17 所示。此外对于大型结构和焊补件，采用跟踪回火可以显著提高熔合区的韧性。

【综合训练】

一、理论部分

（一）填空题

1. 焊接熔池与铸锭相比，具有如下特点：________、________、________和________。

2. 焊缝金属中的偏析主要有________、________和________。

3. 在液体金属中加入________使结晶过程发生明显变化，从而达到________叫做变质处理。

4. 焊接熔池的一次结晶包括________和________两个过程。

5. 生产上用来改善一次结晶的方法很多，但归纳起来主要有两类，即________处理和________结晶。

（二）判断题（正确的画“√”，错误的画“×”）

1. 熔焊时，焊缝的组织是柱状晶。（　）

2. 焊接熔池一次结晶时，晶体的成长方向总是和散热方向一致。（　）

3. 气孔、夹杂、偏析等缺陷大多是在焊缝金属的二次结晶时产生的。（　）
4. 延迟裂纹是在焊接熔池一次结晶时产生的。（　）
5. 合金钢由于合金元素较多，焊接时，焊缝中的显微偏析不严重。（　）

（三）简答题

1. 改善焊缝金属的一次结晶组织的措施有哪些？
2. 改善焊缝金属的二次结晶组织的措施有哪些？
3. 焊接熔池结晶的特点是什么？

二、实践部分

1. 训练目标：通过实验掌握焊接参数对焊缝结晶组织的影响。

2. 训练准备：

（1）人员准备：每5~8人组成一个实验小组。

（2）材料准备：低碳钢的试件若干、埋弧焊焊机、H08焊丝若干、显微镜、照片暗室处理工具及材料、试样制取的材料等。

3. 训练地点：实验室。

4. 训练方法：

（1）用不同的焊接参数焊接试件，并制作试样。

（2）对试样进行金相组织观察，并制作金相照片。

（3）对比不同焊接参数时所形成的焊缝的组织变化。

（4）分析原因，进行讨论。

模块二　焊接熔合区的特征

焊接熔合区是焊接接头中焊缝向母材热影响区过渡的部位。通常所说的熔合线是指焊接接头横断面宏观腐蚀后所显示的焊缝轮廓线。焊缝与母材的交界线并不是一圆滑的曲线，而是呈现不规则的锯齿形，有些地方还有“折叠”现象。这种参差不齐的轮廓表明，这是一个熔化不均匀的区域。一般条件下，熔合区通常会成为整个接头的薄弱环节，对接头质量起决定作用，很多接头失效的起源往往就在熔合区。

一、熔合区的形成

熔合区是由于母材坡口表面复杂的熔化情况形成的。首先，由于电弧吹力和金属熔滴过渡，都使传播到母材表面的热量随时发生变化，造成母材熔化不均匀。其次，由于母材表面晶粒的取向各不相同而熔化程度不一，其中取向与导热方向一致的晶粒熔化较快。如图3-18所示阴影线部分代表已熔化的部分，其中1、3、5等晶粒的取向有利于导热而熔化较多，2、4晶粒则熔化较少，从而形成了局部熔化与局部不熔化的固、液两相共存的区域，即熔合区。图3-19表示出了熔合区及附近各组织区的相对位置。

二、熔合区的不均匀性

根据多方面的研究，熔合区性能下降的主要原因是由于在这个区域存在着严重的化学不均匀性和物理不均匀性。

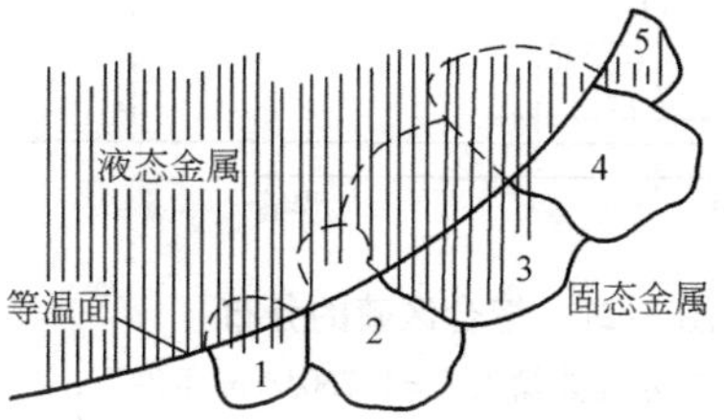

图 3-18 熔合区晶粒熔化的情况

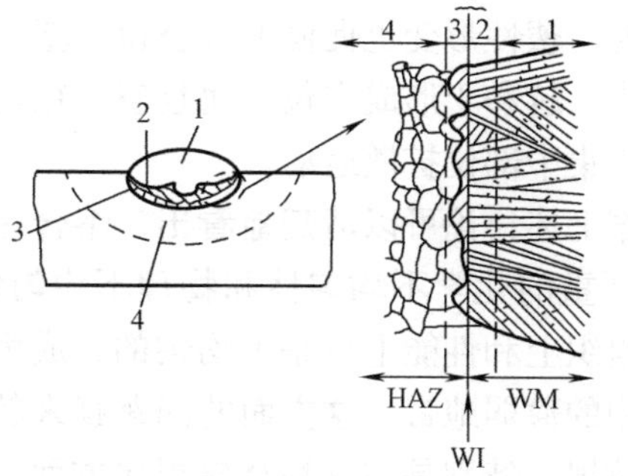

图 3-19 熔合区的构成示意图

1—焊缝区（富焊条成分） 2—未混合区

3—半熔合区 4—真实热影响区 HAZ

5—熔合区 WI—实际熔合线（焊缝边界） WM—母材

1. 熔合区的化学不均匀性

化学不均匀性决定于一次结晶的不平衡程度，它与冷却条件、溶质元素的性质和数量等有关。

一般来说，钢中的合金元素及杂质在液相中的溶解度都大于在固相中的溶解度。因此在熔池凝固过程中，随着固相的增加，溶质原子必然要大量地堆积在固相前沿的液相中。特别是开始凝固时，高温析出的固相比较纯，这种堆积更加明显。这样在固-液交界的地方溶质的浓度将发生突变，如图 3-20 所示。图中实线表示固-液并存时溶质浓度的变化，虚线表示熔池完全凝固后的情况。说明了在凝固过程中堆积在固相前沿的液相中的溶质，来不及扩散到液相中心，从而将不均匀的分布状态保留到凝固以后。

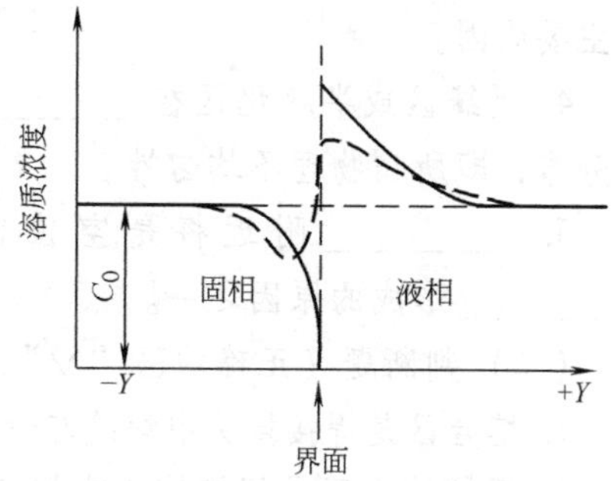

图 3-20 固液界面的溶质浓度分布

在凝固的冷却过程中，扩散能力较强的元素还有可能在浓度梯度的推动下由焊缝向母材扩散，使化学不均匀性有所缓和。对于同种钢焊接时，由于碳在铁中扩散能力较强，故在高温来得及均匀化，而硫、磷在熔合区的浓度改变很少，造成了不均匀性的程度比较严重。采用放射性同位素（S^{35}）研究熔合区硫的分布如图 3-21 所示，由图可以看出，硫在熔合区内的分布是跳跃式变化的。

2. 熔合区的物理不均匀性

近缝区或半熔化区在不平衡加热时，还会出现空位和位错的聚集或重新分布，即所谓物理不均匀性。其中空位的形成、分布及高度可动性对金属断裂强度有重大影响，焊接时的高温加热可促使近缝区形成空位，因为原子的热振动加强，有利于激发原子离开静态平衡位置，而削弱原子的结合力。空位的平衡浓度与温度成比例。接头冷却过程中，空位的平衡浓度下降，在不平衡冷却过程中，空位将处于过饱和状态，超过平衡浓度的空位则要向高温部位发生运动，而半熔化区本身就易于形成较多空位，因此熔合线附近将是空位密度最大的区域。这种空位的聚合可能是熔合区延迟裂纹形成的原因之一。

同时，塑性形变也促使形成空位。塑性形变量越大，越易于形成空位；而且空位往往趋于向应力集中部位扩散运动。

根据上述讨论可以清楚地看出，熔合区内存在着严重的化学不均匀性和物理不均匀性，因此在组织上和性能上也是不均匀的，成为焊接接头中的薄弱地带，这方面的问题越来越被广泛地重视，特别是在异种金属焊接方面，已成为保证焊接接头质量的关键。

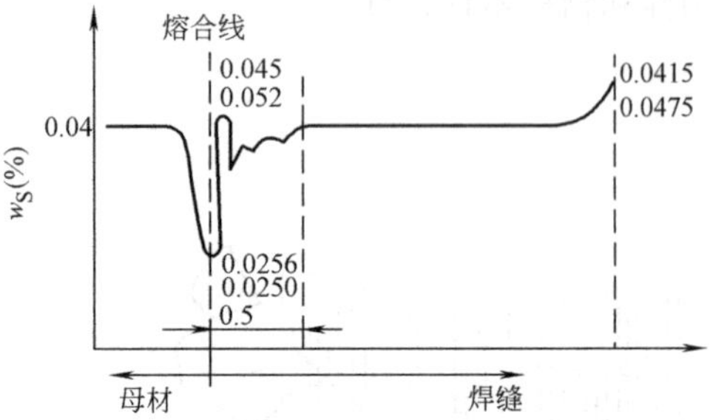

图 3-21　熔合区硫的分布

上行数字表示在热输入 $E=11760$J/cm 条件下，下行数字表示在热输入 $E=23940$J/cm 条件下

【综合训练】

一、理论部分

（一）填空题

1. 熔合区由__________、__________两部分组成。半熔化区是指__________、__________两相交错共存，而又凝固的部位，是由于__________所形成的。

2. 熔合区性能下降的主要原因，是由于在这个地区存在着严重的______和______。

3. 焊接熔合区在__________上是不均匀的，这是其成为焊接接头中的__________地带的主要原因。

4. 近缝区或半熔化区在__________时，还会出现__________和__________的聚集或重新分布，即所谓物理不均匀性。

5. __________附近将是空位密度最大的区域，这种空位的聚合可能是熔合区__________形成的原因之一。

（二）判断题（正确的画“√”，错误的画“×”）

1. 熔合区是焊接接头中焊缝与母材交界的过渡区，是整个焊接接头的薄弱环节。（　　）

2. 焊接熔合区是焊接接头中焊缝向母材热影响区过渡的部位。（　　）

3. 通常所说的熔合线是指焊接接头横断面宏观腐蚀后所显示的焊缝轮廓线。（　　）

4. 化学不均匀性决定于一次结晶的不平衡程度，它与冷却条件、溶质元素的性能和数量等有关。（　　）

（三）简答题

1. 半熔化区的宽度与哪些因素有关？如何利用公式计算半熔化区的宽度？

2. 熔合区是怎样形成的？为什么是整个焊接接头的薄弱地带？

二、实践部分

1. 训练目标：了解焊接熔合区在焊缝中的位置。

2. 训练准备：

（1）人员准备：每 5~8 人组成一个实验小组。

（2）材料准备：制作好的焊接接头的金相试样、显微镜。

3. 训练地点：实验室。

4. 训练方法：

（1）观察焊接接头的金相试样，制作金相照片。

（2）判断熔合区的位置及宽度。

（3）分析实验结果并进行讨论。

模块三　焊接热影响区

焊接热循环对焊缝附近的母材在组织和性能上有着较大的影响。焊接热影响区（Heat Affected Zone，HAZ）是指在焊接过程中，母材因受热的影响（但未熔化）而发生组织和力学性能变化的区域，如图3-22所示。

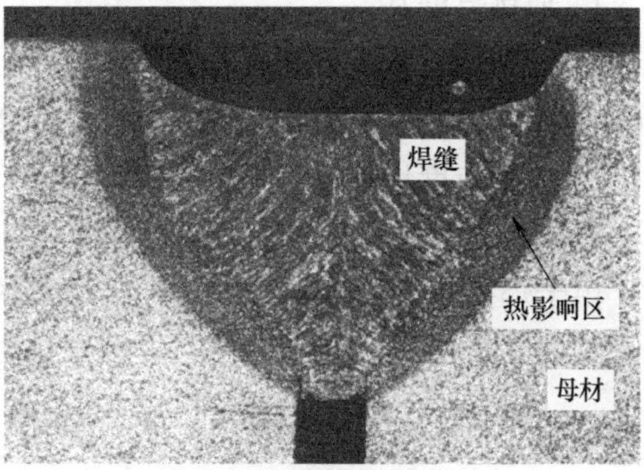

图3-22　焊接热影响区部位

由于焊接金属种类的增加，各种金属在焊接时热影响区会出现不同方面的组织与性能的变化，从而在这个区域产生各种焊接缺陷的倾向增加，力学性能也下降，所以在保证焊缝质量的同时，要注重焊缝热影响区的组织与性能的变化。

一、焊接热影响区的形成及影响因素

（一）焊接热影响区的形成

焊接接头是由焊缝和热影响区两部分组成的。凡是通过局部加热达到连接金属的焊接方法，由于其加热的瞬时性和局部性使焊缝附近的母材都经受了一种特殊热循环的作用。其特点为升温速度快，冷却速度快。因此，凡是与扩散有关的过程都很难充分进行。焊接加热的另一个特点为热场分布极不均匀，紧靠焊缝的高温区内接近于熔点，远离焊缝的低温区接近于室温。而且峰值温度越高的部位，加热速度越快，冷却速度越大。因此，焊接过程中，在形成焊缝的同时不可避免地使其附近的母材经受了一次特殊的热处理，形成了一个组织和性能极不均匀的焊接热影响区。

（二）影响焊接热影响区形成的主要因素

以下从形成热影响区的内因和外因分析影响热影响区形成的因素。

1. 母材自身的冶金特性

母材自身的冶金特性是形成热影响区的根本因素。如：被焊金属在焊接热循环作用下有无固相转变，如果有固相转变，又可分为是单相合金还是多相合金，发生的是扩散型相变还是无扩散型相变等。

2. 母材焊前的状态

同一种金属材料，焊前的状态不同，焊后热影响区的组织和性能是不同的。例如，焊前经过冷作硬化或热处理强化的金属，焊后热影响内就会出现回火软化。对于易淬火金属，若焊前处于退火状态，则焊后会出现淬火硬化区；若焊前是淬火状态，则焊后会出现软化区。

3. 焊接方法及其参数

因为不同的焊接方法其热源的集中程度不同，通过焊接参数的选择又可以获得不同的热输入，这两者基本上就确定了焊接温度场的分布和场上各点热循环曲线的特征。温度场的分布影响着热影响区的宽窄，而热循环曲线的特征参数，如加热速度、高温停留时间和冷却速度等直接影响着组织和性能的变化。

二、焊接热影响区固相转变的特点

（一）焊接热影响区热循环的特点

根据金属学及热处理理论，金属在加热和冷却过程中发生的变化取决于其化学成分与经历的热过程两个因素。因此，给热影响区的组织变化带来特殊影响的是焊接热循环的以下特点：

1. 加热温度高

对于大多数钢铁材料，熔合区附近的金属最高加热温度接近母材金属的熔点，可达1400℃左右，而热处理时，加热温度仅略高于Ac_3。

2. 加热速度快

热处理时为了保证加热均匀、减小热应力，对加热速度进行了较严格的限制。而熔焊时，由于焊接热源的集中性好，焊接加热的速度很快，因此，焊接热影响区的加热速度比热处理时大几十倍或上百倍。不同焊接方法时热影响区的加热速度见表3-2。

表3-2　不同焊接方法时热影响区的加热速度v_h

焊接方法	δ/mm	v_h/(℃/s)
焊条电弧焊（包括TIG焊）	5~1	200~1000
单层埋弧焊	25~10	60~200
电渣焊	200~50	3~20

3. 高温停留时间短

焊接时，焊接热源随着时间在移动，因此，热影响区的温度也随热源移动而随时间变化。热处理时的保温时间，是根据产品与工艺要求进行控制的。而焊接时，金属的冷却速度很快，所以焊接热影响区在高温停留的时间很短，如焊条电弧焊时只有十几秒；埋弧焊时要长些，但也仅为20~100s。

4. 各点的温度随时间及热源的位置而变化

焊接过程中的加热是局部加热的过程，而且热源在焊接的过程中是运动的，这种复杂的温度场与焊接热循环，使焊接热影响区的温度随时间及热源的位置而变化，这也是热影响区组织不均匀及复杂应力状态形成的根本原因。

5. 冷却方式为自然条件下的连续冷却

热处理的冷却过程是根据产品的工艺要求严格控制进行的。而焊接热影响区在不采取缓冷或保温措施的条件下都属于自然条件下的连续冷却，冷却速度很快。此外冷却过程还要受到焊接参数、产品结构、外界环境等诸多因素的影响。

（二）焊接热影响区的组织转变特点

焊接的过程是金属加热熔化再冷却结晶的过程。焊接热影响区也经历了加热与冷却的过程，在加热与冷却的过程中，焊接热影响区的组织转变有以下的特点：

1. 焊接热影响区加热时组织转变的特点

由于焊接热循环的特殊性，焊接热影响区加热时的组织转变具有以下的特点：

（1）使加热时的相变温度升高　一般焊接结构常用的亚共析钢的室温组织是铁素体＋珠光体的组织，在焊接加热的过程中，热影响区的金属受到加热的影响，会发生奥氏体化的过程，而加热使珠光体向奥氏体转变时，是由形核、长大、碳原子扩散、剩余铁素体（或渗碳体）溶解以及奥氏体均质化等几个阶段所组成的，属于扩散型相变。要完成上述过程，需要一定的孕育期，在连续加热的条件下，必然要在一定的温度范围内才能完成，而当加热速度很快时，在达到相变温度时还来不及完成孕育过程，这就需要在更高的温度及较宽的温度范围区间内完成，从而使热影响区加热时相变温度升高。加热速度对相变温度的影响见表 3-3。

表 3-3　加热速度对相变温度 Ac_1 与 Ac_3 的影响

钢　种	相变点	平衡温度/℃	加热速度 v_h/(℃/s)				Ac_1、Ac_3 值的变化量/℃		
			6~8	40~50	250~300	1400~1700	40~50	250~300	1400~1700
45	Ac_1	730	770	775	790	840	45	60	110
	Ac_3	770	820	835	860	950	65	90	180
40Cr	Ac_1	735	735	750	770	840	15	35	105
	Ac_3	780	775	800	850	940	25	75	165
Q345B (23Mn)	Ac_1	735	750	770	785	830	35	50	95
	Ac_3	830	810	850	890	940	40	60	110
30CrMnSi	Ac_1	740	740	775	825	920	15	85	180
	Ac_3	790	820	835	890	980	45	100	190
18Cr2WV	Ac_1	800	800	860	930	1000	60	130	200
	Ac_3	860	860	930	1020	1120	70	160	260

（2）影响奥氏体的均质化程度　焊接的加热过程，加热速度很快，使得形成的奥氏体的成分来不及扩散均匀化，造成加热后形成的奥氏体组织与成分不均匀。在奥氏体形成后，随着温度的继续升高，均质化程度有明显的改善，而且在冷却过程中均质化过程还在进行着。当热影响区的温度降低到低于 1000℃时，由于碳的扩散能力减弱，均质化的过程趋于停顿。加热速度越高，高温停留时间越短，不均匀的程度就越严重。

加热时形成的奥氏体组织形态对冷却转变过程的进行及转变产物的组织性能都有显著的影响。如果在加热时奥氏体均质化程度很差，即使冷却时间拖得再长，由于受到温度下降时碳扩散能力降低的影响，也不会达到很高的均质化程度。而如果在加热时奥氏体的均质化程度就很高时，在冷却过程中得到的焊接接头的组织将更加均匀。因此，在焊接加热条件下的组织转变的特点将直接影响冷却后热影响区的组织与性能。

2. 焊接热影响区的连续冷却转变图（CCT 图）

焊接连续冷却转变图（CCT 图）是表征某种钢的焊缝及热影响区金属在各种连续冷却条件下转变开始和终了温度、转变开始时间和终了时间，以及转变的组织、室温硬度与冷却速度之间关系的曲线图。

图 3-23 所示为成分相当于 Q295 的焊接热影响区的连续冷却转变图，根据该图上的曲线

和数据可以判断在一定的焊接条件下，焊接热影响区某部位金属经历了哪些组织转变、转变温度以及在室温下转变产物的相对比例和平均硬度等。作为判断焊接热影响区组织和性能的临界冷却条件的指标，一般是用热影响区金属从 Ac_3 冷却到 500℃时所需要的临界冷却时间或经过 550℃时的临界冷却速度来表示。

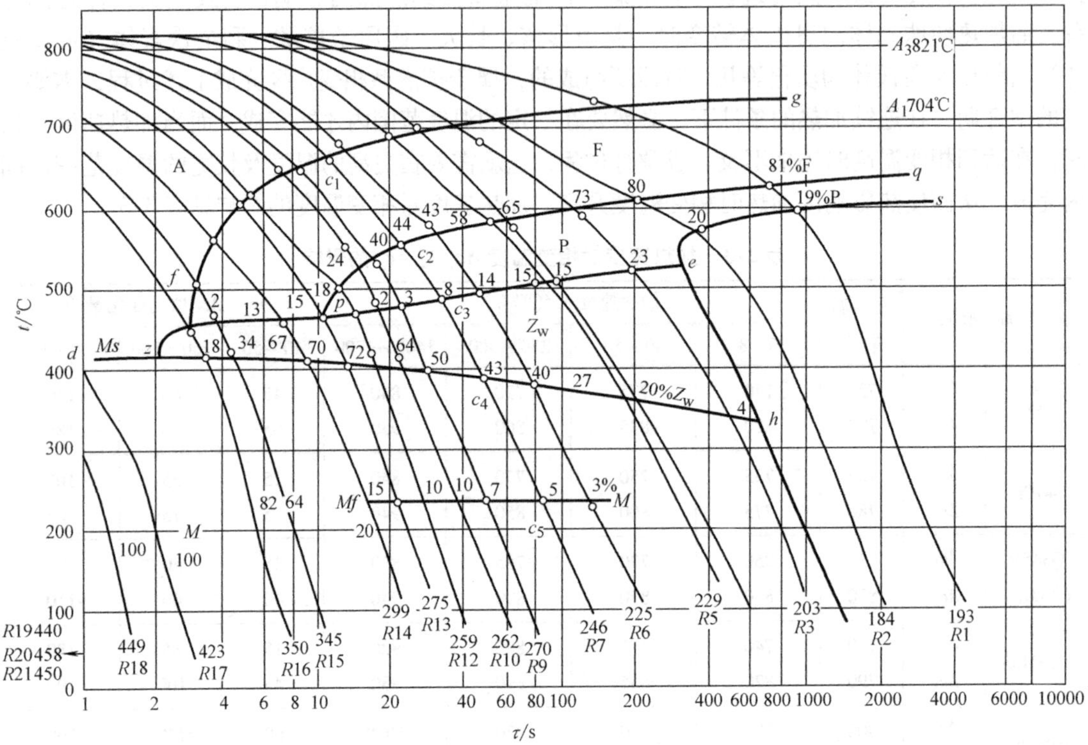

图 3-23　成分相当于 Q295 的焊接热影响区 CCT 图（t_m = 1350℃）

图 3-24 所示为成分相当于 Q295 的焊接热影响区 CCT 图的临界冷却曲线和临界冷却时间 C_z、C_f、C_p、C_e。图中的 C_z、C_f、C_p、C_e 分别表示从 Ac_3 温度冷却到 500℃开始出现中间组织（即各种贝氏体类组织）、铁素体、珠光体，以及仅得到铁素体和珠光体组织的临界冷却时间（s）。C_z、C_f、C_p、C_e 分别是由通过 z、f、p、e 点的临界冷却曲线与 500℃等温线的交点 C_z、C_f、C_p、C_e 向时间坐标轴投影得到的时间值。这些特征值对分析焊接热影响区的组织很有意义，只要知道在实际焊接过程中热影响区所有要研究部位的金属从 800℃冷却到 500℃的时间 $\tau_{8/5}$，对照临界冷却时间，就可以判断热影响区的显微组织。

利用焊接热影响区 CCT 图可以方便地预测热影响区组织、性能和硬度的变化，预测某种钢焊接热影响区的淬硬倾向和产生冷裂纹的可能性。同时也可以作为调整焊接热输入、改进焊接工艺（焊前预热和焊后热处理等）的依据。

三、焊接热影响区的组织

焊接热影响区距焊缝远近不同的部位所经历的焊接热循环不同，因而不同部位就会产生不同的组织并具有不同的性能，于是整个焊接热影响区呈现出分布不均的组织和性能。下面

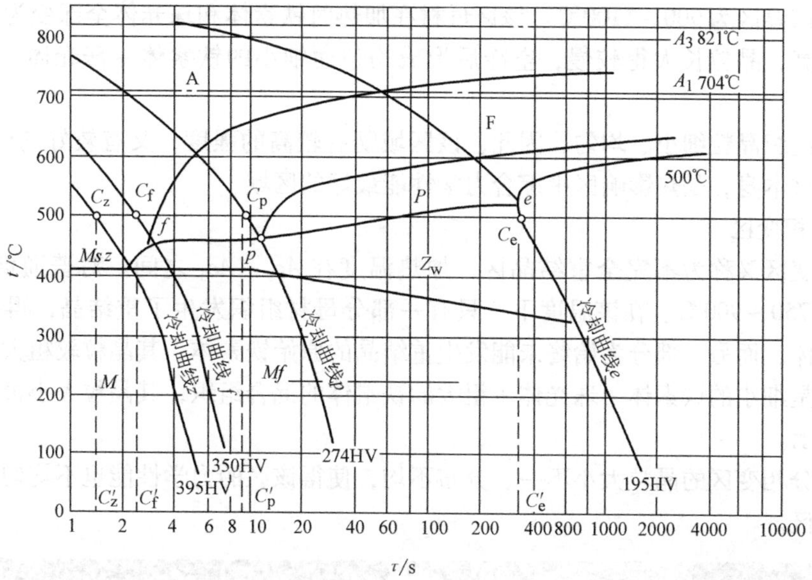

图 3-24　成分相当于 Q295 的焊接热影响区 CCT 图的临界冷却曲线和临界冷却时间

重点介绍低碳钢和低合金钢热影响区的组织。

焊接热影响区组织取决于各部位的温度分布，图 3-25 所示是 Q235 焊接接头温度分布与组织示意图，其焊接热影响区由过热区、正火区、部分相变区等组成。

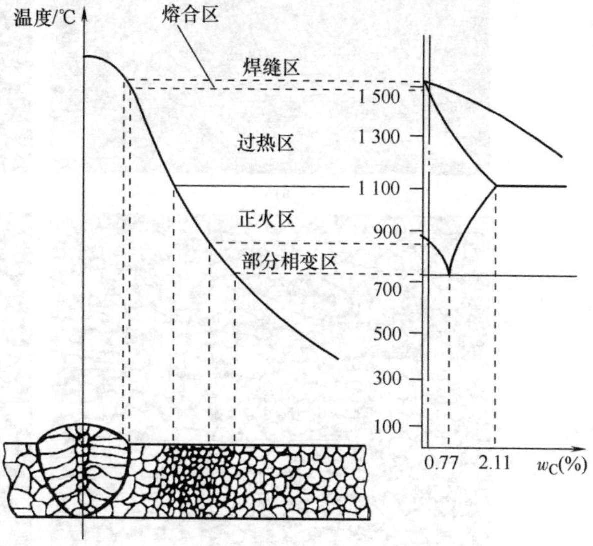

图 3-25　热影响区温度分布与组织示意图

1. 过热区

过热区又称粗晶区，其紧邻熔合区，峰值温度范围从晶粒急剧长大的温度（Ac_3 + 100 ~ 200℃）一直到固相线。对普通低碳钢来讲，该温区约为 1100 ~ 1490℃。由于加热温度很高，金属处于过热状态，特别是在固相线附近，一些难溶的碳化物和氮化物质点也都溶入奥氏体，因此奥氏体晶粒发生严重长大，冷却后主要得到粗大的铁素体和珠光体，甚至在热输入大或高温停留时间长（气焊和电渣焊）时出现魏氏组织。因此，该区的组织特征是晶粒粗大的铁素体和珠光体，甚至形成魏氏组织，如图 3-26a 所示。

由于过热区的组织粗大，因此，过热区的塑性很低，尤其是冲击韧性要比基本金属降低 25% ~30%，如果在焊接刚性较大的结构时，常会在过热区出现裂纹。

2. 正火区

正火区又称重结晶区，紧邻过热区，加热温度在 Ac_3 ~ Ac_3 + 100 ~ 200℃之间。对普通低碳钢来讲，该温区为900~1100℃。该区母材在加热时铁素体和珠光体全部变为奥氏体，由于温度不太高，晶粒长大得较慢，空冷后形成均匀而细小的铁素体+珠光体，如图3-26b所示。

正火区组织晶粒细小、均匀，因此，该区域既有较高的强度，又有较好的塑性和韧性，甚至优于母材本身，是热影响区中综合力学性能最好的区域。

3. 部分相变区

部分相变区又称为不完全重结晶区，加热温度在 Ac_1 ~ Ac_3 之间。对普通低碳钢来讲，该温区约为750~900℃。在该温度下，只有一部分母材组织发生了重结晶，得到细小的铁素体和珠光体；而另一部分为始终未能发生重结晶的原始铁素体，其晶粒较粗大。因此，冷却后形成的是细小的铁素体+珠光体+粗大的铁素体的混合组织，其晶粒大小极不均匀，如图3-26c所示。

由于部分相变区的晶粒大小不一、分布不均，使得该区的力学性能也不均匀。其冲击韧性低于正火区。

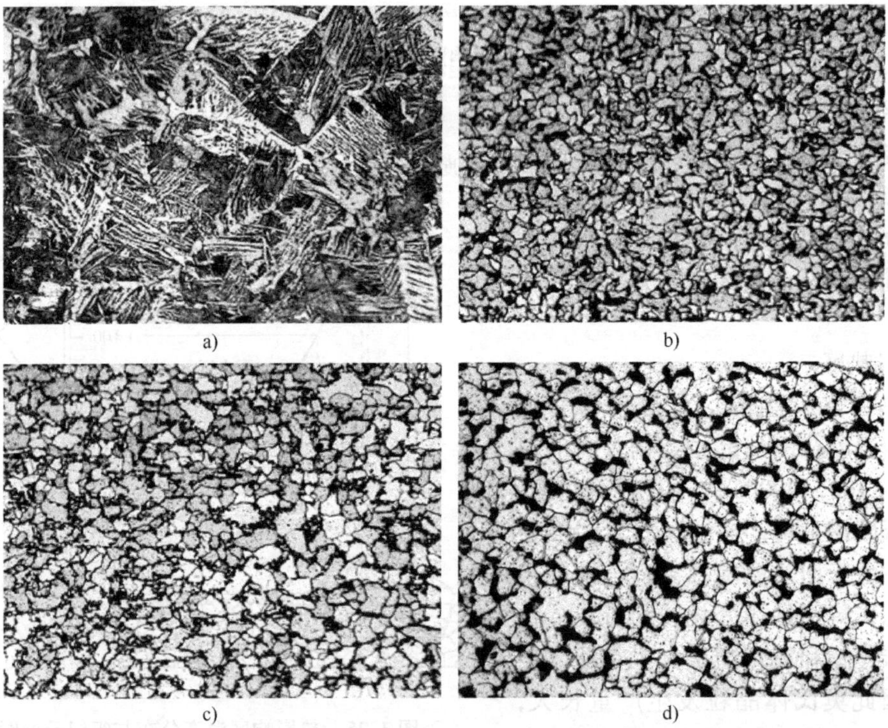

a)　b)　c)　d)

图3-26　Q235钢焊接热影响区各部分的显微组织（250×）

a）过热区　b）重结晶区　c）部分相变区　d）母材

对于焊前经调质过的钢，则在温度处于 Ac_1 ~ $t_{回}$（调质处理时的回火温度）的区域，还要发生不同程度的回火处理，称为回火区。由于回火区的温度不同，所得组织也不一样，紧靠不完全淬火区的区域，相当于瞬时高温回火，出现回火索氏体的组织。随着温度的降低，回火的程度会降低，相应获得回火托氏体和回火马氏体等组织。该区的强度和硬度会有所下降，形成软化区。

综上所述，热影响区的组织是不均匀的，因此，其性能也是不均匀的。热影响区组织与性能的不均匀程度与母材的成分有关。低碳钢和淬硬倾向不大的低合金钢，其热影响区的组织与性能的变化相对要小些。淬硬倾向较大的中碳钢和调质型的低合金钢，由于出现淬硬组织而脆化，并容易产生裂纹。

四、焊接热影响区的性能

小知识

易淬火钢热影响区的组织与母材焊前的热处理状态有关，若母材焊前是正火或退火状态时，焊后其热影响区分为完全淬火区（相当于不易淬火钢的过热区和正火区）和不完全淬火区；当母材焊前是淬火+回火状态时，焊后母材热影响区除了完全淬火区和不完全淬火区外，还存在一个回火区。

焊缝的性能可以通过化学成分的调整及适当的焊接工艺来保证达到要求，而热影响区性能只能通过控制焊接热循环作用来改善。焊接热影响区的性能主要是指硬度分布、常温的力学性能、高温和低温的力学性能，以及腐蚀条件下的疲劳性能等。

用于焊接的结构钢，从热处理特性来看，可分为两类：一类是淬火倾向很小的，如低碳钢和某些低合金钢（Q345、Q390等），称为不易淬火钢；另一类是淬硬倾向较大的钢种，如中碳钢，低、中碳调质合金钢等，称为易淬火钢。由于淬火倾向不同，这两类钢的焊接热影响区组织也不同。这里主要介绍不易淬火钢焊接热影响区力学性能的变化。

（一）热影响区的硬度分布

焊接热影响区的硬度主要取决于被焊钢材的化学成分和冷却条件，其实质反映了焊接热影响区不同部位的微观组织和性能。一般而言，随着硬度的增大，强度升高，但塑性、韧性下降，冷裂纹倾向加大。所以，通过测定焊接热影响区的硬度分布，可以间接判断热影响区的力学性能和抗裂倾向。此外，硬度测定简单易行，因此常用热影响区的最高硬度 H_{max} 来间接判断热影响区的性能。

图 3-27 所示为 Q345 低合金钢单道焊时热影响区的硬度分布。从图可以看出，熔合线附近的硬度最高，远离熔合线，硬度迅速降低至接近母材的硬度水平，说明该钢焊后热影响区出现了硬化。

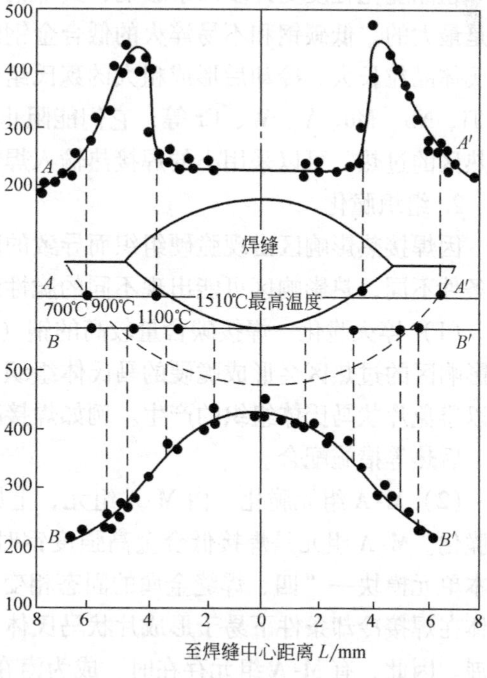

图 3-27 Q345 低合金钢单道焊时热影响区的硬度分布

热影响区的最高硬度 H_{max} 与钢的化学成分和冷却条件有关。在相同的焊接条件下，碳是影响钢热影响区 H_{max} 的最主要因素，其他合金元素也在不同程度上产生影响。因此，在研究钢化学成分对焊接热影响区最高硬度 H_{max} 的影响时，常引入碳当量概念，并把碳当量和热影响区的最高硬度值的关系联系起来，用以间接判断母材的焊接性。碳当量的计算公式很多，国际焊接学会推荐的 $C_E(IIW)$ 和日本焊接协会的 C_{eq}（WES）如下式所示：

$$C_E(IIW) = C + \frac{Mn}{6} + \frac{Cu + Ni}{15} + \frac{Cr + Mo + V}{5} \tag{3-1}$$

$$C_{eq}(WES) = C + \frac{Mn}{6} + \frac{Si}{24} + \frac{Ni}{40} + \frac{Cr}{5} + \frac{Mo}{4} + \frac{V}{14} \tag{3-2}$$

上式中的元素符号，表示该元素的质量分数。式（3-1）主要适用于中等强度的非调质低合金钢（$R_m = 400 \sim 700MPa$）；式（3-2）主要适用于强度级别较高的低合金高强度钢（$R_m = 500 \sim 1000MPa$），调质与非调质钢均可。在引用上述两式时要注意，上述两式均仅适用于 $w_C > 0.18\%$ 的钢种，$w_C < 0.17\%$ 时不适用。

（二）焊接热影响区的脆化

脆化是焊接热影响区力学性能变化的另一个重要方面，由于焊接热影响区的脆化，会使焊接结构在使用的过程中有产生失效的可能性。因此，研究焊接热影响区的脆化问题进而提高其韧性，对于提高整个接头的性能是非常重要的。

1. 粗晶脆化

粗晶脆化是指焊接热影响区因晶粒粗大而发生韧性降低的现象，晶粒尺寸越大，脆化越严重。在焊接热影响区中熔合线和过热区处一般都发生晶粒长大，在该区域出现了不同程度的粗晶脆化。

粗晶脆化程度受许多因素影响，其中钢种的化学成分、组织状态、加热温度及时间的影响是最大的。低碳钢和不易淬火的低合金钢焊接时，热影响区发生脆化的主要原因是过热区奥氏体晶粒长大，冷却后形成粗大的魏氏组织所致。如果钢中含有氮、碳化物的合金元素，如 Ti、Nb、Mo、V、W、Cr 等，它们能阻止或抑制晶粒长大，不易产生粗晶脆化。为防止过热区的过热，可以采用小的焊接热输入焊接，将有利于防止粗晶脆化。

2. 组织脆化

因焊接热影响区出现脆硬组织而导致的脆化称为组织脆化。根据被焊钢种和焊接时的冷却条件不同，热影响区可能出现不同的脆性组织。

（1）淬火脆化　焊接碳含量较高的钢（$w_C \geq 0.2\%$）和合金元素较高的易淬火钢时，在热影响区的过热区会形成脆硬的马氏体组织，导致热影响区出现脆化。如果降低冷却速度，可以避免片状马氏体组织的产生。例如焊接时采用较大的焊接热输入，必要时还可以采用预热、后热等措施配合。

（2）M-A 组元脆化　由 M-A 组元、上贝氏体、粗大的魏氏组织等所造成的脆化称为组织脆化。M-A 组元是焊接低合金高强度钢时，在一定冷却速度条件下形成的，其形成过程见本单元模块一“四、焊缝金属的固态相变”部分。M-A 组元脆化的原因，在于富碳的奥氏体在焊接冷却条件下易于形成片状马氏体，并在界面上产生显微裂纹沿 M-A 组元的边界扩展。因此，有 M-A 组元存在时，成为潜在的裂纹源，并起到吸氢和应力集中的作用。低温回火（<250℃）可以有助于 M-A 组元的分解而改善韧性。

（3）析出脆化　有些金属或合金在焊接的冷却过程、焊接区时效或回火过程中，会从非稳态固溶体中沿晶界析出碳化物、氮化物、金属间化合物及其他亚稳定的中间相等。当析出相分布于晶界并发生聚集或以膜状分布时，金属的强度、硬度和脆性提高，这种现象称为析出脆化。必须指出，若析出相以细小弥散的质点均匀地分布在晶内和晶界时，不但不发生脆化，还将有利于改善韧性。

（4）遗传脆化　在厚板多层焊时，通常第一层焊道的热影响区的粗晶区位于第二层焊道的正火区（重结晶区）时，该粗晶区的组织将得到细化，从而可改善第一焊道粗晶区的性能。但对某些钢种实际未得到改善，仍保留粗晶形貌和结晶学位相的关系，这种现象称为组织遗传，如图3-28所示。由这种遗传而引起的脆化称为遗传脆化。

3. 热应变时效脆化

在焊接结构的制造过程中要进行一系列冷、热加工，如下料、剪切、弯曲成形、气割、矫形、锤击等。若加工引起的局部应变、塑性变形的部位在随后又经历焊接热循环作用（约400～200℃）便会引起材料脆化，称为热应变时效脆化，如图3-29所示。

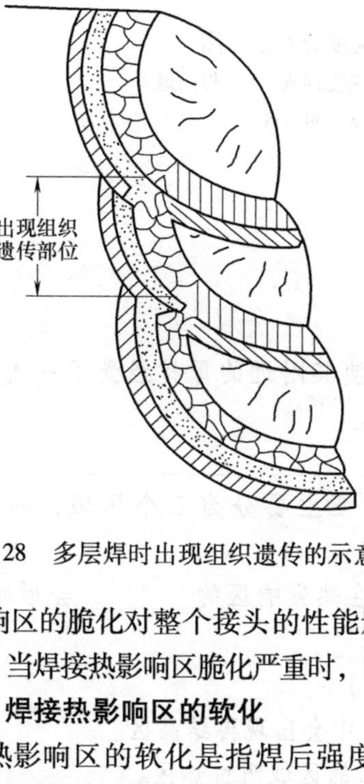

图3-28　多层焊时出现组织遗传的示意图

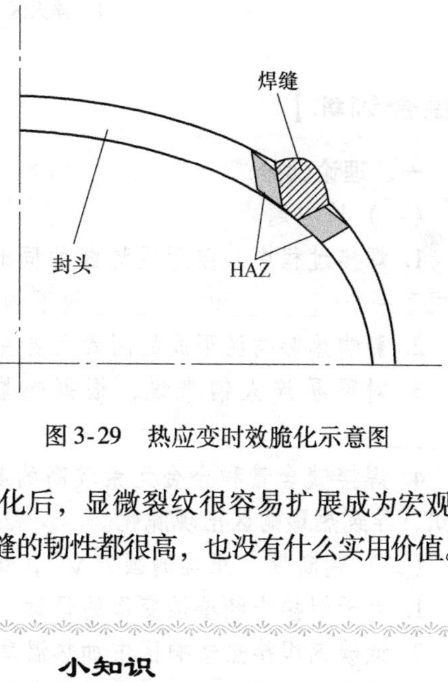

图3-29　热应变时效脆化示意图

热影响区的脆化对整个接头的性能影响很大，脆化后，显微裂纹很容易扩展成为宏观开裂。因此，当焊接热影响区脆化严重时，即使母材与焊缝的韧性都很高，也没有什么实用价值。

（三）焊接热影响区的软化

焊接热影响区的软化是指焊后强度、硬度低于焊前母材的现象。这种现象主要出现在焊前经过冷作硬化或热处理强化的金属或合金中。通常焊前强化程度越大的金属，焊后的软化程度越严重，软化的部位在回火区（加热温度为 $t_{回} \sim Ac_1$）。

> **小知识**
>
> 失强率可用下列公式表示：
>
> $p_{sd} = (R_{mB} - R_{mJ})/R_{mB} \times 100\%$
>
> 式中　R_{mB}—母材强度；
>
> R_{mJ}—接头强度。

调质钢焊接时热影响区的软化程度与母材焊前的热处理状态有关，如图3-30所示。若母材焊前为退火状态，焊后无软化问题；若母材焊前为淬火＋高温回火，则软化程度较低；若焊前为淬火＋低温回火，则软化程度最大，即失强率最大。

调质钢焊后热影响区出现软化不可避免，其软化区的宽度受到焊接方法和焊接热输入的影响。通常，焊接热源越集中，采用的热输入越小，软化区就越窄。

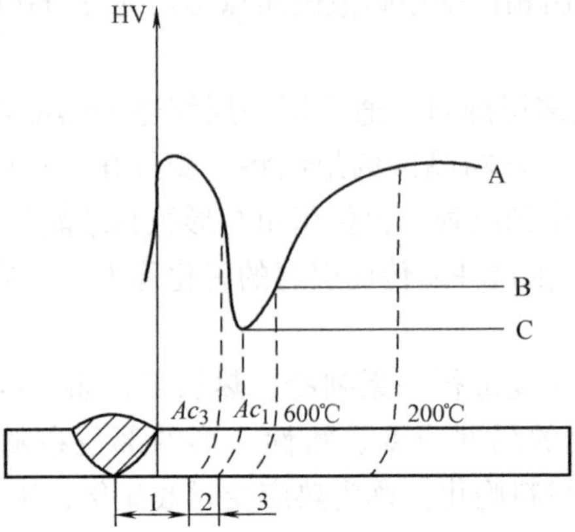

图3-30 调质钢焊接热影响区硬度分布示意图

A—焊前淬火+低温回火 B—焊前淬火+高温回火 C—焊前退火

1—淬火区 2—部分淬火区 3—回火区

【综合训练】

一、理论部分

（一）填空题

1. 焊接过程中，在形成焊缝的同时不可避免地使其附近的母材经受了一次________，形成了一个________和________极不均匀的________。

2. 影响热影响区形成的因素主要有________、________、________、________。

3. 对不易淬火钢来说，根据热影响区组织特征主要分为三个区域，即________、________、________。

4. 焊接碳含量和合金元素较高的易淬火钢时，在热影响区的________会形成________组织，导致热影响区出现脆化。

（二）判断题（正确的画“√”，错误的画“×”）

1. 对于焊接未经塑性变形的母材，焊后热影响区中会出现再结晶区。（ ）

2. 低碳钢焊接热影响区中加热温度为 Ac～1000℃的区域叫过热区。（ ）

3. 焊条电弧焊时，选用优质焊条不但能提高焊缝金属的质量，同时能改善热影响区的组织。（ ）

4. 热影响区宽度的大小与焊接方法、焊接参数、焊件大小和厚度、金属材料热物理性质和接头形式等有关。（ ）

5. 焊接热影响区的脆化，主要有粗晶脆化、热应变时效脆化和氢脆。（ ）

（三）简答题

1. 请说出焊接热影响区的组织变化的特点。

2. 焊接热影响区产生脆化的原因是什么？

3. 简述不易淬火钢与易淬火钢焊接热影响区组织的分布特点。

二、实践部分

1. 训练目标：通过实验使学生了解金相试样的制备，掌握采用不同的焊接方法进行焊接时，焊接热影响区的组织分布。

2. 训练准备：

(1) 人员准备：每5~8人一组。

(2) 材料准备：显微镜MNM-6型、4X型、M型显微硬度计各一台；砂轮切片机、抛光机各一台；试制试样的材料（如砂纸、抛光粉）、腐蚀剂；照片暗室处理工具及材料；试样，不同焊接方法（焊条电弧焊、CO_2气体保护焊、埋弧焊）低碳钢试件若干、45钢、15MnV等，典型金相照片。

3. 训练地点：实验室。

4. 训练方法：

(1) 试样的制取：金相试样应包括焊缝截面及两侧的热影响区，但当试件很大或很长时，热影响区每边留出5~10mm切取试样。

(2) 试样的磨制：一般金相试样分粗磨、细磨、抛光三步。

(3) 试样的浸蚀：用浸蚀剂对试样进行浸蚀。

(4) 金相组织观察。

(5) 记录实验结果进行讨论分析。

第四单元　焊接冶金过程

学习目标

焊接冶金主要研究在各种焊接工艺条件下，冶金反应和焊缝金属成分、性能之间的关系及其变化规律。通过本单元的学习，了解焊接冶金的特点及作用，熟悉焊接冶金过程的一般规律，掌握各种有害元素对焊缝金属的作用及控制方法。

模块一　焊接冶金的特点

一、焊接时焊缝金属的保护

焊接过程中对焊缝金属的保护效果将影响到焊接化学冶金过程中的冶金反应，从而影响焊缝金属的组织和性能。下面将介绍焊接过程中保护焊缝金属的必要性、保护方式和效果及其对焊缝金属性能的影响。

1. 保护焊缝金属的必要性

如果焊条电弧焊时采用光焊丝进行焊接，电弧燃烧的稳定性将变差，焊条易粘钢板，操作困难，焊条的工艺性能不好。即使用直流电源焊接，电弧仍然很不稳定，且飞溅严重，因而焊缝成形很差，并有较多的气孔。同时焊缝金属的成分和性能与母材和焊丝比较，发生了很大的变化。由于熔化金属和它周围的空气激烈地相互作用，使焊缝中的氧与氮的含量大大增加，有益的元素 Mn、Si 大大减少，力学性能也随之恶化，塑性和韧性急剧下降，见表 4-1、表 4-2。

表 4-1　用不同焊条焊接时低碳钢焊缝的化学成分

分析对象		化学成分（质量分数,%）					
		w_C	w_{Si}	w_{Mn}	w_N	w_O	w_H
焊　芯		0.13	0.07	0.66	0.005	0.021	0.0001
低碳钢母材		0.20	0.18	0.44	0.004	0.003	0.0005
焊缝金属	用光焊丝	0.03	0.02	0.20	0.14	0.21	0.0002
	用酸性焊条	0.06	0.07	0.36	0.013	0.099	0.0009
	用碱性焊条	0.07	0.23	0.43	0.026	0.051	0.0005

表 4-2 用光焊丝焊接时低碳钢焊缝金属的性能

性　能	金　属	
	母　材	焊　缝
抗拉强度 R_m/MPa	390～440	324～390
伸长率 A（%）	25～30	5～10
冷弯角 α/(°)	180	20～40
冲击韧度 a_K/(J/cm²)	＞147	4.9～24.5

上述一系列现象的产生主要是由于用光焊丝焊接时，熔化金属与空气直接接触，在高温下熔化的金属与侵入到焊缝金属中的氧、氮等发生了激烈的反应所造成的。因此，用光焊丝焊接的焊接结构性能不能满足使用的要求，从而没有任何的实用价值。

2. 保护方式及效果

为了提高焊缝质量，焊接过程中就必须对焊接区的金属进行保护。所谓保护就是利用某种介质将焊接区与空气隔离。保护方法有熔渣保护、气体保护、气-渣联合保护、真空保护以及自保护等，一般用焊缝金属的含氮量来衡量保护效果。不同的焊接方法有不同的保护方式，各种焊接方法的保护方式见表 4-3。

表 4-3 各种焊接方法的保护方式

保护方式	焊接方法
熔渣保护	埋弧焊、电渣焊、不含造气物质的焊条或药芯焊丝焊接
气体保护	在惰性气体或其他气体（如 CO_2、混合气体）保护中焊接、气焊
气-渣联合保护	具有造气物质的焊条或药芯焊丝焊接
真空	真空电子束焊接
自保护	用含有脱氧、脱氮剂的“自保护”焊丝进行焊接

（1）熔渣保护　熔渣保护是利用焊剂、药芯或药皮中的造渣剂熔化以后形成的熔渣进行保护的方法。埋弧焊焊缝中氮的质量分数一般为 0.002%～0.007%，比焊条电弧焊的机械保护效果好。一般来说，焊剂及其熔渣的保护效果与焊剂结构和松装密度有关。与玻璃状的焊剂相比，多孔性的浮石状焊剂具有较大的表面积，吸附空气较多，保护效果较差。

（2）气体保护　气体保护是利用外加气体对焊接区进行保护的方法，保护的效果主要取决于气体的性质和纯度，按气体的性质分为惰性气体保护和活性气体保护。一般来说，惰性气体的保护效果很好，适用于焊接合金钢和活性金属及其合金，如熔化极氩弧焊，氮在焊缝中的质量分数只有 0.0068% 左右；活性气体主要是 CO_2，保护的效果也比较好，焊缝中氮的质量分数介于 0.008%～0.015%。

（3）气-渣联合保护　气-渣联合保护是通过焊条药皮和药芯焊丝中的造气剂、造渣剂，在焊接过程中形成熔渣和气体共同起到保护作用的方法。采用这种保护，焊缝中氮的质量分数可控制在 0.01%～0.014% 的范围内，且能满足焊接的要求，保护效果是可靠的。

（4）真空保护　真空保护是指利用真空环境达到保护目的。在真空度高于 0.01Pa 的真空室内进行电子束焊接，保护效果最理想，可以把氧和氮的有害作用减至最小。

(5) 自保护 自保护是利用含有氧化剂和脱氧剂的“自保护”焊丝进行焊接的一种方法。脱氧剂和脱氮剂与已进入熔池的氧和氮发生冶金反应来减少焊缝中的氧和氮的含量。自保护和其他保护方式不同，其他保护方式是防止空气进入，自保护是使进入熔化金属中的氧和氮进入熔渣中。自保护焊丝的保护效果欠佳，焊缝金属的塑性和韧性偏低，所以目前生产上很少使用。

目前关于隔离空气的问题已基本解决。但是仅仅机械地保护熔化金属，在有些情况下仍然无法得到合格的焊缝成分。如在很多情况下焊条药皮或焊剂对金属有着不同的氧化作用，从而使焊缝中的氧含量增加；有些情况下还要求对焊缝的化学成分进行必要的调整。因此，在机械保护的同时，还需要对熔化的金属进行必要的冶金处理，即通过调整焊接材料的成分和性能来控制冶金反应的进行，从而获得预期的焊缝成分。

二、焊接冶金反应区的特点

焊接化学冶金反应的重要特点之一是：反应是分区域（或阶段）连续进行的，且各区的反应条件（反应物的性质和浓度、温度、反应时间、相接触的面积、对流和搅拌运动等）有较大的差异，这就会影响到反应进行的可能性、方向、速度和限度。

电弧焊时，一般在反应区内有三个相互作用的相——熔化金属、熔渣和电弧气氛。不同的焊接方法，参加反应的相是不同的。焊条电弧焊时三个反应相都存在。因此焊条电弧焊时有三个反应区：药皮反应区、熔滴反应区和熔池反应区；熔化极气体保护焊时，只有熔滴反应区和熔池反应区。不加填充金属的气焊、钨极氩弧焊和电子束焊，则只有熔池反应区。现以焊条电弧焊为例，说明各个反应区的特点及相互联系。三个反应区的划分如图 4-1 所示。

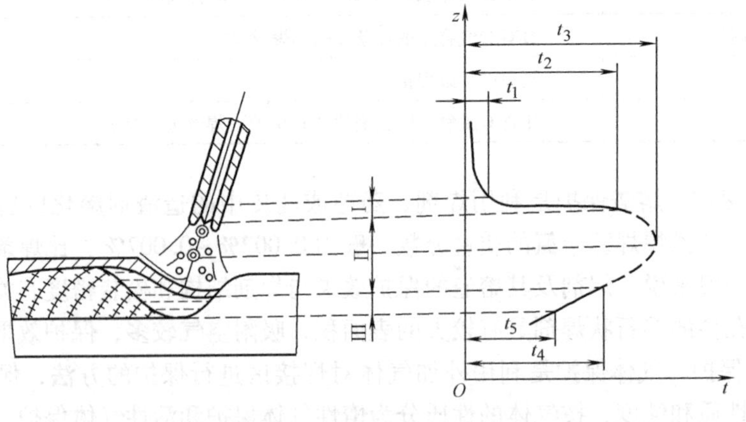

图 4-1 焊接冶金反应区的特性

Ⅰ—药皮反应区 Ⅱ—熔滴反应区 Ⅲ—熔池反应区

t_1—药皮开始反应温度 t_2—焊条端熔滴温度 t_3—弧柱间熔滴温度 t_4—熔池最高温度 t_5—熔池凝固温度

1. 药皮反应区的特点

药皮反应区的温度范围从100℃至药皮的熔点（钢焊条约为1200℃）。当药皮加热温度达到100℃时，焊条端部的固态药皮中就开始发生物理化学反应，主要是水分的蒸发、某些物质的分解和铁合金的氧化。药皮加热温度超过100℃时，药皮中的吸附水分开始蒸发；温度超过200℃时，如果药皮中含有机物（木粉、纤维素、淀粉等）时，有机物开始分解，析出 CO_2 和 H_2 等气体；温度超过300℃时药皮内组成物中的结晶水开始蒸发。温度继续升高，药皮中的碳酸盐将分解为低价氧化物，伴随产生大量的 CO_2 和 O_2。其反应式为

$$MgCO_3 \rightarrow MgO + CO_2$$
$$CaCO_3 \rightarrow CaO + CO_2$$
$$2MnO_2 \rightarrow 2MnO + O_2$$
$$2Fe_2O_3 \rightarrow 4FeO + O_2$$

上述反应析出的大量气体（H_2O、CO_2、O_2），一方面对熔化金属起到机械保护的作用，另一方面对金属和药皮中的铁合金（如锰铁、硅铁、钛铁等）有很大的氧化作用，将合金元素氧化。例如：

$$Mn + \frac{1}{2}O_2 = MnO$$
$$Mn + CO_2 = MnO + CO$$
$$Mn + H_2O = MnO + H_2$$

上述反应的结果使气相的氧化性大大下降。这个过程即是所谓的“先期脱氧”。先期脱氧将明显改变焊接区气氛的性质。几种类型焊条的焊接区气氛的组成数据见表4-4，这是在高温时抽样而在常温下分析的结果，虽然与高温的实际情况有所出入，但大体可以反映焊接区高温时气氛的性质。

表4-4 几种类型焊条的焊接区气氛组成（体积分数）分析示例 （%）

药皮类型	CO	CO_2	H_2	H_2O
钛钙型	50.7	5.9	37.7	5.7
钛铁矿型	48.1	4.8	36.6	10.5
低氢型	79.8	16.9	1.8	1.5

注：焊条烘干110℃ ×2h。

药皮反应区进行的反应属于整个冶金过程的准备阶段，其产物就是熔滴与熔池反应区的反应物，故对冶金全过程有一定的影响。焊条电弧焊时参加冶金反应的气体，大部分是这个阶段产生的。

2. 熔滴反应区的特点

从熔滴形成、长大，到过渡到熔池之前都属于熔滴反应区。熔滴反应区除了液体金属外，充满了药皮反应区分解产生的气体与可能掺入的少量空气。同时，一部分熔化的药皮包围在熔滴表面并与熔滴金属混合，随熔滴一起过渡。

熔滴反应区的特点如下：①熔滴的温度高，熔滴反应区是焊接区温度最高的部分，如钢质焊条熔滴金属的温度可接近钢的沸点（约为2800℃）；②熔滴比表面积大，因而与气相、熔渣相的接触面积大；③作用时间短，熔滴在焊条末端停留的时间只有0.01 ~0.1s，而通过弧柱区的时间更短，只有0.0001 ~0.001s，熔滴反应区的反应主要在焊条端部进行；④液体金属与熔渣发生强烈的混合。熔滴在形成、长大和过渡时，尺寸与形状不断改变，其局部表面被拉长或收缩。

根据以上的特点可以看出，熔滴反应区是焊接冶金反应最为激烈的部位，主要的物理化学反应有：金属的蒸发，气体的分解与溶解，熔渣中某些氧化物的分解，金属的氧化、还原以及金属的合金化等。其中很多反应几乎可以达到很完全的程度，对焊缝的成分影响最大。

小知识

焊接化学冶金过程既分区又是连续进行的，三个反应区也可视为三个反应阶段。三个反应区（阶段）中熔滴反应区的反应最为激烈，对焊缝化学成分影响最大；而熔池反应区对焊缝金属的化学成分及成分的均匀程度具有决定性的影响。

3. 熔池反应区的特点

熔池反应区对焊缝金属的化学成分具有决定性的作用。与熔滴反应区相比，两者反应条件有较大的差异。熔池的平均温度较低，比表面积也比熔滴小得多，而反应的时间较长，如焊条电弧焊为3～8s，埋弧焊为6～25s。熔滴进入熔池后，即同熔化的母材混合并一起向熔池的尾部和四周运动。不仅熔池内部有相对运动，而且在熔渣与金属之间也有相对运动，这些对提高反应速度、促使一些不溶于液体金属的气体和夹渣的浮出都是有利的。

如前所述，熔池的头部和尾部分别处于升温和降温的过程。因此，同一时间，在熔池头、尾部则可能分别发生相反的冶金反应过程。如熔池头部有利于气体的溶解、吸热的还原反应的进行，而尾部则有利于气体的析出、放热的氧化反应的进行。表4-5所示为几种常见元素的损失情况。

表4-5　合金元素在不同阶段的损失

药　皮	元　素	元素损失占原始含量的质量分数（%）		
		总损失量	熔滴中损失量	熔池中损失量
赤铁矿	C	87.5	80	7.5
	Mn	97	97	0
$K_b=0.5$	Si	98.3	98.3	0
大理石80%	C	40	30	10
氟石20%	Mn	47.2	29.2	18
$K_b=0.27$	Si	75	47.5	27.5

注：K_b 表示药皮重量系数（单位长度上药皮与焊芯的质量比）。

三、焊接参数对焊接冶金的影响

焊接冶金过程的另一个特点是它与焊接参数有密切的联系。实际生产中，由于母材成分、产品的结构尺寸、接头形式、焊缝分布等条件不同，焊接参数将在很大范围内变化，而这些变化将从以下几方面对焊接冶金过程发生影响。

1. 焊接参数对熔合比的影响

一般熔焊时，焊缝金属是由填充金属（焊条金属、焊丝等）和局部熔化的母材组成的。在焊缝金属中局部熔化的母材所占的比例称为熔合比，熔合比的数值可以用试验的方法测得。

熔合比的数值取决于焊接方法、规范、接头形式、坡口角度、药皮和焊剂的性质以及焊条

（焊丝）的倾角等因素。熔合比与焊缝金属中某合金元素B的质量分数之间的关系可表示为

$$w_{wB}=\theta w_{bB}+(1-\theta)w_{dB} \tag{4-1}$$

式中 w_{wB}——某元素B在焊缝中的质量分数；

w_{bB}——某元素B在母材中的原始质量分数；

w_{dB}——熔敷金属中某元素B的质量分数；

θ——焊缝金属的熔合比。

由上式可以看出，通过改变熔合比可以改变焊缝金属的化学成分。而熔合比随焊接参数变化。一般来说，θ 值随焊接电流的增加而增加，随电弧电压、焊接速度的增加而减小。例如堆焊时，总是调整焊接参数使熔合比尽可能地小，以减少母材成分对堆焊层性能的影响。在焊接异种钢时，熔合比对焊缝成分和性能影响更大，因此要根据熔合比选择焊接材料。

2. 焊接参数影响冶金反应的条件和作用时间

首先，焊接参数对熔滴过渡特性有影响，熔滴过渡形式不同，其主要的特性参数将不同，从而使其比表面积、过渡周期（或频率）发生改变，引起冶金反应程度的变化。

试验表明，熔滴阶段的反应时间（熔滴存在的时间）随着电流的增加而变短，随着电弧电压的增加而变长。因此可以断定反应进行的完全程度将随着电流的增加而减小，随着电弧电压的增加而增大。

小知识

影响焊缝金属成分的主要因素有两个：一是焊接材料（焊丝、药皮、焊剂、焊丝药芯、保护气体等），它们不仅影响冶金过程，而且决定了焊缝金属的合金系统，所以调整焊接材料是控制焊缝金属成分的主要手段。二是焊接参数，它一般只影响冶金过程，不能决定焊缝金属的合金系统，而且焊接参数的调整常常受到其他因素的限制，所以调节焊接参数是控制焊缝金属成分的辅助手段。

3. 焊接参数影响参加冶金反应的熔渣量

焊条电弧焊时，药皮质量系数与焊接参数无关，焊接参数的变化只是改变了熔滴过渡的特性和熔合比，因此对焊缝成分的影响相对比较小。埋弧焊时，焊接参数可以在很宽的范围内变化，这不仅使熔滴过渡的特性和熔合比有很大的变化，而且使焊剂的熔化率发生很大的变化。例如，增加焊接电流使焊剂熔化率减小，而增加电弧电压使其显著增大。熔化率的变化意味着与金属相互作用的熔渣质量是波动的。因此，埋弧焊时焊接参数对焊缝成分的影响就更大。

【综合训练】

一、理论部分

（一）填空题

1. 焊条电弧焊时有三个反应区：________、________和________。
2. 熔滴反应区的特点有____________、____________、____________和____________。
3. 焊接冶金过程三个反应区（阶段）中________的反应最为激烈，对焊缝成形影响最大；而________最终决定焊缝金属的成分均匀程度。

（二）判断题（正确的画“√”，错误的画“×”）

1. 使用光焊丝焊接的焊接结构可以满足使用要求。（　）
2. 焊接化学冶金过程与普通化学冶金过程一样，是分区域（或阶段）连续进行的。（　）
3. 焊条电弧焊时焊接化学冶金反应区，包括药皮反应区、熔滴反应区和熔池反应区。（　）
4. 熔滴反应区是焊接冶金反应最激烈的区域。（　）
5. 熔合比随焊接电流的增加而增加，随电弧电压、焊接速度的增加而减小。（　）

（三）简答题

简述焊接参数对焊接冶金过程的影响。

二、实践部分

1. 训练目标：了解焊接时进行保护的重要性及焊接保护作用对焊接质量的影响。
2. 训练准备：

（1）人员准备：每组5~8人，组成一个实验小组。

（2）材料准备：光焊丝若干、焊条若干、焊条电弧焊焊机。

3. 训练地点：焊接实验室。
4. 训练方法：

（1）首先用光焊丝进行焊接，记录焊接时的飞溅情况、焊接电弧的稳定性等，焊后观察焊缝的外观成形，并检验焊缝质量。

（2）用焊条进行焊接，记录焊接时的飞溅情况、焊接电弧的稳定性等，焊后观察焊缝的外观成形，并检验焊缝质量。

（3）对比不同的焊条进行焊接时的飞溅情况、焊接电弧的稳定性、焊接缺陷的产生情况。

（4）讨论产生这些现象的原因。

模块二　气相对焊缝金属的作用

一、焊接区内的气体

在焊接过程中，焊接区内充满大量的气体，这些气体不断地与熔滴金属、熔池金属发生冶金反应，从而影响焊缝金属的成分和性能。因此必须首先了解焊接区内气体的来源、成分和数量，才能进一步研究它们与熔化金属的作用问题。

焊接区内的气体来源于以下几个方面。

1. 焊接材料

焊条药皮、焊剂和焊丝药芯中含有的造气剂、高价氧化物和水分都是气体的重要来源。这些造气剂和高价氧化物在加热时发生分解或燃烧，析出大量气体。气体保护的电弧焊时，焊接区内的气体主要来自所采用的保护气体及其杂质（如氧、氮、水汽等）。在一般的情况下，母材和焊丝中因冶炼而残留的气体是很少的，对气相的成分影响不大。

2. 热源周围的气体介质

药皮或焊剂中的造气剂所产生的气体并不能完全隔绝热源周围空气的入侵。焊接过程中因某些因素的变化而使焊接时的保护效果变差，空气也有可能进入到焊缝金属中。焊条电弧焊时，堆焊金属中常含有质量分数大约为0.025%的氮（空气是氮的主要来源）就证明了这一点。

3. 焊丝和母材表面上的杂质

如焊丝表面上和母材坡口附近的铁皮、油污、铁锈、油漆、吸附的水分等，在焊接高温加热时也会析出气体进入电弧区。

4. 高温蒸发所产生的气体

电弧区的温度很高，达到了金属和熔渣的沸点，使部分金属和熔渣蒸发，以气体的形态存在于电弧的气相中。

> **小知识**
>
> 焊接区的气体并不是单独存在的。在焊接的过程中，多种气体同时存在于焊接区内，它们对焊接过程形成综合性的作用与影响。

焊接时，气相的成分、数量随焊接方法、规范、药皮或焊剂的种类不同而变化（见表4-4）。用酸性焊条焊接时，气相的主要成分是CO、H_2、H_2O，此外还含有少量的CO_2、O_2、N_2和金属蒸气。低氢型焊条焊接时，气相的主要成分是由CO、CO_2组成的，含H_2O、H_2很少。埋弧自动焊时，气相的主要成分是CO和H_2，而O_2、N_2、H_2O很少。

进入焊接区内的气体，在电弧的高温作用下还将发生分解，其中某些气体还能发生电离。

如前所述，焊接区内的气体是由CO、H_2、H_2O、CO_2和少量的氮气，在高温时将分解出一定的氧，以及它们分解或电离的产物所组成的混合物。下面主要讨论氢、氮、氧对金属的作用，它们与金属的作用对焊缝质量的影响极大。

二、氢对金属的作用及其控制

焊接时，氢主要来源于焊条药皮、焊剂、焊丝药芯中的水分，药皮中的有机物，焊件和焊丝表面上的杂质（如铁锈、油污），空气中的水分等。在气体保护焊时，还来自保护气体中的水分。

1. 氢在金属中的溶解

（1）氢的溶解方式　焊接方法不同，氢向金属中溶解的途径不同。在气体保护焊时，氢是通过气相与液态金属界面以原子和质子的形式溶入金属的；在熔渣保护时，氢是通过熔渣层溶入金属的。这是因为，熔渣中氢多以OH^-形式存在，经与铁离子交换电子形成氢原子而溶入金属；此外溶解在熔渣中的部分原子氢，通过熔池对流和搅拌达到金属表面，然后溶入金属。

（2）氢的溶解度　氢在铁中的溶解度与温度有关。在常温常压条件下，氢在固态铁中的溶解度极小，小于0.6mL/100g。随着温度的上升，溶解度增加，在1350℃时为10.1mL/100g。氢的溶解度与温度的关系如图4-2所示。从图中可以看出，氢的溶解度在由液态凝固成固态时急剧下降。

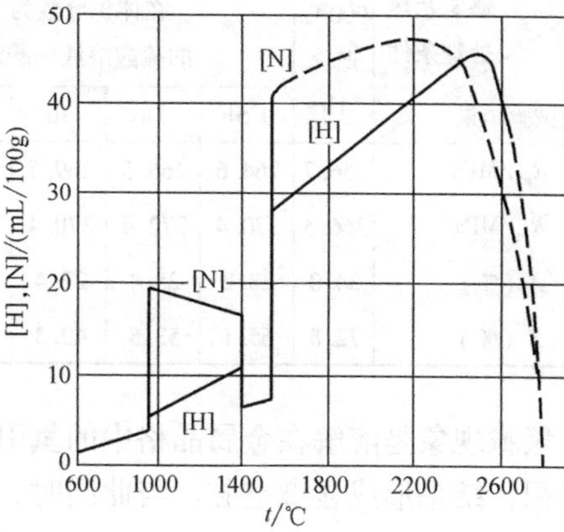

图4-2　氢、氮在铁中的溶解度与温度的关系

此外，氢的溶解度还与金属的结构有关。

氢在面心立方晶格中的溶解度比在体心立方晶格中的溶解度还要大得多。

2. 氢在金属中的扩散

在钢焊缝金属中，氢大部分是以 H、H^+ 或 H^- 形式存在的。H 的原子和离子半径很小，它们与焊缝金属形成间隙固溶体。其中一部分氢可以在焊缝金属晶格中自由扩散，称为扩散氢。还有一部分氢扩散聚集到金属的晶格缺陷、显微裂纹和非金属夹杂物边缘的空隙中，结合为氢分子，因其半径增大，不能自由扩散，称为残余氢。在锆、钛等金属及其合金的焊缝中，氢主要以氢化物的形式存在。

因氢在扩散过程中总有一部分要转变为残余氢，还有一部分扩散到焊件以外的空间，所以焊缝金属中总的氢含量和扩散氢的含量都是随时间的延长而减少，残余氢则增加，如图 4-3 所示。通常所说的焊缝的氢含量是指焊后立即进行测定所得的氢含量。为了使测定的结果准确，焊后必须立即将试件进行急冷，并按统一标准进行操作。

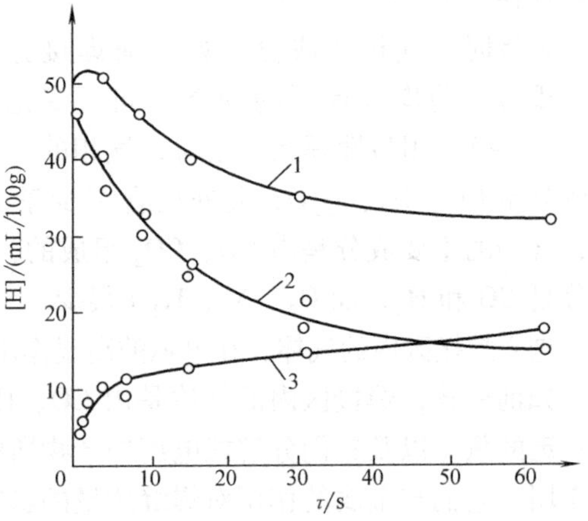

图 4-3　焊缝中氢含量与焊后放置时间的关系

1—总的氢含量　2—扩散氢　3—残余氢

3. 氢对焊接质量的影响

氢是还原性气体，焊接时有助于减小金属氧化的倾向。在氩弧焊高合金钢时，加入少量的氢可以改善焊接工艺性能。但在多数情况下，氢的有害作用是主要的。在结构钢焊接时，氢的有害作用可分为两种类型：一种是暂态现象，包括氢脆和白点，这种现象通过相应的热处理或时效处理，使氢自焊件中逸出，即可消除；另一种是永久现象，它们一经出现就无法消除，如气孔、裂纹等。

(1) 氢脆　金属在室温时因吸收氢而导致塑性降低的现象叫做氢脆。氢对钢的力学性能的影响很特殊，实验表明，氢对钢的屈服强度与抗拉强度没有明显影响；而塑性，特别是断面收缩率，则随氢含量的增加而急剧下降，见表 4-6。

表 4-6　低碳钢经酸洗渗氢及时效脱氢后力学性能的变化

渗氢及热处理条件 / 抗拉试验结果	900℃退火1h	在体积分数为10%的硫酸溶液中酸洗渗氢					酸洗渗氢10h后时效脱氢					
							在100℃			在200℃		
		0.5h	1h	3h	5h	10h	0.5h	3h	10h	0.5h	3h	10h
R_{eL}/MPa	256.7	264.6	266.5	269.5	269.5	269.5	266.5	252.8	257.6	247.9	253.8	252.8
R_m/MPa	366.5	370.4	372.4	370.4	372.4	372.4	372.4	368.4	366.4	364.5	366.4	360.6
A (%)	34.0	28.2	25.4	22.4	19.3	18.9	20.9	26.9	29.7	31.3	33.9	35.0
Z (%)	72.8	65.1	53.5	40.3	29.6	28.0	37.0	56.7	67.6	63.5	70.0	72.0

氢脆现象是溶解在金属晶格中的氢引起的。在试件拉伸过程中，金属中的位错发生运动和堆积，结果形成显微空腔。与此同时，溶解在晶格中的原子氢不断地沿着位错运动的方向扩散，最后聚集到显微空腔内，结合为分子氢。这个过程的发展使空腔内产生很高的压力，

导致金属变脆。

氢脆的一个重要特点是，它与试验温度和试验时的应变速度有关。在室温范围，氢脆表现明显，试验温度较高或很低时，都不会出现氢脆。氢脆的程度还随试验时的应变速度提高而减小。此外，氢脆的程度还与钢的强度和晶格结构有关，一般来说，钢的氢脆敏感性随强度的提高而加大，在各种晶格结构中，马氏体的强度最高，因此其氢脆敏感性最高。而氢在奥氏体中的溶解度虽比在铁素体中高，但氢脆并不显著。

（2）白点　在碳钢或低合金钢焊缝中，如果氢含量高，则常常在其拉伸或弯曲试件的断面上，出现银白色圆形局部脆断点，称为白点。白点的直径一般由零点几毫米到几毫米，其周围为韧性断口，用肉眼即可辨别。在横向腐蚀磨片上，表现为细长、弯曲的裂纹，呈放射状或无规则分布。

如果焊缝金属中有产生白点的倾向，则其塑性将大大下降。焊缝金属中产生白点的敏感性与氢含量、金属的组织和变形速度等因素有关。碳钢和用Cr、Ni、Mo等元素合金化的焊缝，尤其是这些元素含量较高时，对白点很敏感。而纯铁素体和铬镍奥氏体焊缝不出现白点。

关于产生白点的原因说法很多。按照公认的“诱捕理论”可解释如下：在金属塑变过程中，小夹杂物边缘的空隙和气孔像“陷阱”一样，可以捕捉原子氢，并在其中结合为分子氢。由于“陷阱”内的压力不断增大，最后导致局部脆断。

（3）气孔　如果熔池中溶解了大量的氢，在冷却凝固过程中，由于氢在固态金属中的溶解度比在液态金属中的溶解度小很多，过饱和的氢将由固相向液相中聚集，这时，部分原子氢将结合为氢分子，进而形成气泡，而气泡在金属凝固前来不及逸出，就会在焊缝中形成气孔。

（4）冷裂纹　在焊接接头中，冷裂纹是危害性极大的一种焊接缺陷，而氢是促使冷裂纹产生的主要因素之一。这将在焊接裂纹模块中专门讨论。

4. 控制氢的措施

（1）限制焊接材料中的氢含量　在焊条药皮、焊剂和焊丝药芯的制造材料中，如有机物、天然云母、白泥、长石、水玻璃、铁合金等，都不同程度地含有吸附水、结晶水、化合水或溶解的氢。在焊接高温加热时，这些物质将会分解为氢而溶入到焊缝金属中，危害其性能。因此，制造低氢和超低氢（$[H]<1cm^3/100g$）型焊条和焊剂时，应尽量选用不含或含氢少的材料。

为了减少焊接材料中的水分，在生产中经常采用两方面的措施：一是焊条、焊剂在使用之前必须进行烘干，这是生产上最有效的办法。试验表明，升高烘干温度可大大降低焊缝金属的氢含量（图4-4）。但其烘干温度不可过高，否则焊接材料中的铁合金易被氧化而烧损，造气剂过早分解，影响它本身的保护作用。不同牌号的焊条，其烘干温度和时间都有明确的规定，如低氢型焊条为350～

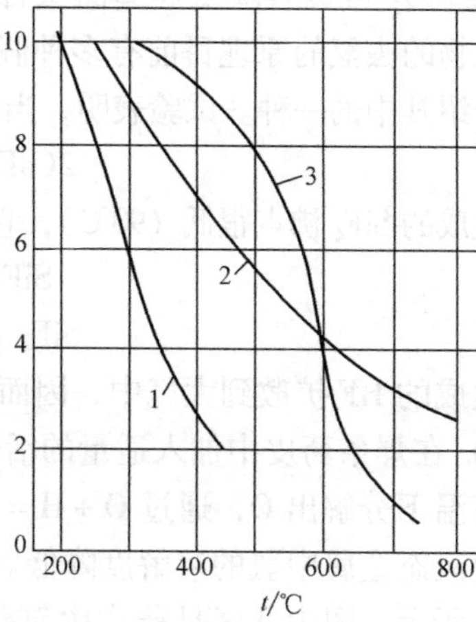

图4-4　烘焙温度与焊缝氢含量的关系
1—碱性焊条　2—碱性烧结焊剂　3—药芯焊丝

450℃，钛钙型焊条为150～200℃。焊条、焊剂在烘干后应立即使用，否则在放置过程中将继续吸潮。烘干后未用的焊条、焊剂最好在100～150℃的条件下存放。二是在存放焊接材料时，加强防潮措施。避免焊接材料在放置过程中吸附水分。

除此之外，气体保护焊时，所用的保护气体中常含有水分，该水分进入焊缝金属中也将影响其性能，因此，在气体保护焊时必须严格控制保护气体中的含水量，必要时须采用脱水或干燥措施。例如，在二氧化碳气体保护焊时，CO_2 气体在输送到焊接区之前应进行干燥处理。

（2）清除焊件和焊丝表面的杂质　焊件坡口及焊丝表面的氧化膜、铁锈中的吸附水和化合水，以及油污、水渍等是焊缝金属中氢的又一主要来源。因此，焊前应仔细进行清理。为了防止焊丝生锈，许多国家都采用了表面镀铜处理。

想一想

清除焊件或焊接材料表面的杂质可采用哪些方式？

（3）进行冶金处理　即通过焊条药皮和焊剂的冶金作用，改变电弧气氛的性质，抑制原子氢的产生，从而使气相中氢的分压下降，最终达到降低氢在液体金属中的溶解度的目的。

降低氢的分压最有效的办法是设法使氢转化为不溶于金属的、稳定的氢化物。在高温下，OH 及 HF 都很稳定，要到 4000K 才开始分解（图4-5），而且两者均不溶于液态铁中。

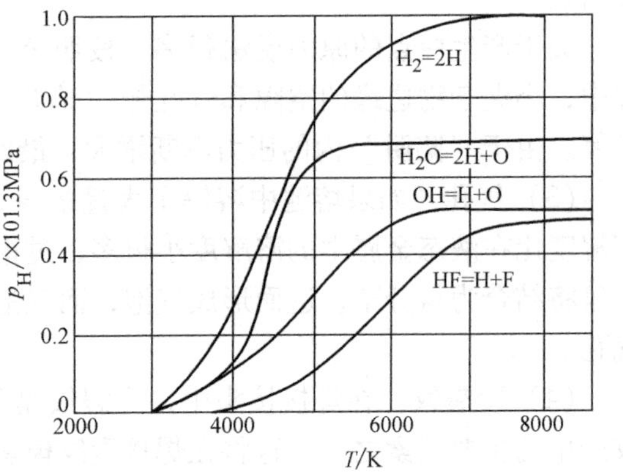

图4-5　H_2、H_2O、OH、HF 分解时原子氢的平衡分压与温度的关系

1）在药皮和焊剂中加入氟化物。试验表明，在高硅高锰焊剂中加入适当比例的 CaF_2 和 SiO_2 可显著降低焊缝的氢含量。关于氟化物的去氢的原理目前有多种假说，下面仅介绍其中的一种。试验表明，当熔渣中 CaF_2 和 SiO_2 共存时，可进行如下的反应：

$$2CaF_2 + 3SiO_2 = 2CaSiO_3 + SiF_4$$

生成的 SiF_4 沸点很低（90℃），它将以气态存在，并与气相中的氢原子和水蒸气发生反应：

$$SiF_4 + 3H = SiF(气) + 3HF$$

$$SiF_4 + 2H_2O = SiO_2(气) + 4HF$$

生成的 HF 扩散到大气中，因而能够降低焊缝中的氢含量。

2）在焊条药皮中加入适量的活性氧化剂，如 Fe 或 Mn 的高价氧化物。这类氧化剂一方面在高温下分解出 O，通过 O + H = OH 起到去氢的作用，另一方面增加了焊接熔池的氧化性，使液态金属中氢的溶解度降低。熔敷金属中氢和氧的含量与药皮中氧化铁数量的关系如图4-6所示。图中Ⅱ区是药皮中氧化铁的最佳含量区，在此区内氢和氧的含量都处于较低水平。

低氢型焊条中的碳酸盐，分解后所形成的 CO_2 可与氢原子直接作用而生成 OH，起到脱氢的作用。CO_2 气体保护焊时，尽管 CO_2 气体本身含有水分，由于 CO_2 的氧化作用，仍可获得低氢的焊缝。氩弧焊时，为了消除氢气孔，改善工艺性能，常在氩气中加入5%左右的氧或 CO_2，就是以此为理论依据的。

（4）控制焊接参数　焊接参数对焊缝金属的氢含量有一定的影响，焊条电弧焊时，增大焊接电流使熔滴吸收的氢的含量增加；增加电弧电压使焊缝氢含量减小。

气体保护焊时，射流过渡比滴状过渡时熔滴中氢含量低。因为射流过渡时金属的蒸气压急剧增大，使氢的分压大大下降；同时由于过渡频率高，使熔滴与氢的接触时间缩短。

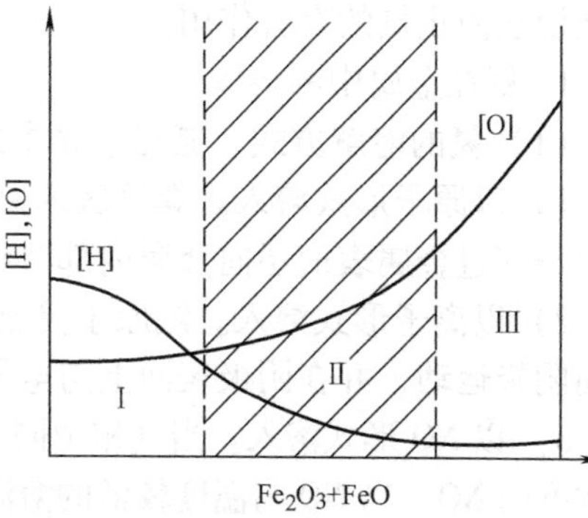

图 4-6　熔敷金属中氢及氧的含量与药皮中氧化铁数量的关系

Ⅰ—易形成冷裂纹的区域　Ⅱ—接头综合性能好的区域　Ⅲ—焊缝韧性化的区域

电弧焊时，电流种类和极性对焊缝氢含量也有影响，如图 4-7 所示。焊速对焊缝中总的氢含量没有明显影响，但对扩散氢 $[H]_D$ 与总氢量 [H] 的比值有很大影响。例如，当焊速由 10cm/min 增至 60cm/min 时，比值 $[H]_D$/[H] 由 0.72 降至 0.46。

（5）焊后脱氢处理　脱氢处理是指利用氢的扩散能力，焊后加热焊件，促使氢扩散逸出，从而减少接头中氢含量的工艺。由图 4-8 可以看出，把焊件加热到 350℃以上，保温 1h，几乎可将扩散氢全部去除。在生产上，对于易产生冷裂纹的焊件，常常要求进行脱氢处理，一般是加热到 300～400℃，保温若干小时。

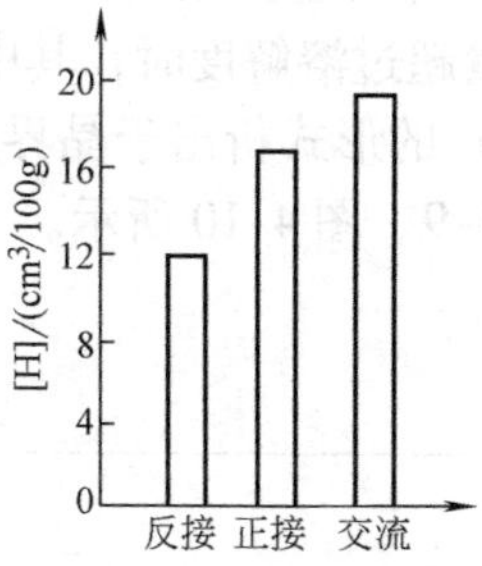

图 4-7　电流种类和极性对焊缝氢含量的影响（T4303）

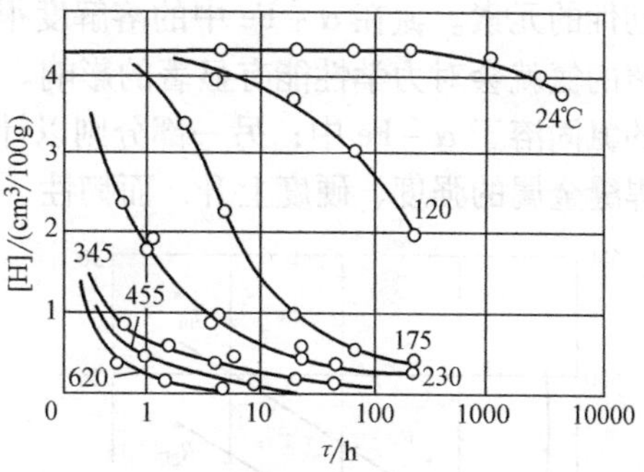

图 4-8　焊后脱氢处理对焊缝氢含量的影响

应当指出，由于氢在奥氏体钢中的溶解度大，扩散速度小，因此对于奥氏体钢焊缝进行脱氢处理的效果不是很好，也是不必要的。

综上所述，对氢的限制应以防为主。首先应限制氢及水分的来源；其次应尽量防止氢溶入金属；最后，氢一旦进入金属可进行脱氢处理。

三、氮对金属的作用及其控制

气相中的氮主要来源于焊接区周围的空气，即使在较好的保护条件下焊接，仍有少量的氮侵入焊接区，与熔化金属发生作用。

Fe、Ti、Mn、Si、Cr 等金属，既能溶解氮，又能与氮形成氮化物。在焊接这类材料时，必须设法防止氮的有害作用。

1. 氮在金属中的溶解

(1) 氮的溶解方式　氮在金属中的溶解一般认为有以下三种形式：

1) 以原子形式溶入。焊接区的氮气分子首先被金属表面所吸附并分解成氮原子，然后氮原子穿过金属表面层向金属内部溶解。

2) 以离子形式溶入。氮原子受到高速电子的碰撞而分解为 N^+，氮离子在电场的作用下向阴极运动，并在阴极表面上与电子中和，溶入金属中。

3) 以NO形式溶入。当气相中同时存在氮和氧时，在电弧高温作用下，氮和氧会形成一定浓度的NO。当NO与温度较低的熔滴和熔池金属相遇时分解为原子氮与氧而溶于金属中。

(2) 氮的溶解度　氮在铁中的溶解度与温度的关系如图4-2所示。从图中看出，氮在液态铁中的溶解度随温度的升高而增大；当温度在2200℃时，氮的溶解度达到最大 $47cm^3/100g$ (0.059%)；继续升高温度，溶解度急剧下降，至铁的沸点（2750℃）溶解度降为零。同时还可以看到，当液态铁凝固时，氮的溶解度突然下降至1/4左右。这意味着焊接熔池结晶时会有大量的氮需要逸出，若氮的逸出速度小于熔池的结晶速度，则氮就将残留在焊缝中，从而对焊缝性能产生影响。

2. 氮对焊接质量的影响

在碳钢焊缝中，氮是有害的元素，它对焊接质量有以下几方面的影响：

(1) 形成气孔　氮在高温液态金属中有一定的溶解度，而在其凝固时氮的溶解度突然下降。这时过饱和的氮将以气泡的形式从熔池中向外逸出，当焊缝金属的结晶速度大于它的逸出速度时，氮气在焊缝结晶之前来不及逸出，就留在焊缝金属中形成气孔。

(2) 降低焊缝金属的力学性能　氮是提高低碳钢和低合金钢焊缝金属强度、降低塑性和韧性的元素。氮在 α-Fe 中的溶解度很低，仅为0.001%（质量分数），因此焊缝中少量残留的氮就会对力学性能有显著的影响。当焊缝中氮的含量超过溶解度时，其中一部分过饱和的氮固溶于 α-Fe 中；另一部分则以针状氮化物（Fe_4N）的形式析出于晶界或固溶体内，使焊缝金属的强度、硬度上升，而韧性、塑性降低，如图4-9、图4-10所示。

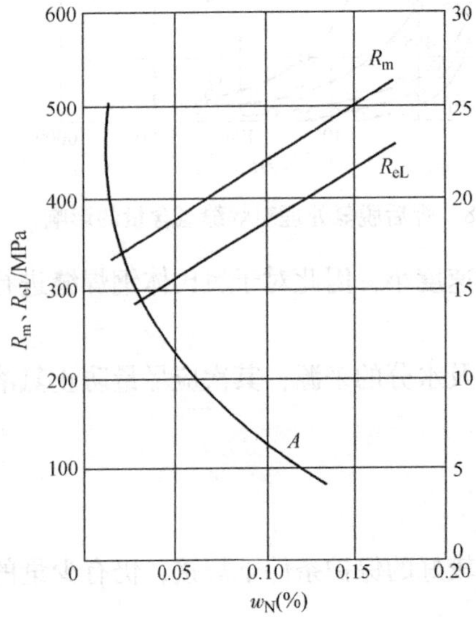

图4-9　氮对焊缝金属常温力学性能的影响

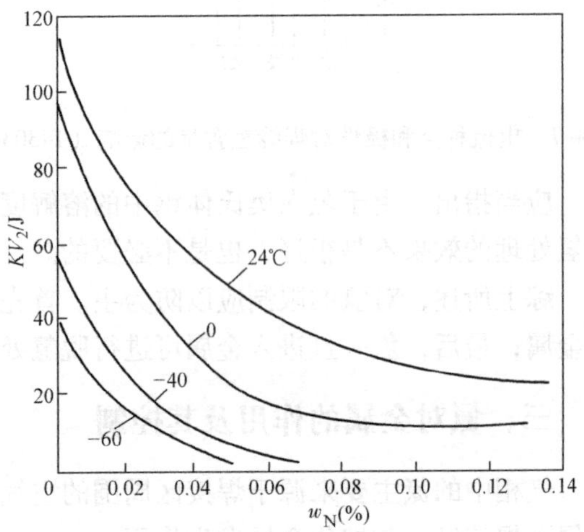

图4-10　氮对低碳钢焊缝低温韧性的影响

(3) 时效脆化　氮是促使焊缝金属时效脆化的元素。焊接时，冷却速度大，氮来不及随温度的下降析出，焊缝金属中过饱和的氮处于不稳定状态。经过一段时间，过饱和的氮将以针状的 Fe_4N 析出，导致焊缝金属脆化。在熔池中加入能形成稳定氮化物的元素，如钛、锆、铝等，则可显著降低时效脆化的倾向。

氮除了对焊缝的性能有危害作用之外，也有有利的影响。它可以作为合金元素加入钢中，从而改变焊缝金属的力学性能。如低合金高强度钢中加入氮可以起到沉淀强化和细化晶粒的作用；在铬镍钢或铬镍锰钢中，氮是能够提高奥氏体稳定性的合金元素；氮可以作为与其既不相溶又不形成化合物的金属焊接时的保护气体。

3. 控制氮的措施

为了消除氮的有害作用，一般采取以下的控制措施。

(1) 加强机械保护　如前所述，焊接区氮的主要来源是空气，而且空气中的氮一旦进入焊缝，难以采用冶金的办法进行脱氮，因此加强机械保护是控制焊缝金属氮含量的主要措施。生产中常用的保护方法有气体保护、熔渣保护、气-渣联合保护等措施。不同的保护方法有不同的保护效果，表 4-7 给出了不同的焊接材料和焊接方法时焊缝中氮含量的情况。

表 4-7　焊接材料和焊接方法对焊缝的氮含量的影响①

焊接方法及材料	w_N (%)	焊接方法及材料	w_N (%)
光焊丝电弧焊	0.08 ~ 0.228	气焊	0.015 ~ 0.020
纤维素焊条	0.013	熔化极氩弧焊	0.0068
钛 型 焊 条	0.015	药芯焊丝明弧焊	0.015 ~ 0.04
低氢型焊条	0.010	自保护合金焊丝	<0.12
埋 弧 焊	0.002 ~ 0.007	钛铁矿型焊条	0.014
CO_2 保护焊	0.008 ~ 0.015		

① 母材为低碳钢，$w_N = 0.03\%$；焊丝 H08，$w_N = 0.03\%$。

(2) 选用合理的焊接参数　焊接参数对电弧和液体金属的温度，气体分解的程度及其在气相中的分压，金属与气体之间的相互作用时间和接触面积等都有很大的影响，因而也就必然影响金属的氮含量。

增加电弧电压（即增加电弧长度）将导致保护效果变差，氮与熔滴的相互作用时间增长，故使焊缝金属的氮含量增加。在熔渣保护不良的情况下，电弧长度对焊缝质量的影响尤其显著。为减少焊缝金属中的氮含量，尽量采用短弧焊。

焊接电流对焊缝中氮含量的影响与被焊材料有关。因为焊接电流增加将使熔滴的温度升高，此时对于低碳钢而言，由于氮的溶解是吸热过程，所以增加焊接电流使得焊缝中氮含量增加。但若电流过大，造成金属强烈地蒸发，使氮的分压下降，焊缝中的氮含量又逐渐下降。

(3) 控制焊丝金属的成分　增加焊丝或药皮中的碳含量可以降低焊缝中氮的含量。这是因为碳能够降低氮在铁中的溶解度；另外，碳氧化生成 CO、CO_2，加强了对熔池的保护，降低了氮的分压。在熔池中生成的 CO、CO_2 还可引起熔池的沸腾，有利于氮的逸出，避免氮气孔的产生。

此外，钛、铝、锆和稀土元素对氮有较大的亲和力，能和氮形成稳定的氮化物，不溶于液态钢而进入熔渣，故在焊丝中加入这些元素，可增强脱氮的能力。

应当指出，上述措施中最有效、最实用的是加强机械保护作用，其他措施都有一定的局限性。

四、氧对金属的作用及其控制

焊接时氧主要来自电弧中氧化性气体（CO_2、O_2、H_2O 等）、氧化性熔渣及焊件和焊丝表面的铁锈、水分、氧化物等。

1. 氧在金属中的溶解

氧在电弧高温作用下会分解为原子，氧以原子氧和 FeO 两种形式溶于液态铁中。氧在金属铁中的溶解度与温度有关。温度越高，溶解度越大；反之，溶解度急剧下降。在1600℃以上，氧的溶解度为0.3%；在凝固结晶时，降为0.16%；由体心立方 δ-Fe 转变为面心立方 γ-Fe 时，氧的溶解度又下降到0.05%以下；到室温体心立方 α-Fe 时几乎不溶解氧（溶解度 $<0.001\%$）。因此，氧在焊缝金属中大部分以氧化物形式存在，以固溶形式存在焊缝金属中的，只有极少部分。

2. 氧对焊缝金属的氧化

（1）自由氧对焊缝金属的氧化　在焊接低碳钢或低合金钢时，主要考虑铁的氧化，高温时铁的氧化物主要是 FeO。

焊条电弧焊时，虽然采取了渣-气联合保护措施，但空气中氧总是或多或少地侵入电弧，高价氧化物等物质受热分解也会产生氧，从而使铁氧化，其化学反应式为

$$[Fe]+\frac{1}{2}O_2=FeO+26.97kJ/mol$$

$$[Fe]+O=FeO+515.76kJ/mol$$

由反应的热效应看，原子氧对铁的氧化比分子氧更激烈。

在焊接钢时，除铁发生氧化外，钢液中其他对氧亲和力比铁大的元素，如 C、Si、Mn 等也会发生氧化，其化学反应式为

$$[C]+\frac{1}{2}O_2=CO(气)$$

$$[Si]+O_2=(SiO_2)$$

$$[Mn]+\frac{1}{2}O_2=(MnO)$$

（2）CO_2 对焊缝金属的氧化　焊条电弧焊时，药皮中碳酸盐分解会产生 CO_2，CO_2 气体保护焊时 CO_2 本身就是保护介质。高温时，CO_2 将会发生分解，分解的 O_2 使铁氧化，其反应式为

$$CO_2=CO+\frac{1}{2}O_2$$

$$[Fe]+\frac{1}{2}O_2=FeO$$

$$[Fe]+CO_2=[FeO]+CO(气)$$

温度越高，CO_2 分解度越大，CO_2 对焊缝金属的氧化作用也就越强。

实践表明，不仅纯 CO_2 具有强烈的氧化性，即使当气相中有少量的 CO_2 时，也会对焊缝金属有较强的氧化作用。因此，在含有碳酸盐的药皮中，必须加入一些锰、硅等元素进行脱氧；对于 CO_2 气体保护焊，焊丝中必须加入一定量的锰和硅等脱氧元素，才能保证焊接质量。

（3）H_2O 对焊缝金属的氧化　焊接区的水蒸气在高温下发生分解，产生的氧也会对焊缝金属发生氧化作用，其化学反应式为

$$H_2O(气) + [Fe] = [FeO] + H_2$$

从反应式可以看出，水蒸气不仅使液态铁氧化，还可使焊缝金属中增氢，因此当气相中含有较多的水蒸气时，仅依靠脱氧还不能完全抑制其有害作用，还必须同时去氢或减少 H_2O 的来源。在使用受潮的低氢型焊条时，药皮中虽然有较多的脱氧剂，焊后仍会产生气孔，就是 H_2O 使熔池增氢的结果。

（4）混合气体对金属的氧化　在焊条电弧焊时，焊接区内的气体并不是单一的气体，而是多种气体的混合物，如 CO_2、CO、O_2 和 H_2O（气）等。气体保护焊时，为改善电弧的工艺特性，也常常采用混合气体，如 $Ar+O_2$、$Ar+CO_2$ 及 $Ar+O_2+CO_2$ 等。由于混合气体中含有氧化性气体，因而就会对金属产生氧化作用。混合气体与上述单一的气体情况不同，除单一气体的基本反应外，还要考虑各种气体之间的相互作用，所以混合气体对金属的氧化作用更为复杂。

3. 氧对焊接质量的影响

由于气体和溶渣对焊缝金属的氧化，所以焊缝金属的氧含量都高于母材和焊丝。无论是以固溶态或以氧化物夹杂存在的氧，都对焊缝金属性能有很大影响。

1）降低力学性能、物理化学性能。随着焊缝金属含氧量增加，其强度、塑性、韧性明显下降，尤其是低温冲击韧性急剧下降，严重降低其力学性能，如图 4-11 所示。

氧还引起热脆、冷脆和时效硬化。此外，氧还会降低焊缝的导电性、导磁性、耐蚀性等。

2）导致气孔的产生。溶解在熔池中的氧与熔池金属中的碳反应，生成 CO 气体，而 CO 气体与熔池金属是不相溶的，在溶池中以气泡的形式存在，如在熔池结晶时 CO 气泡来不及逸出，则在焊缝中形成 CO 气孔。

3）合金元素的烧损。在焊接高温作用下，氧使焊缝金属中有益的合金元素烧损，使焊缝的性能达不到母材的水平，此外，在焊接碳含量较高的钢材时，碳的氧化形成大量的 CO。CO 气体受热膨胀而引起金属的飞溅，影响焊接过程的稳定性，使焊接工艺性能变坏。

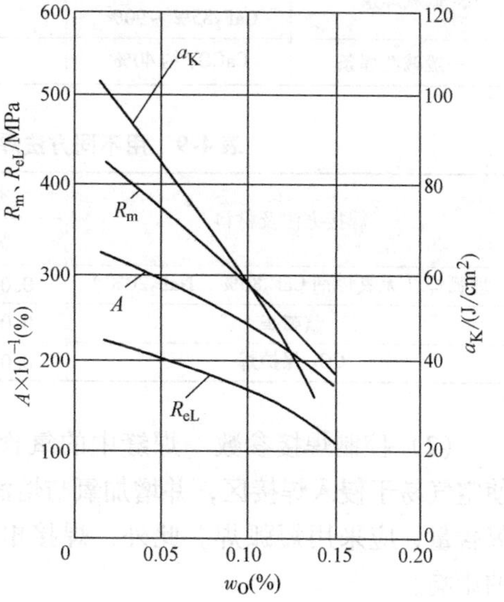

图 4-11　氧对低碳钢焊缝常温力学性能的影响（氧主要以 FeO 形式存在）

但在某些场合下，氧也有有利的一面。如在铸铁冷焊时，有意识地在药皮中加入氧化剂，以烧损多余的碳，可改善焊接工艺性能和焊缝金属的成分。在焊接中，为了减少焊缝的氢含量，有时在焊接材料中还需加入少量的氧化剂。

4. 控制氧的措施

在正常的焊接条件下，氧的主要来源不是空气，而是来自焊条药皮、焊剂、保护气体、水分、工件和焊丝表面上的铁锈、氧化膜等。控制氧的主要措施一是纯化焊接材料和控制焊接参数，二是采用冶金方法进行脱氧。

(1) 控制焊接材料的氧含量　在焊接某些性能要求比较高的合金钢、合金、活性金属时，应尽量少用或不用含氧的焊接材料，杜绝氧的来源。例如，采用高纯度的惰性气体作为保护气，采用低氧或无氧的焊条、焊剂，甚至在真空室中进行焊接。具体采用什么方法合适，要根据被焊材料的性质、技术要求和工厂条件而定。表4-8和表4-9中列出了采用无氧焊剂、低氧焊条和氩弧焊时焊缝的氧含量。

小知识

通常所说的焊缝的氧含量是指总的氧含量，既包括溶解氧也包括非夹杂物中的氧。焊缝中的氧无论是单独存在还是以氧化物的形式存在，都是有害的，会使焊缝金属的强度、塑性和韧性明显下降。

表4-8　低氧焊条熔敷金属中的氧含量

焊　条	药皮组成	焊　丝	氧的质量分数（%）	
			焊　丝	焊　缝
低氧焊条	$CaCO_3$ 10% ~15% CaF_2 85% ~90%	Cr20Ni80	0.013	0.010
一般碱性焊条	$CaCO_3$ 约40%	Cr20Ni80	0.013	0.035

表4-9　用不同方法焊接Cr18Ni12Mo3Ti钢焊缝气体含量

焊接方法及材料	焊缝中气体的质量分数（%）			焊缝中夹杂物的质量分数（%）
	N_2	O_2	H_2	
埋弧焊（无氧焊剂 CaF_2 80%，NaF_2 20%）	0.0069	0.0083	0.00054	0.019
氩弧焊	0.0018	0.0017	0.00045	0.012
CO_2 保护焊	0.0150	0.0214	0.00027	0.026

(2) 控制焊接参数　焊缝中的氧含量与焊接工艺条件有密切的关系。增加电弧电压，使空气易于侵入焊接区，并增加氧与熔滴接触的时间，所以焊缝氧含量增加。为了减少焊缝氧含量，应采用短弧焊。此外，焊接电流的种类和极性以及熔滴过渡的特性等也有一定的影响。

(3) 脱氧　用控制焊接参数的方法来减少焊缝金属中的氧含量是很受限制的，所以必须用冶金的方法进行脱氧，这是实际生产中最有效的方法。

【综合训练】

一、理论部分

(一) 填空题

1. 氮对焊缝金属的影响主要有________、____________、________。

2. 氢对焊缝金属的有害作用主要表现为________、________、________和________。其中________和________的影响是暂时的，可以进行消除。________和________是永久的，不能消除。

3. 随着焊缝中氧含量的增加，其________、________及________都要下降，而________下降尤为明显，氧还引起热脆性、________及________。此外，氧还会使焊缝的________、________、________下降。

4. 控制氧的主要措施：一是____________，二是____________。

（二）判断题（正确的画“√”，错误的画“×”）

1. 氢脆和白点可以通过热处理或时效处理的方式消除。（ ）

2. 通过脱氢处理，奥氏体钢焊缝氢含量会大大降低。（ ）

3. 氮元素能够使焊缝金属的强度、硬度上升，而韧性和塑性降低。（ ）

4. 焊接时氧的主要来源是氧化性气体、氧化性熔渣及焊件和焊丝表面的铁锈、水分、氧化物等。（ ）

5. 焊缝中氧含量增加，其强度、塑性及韧性指标都会下降。（ ）

（三）简答题

1. 焊接区内气体的主要来源有哪些？

2. 简述氢对焊接质量的危害及控制措施。

3. 简述氮对焊接质量的危害及控制措施。

4. 简述氧对焊接质量的危害及控制措施。

5. 氢气孔的产生原因是什么？

6. CO 气孔是如何产生的？

二、实践部分

1. 训练目标：了解焊条药皮成分和烘干熔敷金属氢含量的影响。

2. 训练准备：

（1）人员准备：每 5 ~ 8 人组成一组。

（2）材料准备：试样（79mm × 20mm × 10mm 低碳钢板）若干、扩散氢测定仪、自动控温加热装置一台、未烘干的 E5015 焊条若干、烘干的 E5015 焊条若干、焊条电弧焊焊机。

3. 训练地点：实验室。

4. 训练方法：

（1）将试样及引弧板、引出板进行去氢处理，即加热到（250 ± 10）℃，保温 7 ~ 8h 后随炉冷却。

（2）在废钢板上用一般焊条试焊，规范参数为 $I = 170A$，$v = 150mm/min$，此规范用 ϕ4mm 的焊条施焊 100mm，熔化焊条长度 150mm 左右。

（3）将试样编号打上钢印，编号可按“班号、组号、试件号”的顺序，然后用砂纸去锈，乙醇去汞，丙酮去油，用天平称重，精确到 0.1g，并记录。

（4）将已处理好的引弧板、引出板、试件并排放在纯铜夹具上，施焊规范如上，注意施焊过程不能断弧，要求尽量用短弧并记录规范参数（电流、焊接时间）。

（5）停焊后立即移动夹具，在 5s 内将试件倾入冷却水槽中，20s 后，迅速从水中取出，用大锤敲去引、熄弧板，取出中间试件，去除渣及飞溅，放入酒精 2 ~ 5s 除汞再用冷风吹，立即放入集气瓶中，从焊完到试样进入集气瓶的全部时间不得多于60s，并记录所用时间。

(6) 24h后读取集气瓶内扩散氢含量，精确到0.1mL。

(7) 从甘油中取出试样，用水洗净、吹干、称重，精确到0.1g，并记录。计算标准状态下，本实验每100g熔敷金属中扩散氢含量（mL）。

(8) 取同样焊条但未经烘干，重复上述实验，以取得焊条烘烤对氢含量的影响。

(9) 各组之间交换数据，进行校核、整理、分析。

模块三　熔渣及其对焊缝金属的作用

焊条药皮、焊剂或药芯焊丝中的药芯，受热熔化后形成焊接熔渣。焊接熔渣是焊接冶金反应过程中的主要反应物之一，起着十分重要的作用。焊接熔渣在焊接区形成独立的相。

一、熔渣的作用及分类

1. 熔渣在焊接过程中的作用

熔渣在焊接过程中有以下几方面的作用：

(1) 机械保护作用　焊接时形成的熔渣覆盖在熔滴和熔池的表面上，把熔池金属与空气隔开，削弱对液态金属的氧化和氮化，对焊缝金属起到机械保护作用。例如，埋弧焊就是靠焊剂熔化形成的熔渣来保护焊缝金属的。

(2) 改善焊接工艺性能　良好的焊接工艺性能是保证焊接化学冶金过程顺利进行的前提。在熔渣中加入适当的物质可使电弧容易引燃，稳定燃烧，减少飞溅，保证具有良好的操作性、脱渣性和焊缝成形等。

(3) 冶金处理作用　熔渣中的化学成分在焊接过程中和液态金属能够发生一系列的物理化学反应，从而对焊缝金属的成分产生很大的影响。在一定的条件下，熔渣中的合金元素可以去除焊缝中的有害杂质，如脱氧、脱硫、脱磷、去氢，还可以使焊缝金属合金化。

(4) 改善热规范　减缓液态金属的凝固，降低冷却速度。

2. 熔渣的成分和分类

根据焊接熔渣的成分和性能可将其分为三大类：

(1) 盐型熔渣　主要由金属的氟酸盐、氯酸盐和不含氧的化合物组成。这类熔渣的特点是氧化性很弱，主要用于焊接易氧化的金属及其合金，如铝及其合金或含有易氧化元素的高合金钢。

属于这类熔渣的渣系主要有 CaF_2-NaF、CaF_2-$BaCl_2$-NaF、KCl-$NaCl$-Na_3AlF_6、BaF_2-MgF_2-CaF_2-LiF 等。

(2) 盐-氧化物型熔渣　主要由氟化物和碱土金属的氧化物组成。这类氧化物相对来说都比较稳定，因此，这类熔渣的氧化性也比较弱，主要用于焊接各种合金钢。

属于这一类熔渣的渣系主要有 CaF_2-CaO-SiO_2、CaF_2-CaO-Al_2O_3-SiO_2、CaF_2-CaO-SiO_2-MgO 等。

(3) 氧化物型熔渣　主要由各种氧化物组成。一般低碳钢焊条药皮大都属于这一类。

由于这类熔渣中含有较多的弱氧化物（MnO、SiO_2 等），因此熔渣的氧化性较强，主要用于焊接低碳钢和低合金钢。如生产中应用最广泛的钛钙型（J422）焊条、钛铁矿型（J423）焊条等。

属于这一类熔渣的渣系主要有 FeO-MnO-SiO_2、CaO-TiO_2-SiO_2、MnO-SiO_2 等。

这里主要讨论第（2）、（3）类熔渣。表 4-10 列举出一些焊条和焊剂的熔渣的成分。

表 4-10　焊接熔渣化学成分举例

焊条、焊剂类型或牌号	熔渣组成物的质量分数 w(%)										熔渣碱度		熔渣类型
	SiO_2	TiO_2	Al_2O_3	FeO	MnO	CaO	MgO	CaF_2	Na_2O	K_2O	B_1	B_2	
钛铁矿型	29.2	14.0	1.1	15.6	26.5	8.7	1.3	—	1.4	1.1	0.88	−0.1	氧化物型
钛　型	23.4	37.7	10.0	6.9	11.7	3.7	0.5	—	2.2	2.9	0.45	−2.0	氧化物型
钛钙型	25.1	30.2	3.5	9.5	13.7	8.8	5.2	—	1.7	2.3	0.74	−0.9	氧化物型
纤维素型	34.7	17.5	5.5	11.9	14.4	2.1	5.8	—	3.8	4.3	0.81	−1.3	氧化物型
氧化铁型	40.4	1.3	4.5	22.7	19.3	1.3	4.6	—	1.8	1.5	1.22	−0.7	氧化物型
低氢型	24.1	7.0	1.5	4.0	3.5	35.8	—	20.3	0.8	0.8	1.44	0.9	盐-氧化物型
HJ430	38.5	—	1.3	4.7	43.0	1.7	0.45	6.0	—	—	1.29	−0.33	盐-氧化物型

二、熔渣的结构理论

熔渣的物化性质及其与金属的作用与液态熔渣的内部结构有密切的关系。关于液态熔渣的结构理论，目前有分子理论和离子理论两种。

1. 分子理论

熔渣的分子理论是基于对凝固后的熔渣进行分析而得出的，分子理论的要点是：

1）液态熔渣是由自由的简单氧化物（如 SiO_2、TiO_2、MnO、CaO、FeO 等）分子和复杂的化合物（硅酸盐、铝酸盐、钛酸盐、铁酸盐、磷酸盐）分子以及硫化物、氟化物分子所组成的。

2）简单氧化物及其复杂化合物分子之间的化合与分解服从于质量作用定律，处于动平衡状态。如

$$CaO + SiO_2 \rightleftharpoons CaO \cdot SiO_2$$

达到平衡时，平衡常数 K 为

$$K = \frac{(CaO \cdot SiO_2)}{(CaO)\ (SiO_2)}$$

式中　$(CaO \cdot SiO_2)$——$CaO \cdot SiO_2$ 的物质的量；

(CaO)——CaO 的物质的量；

(SiO_2)——SiO_2 的物质的量。

其中独立存在的氧化物叫自由氧化物，复合物中的氧化物叫结合氧化物。该反应为放热反应，升温时，反应式向左进行，渣中的自由氧化物的浓度增加，复合氧化物的浓度减少；降温时则相反。

3）只有自由氧化物才能参与和熔化金属的反应。例如只有渣中的自由 FeO 才能参与冶金反应，而硅酸盐［如 $(FeO)_2 \cdot SiO_2$］中的 FeO 不能参与冶金反应。

各种自由氧化物之间的化学亲和力可近似地用生成复合物时的热效应来衡量（表 4-11）。

生成热效应的值越大，标志着两种氧化物的化学亲和力越大。由表4-11中的数据可知，强碱性氧化物和强酸性氧化物最容易结合成盐，反应的程度也最完全，生成物也最稳定。

表4-11　复合物的生成热效应

复　合　物	热效应/(kJ/mol)	复　合　物	热效应/(kJ/mol)
$Na_2O \cdot SiO_2$	264	$(FeO)_2 \cdot SiO_2$	44.5
$(CaO)_2 \cdot SiO_2$	119	$MnO \cdot SiO_2$	32.5
$BaO \cdot SiO_2$	61.5	$ZnO \cdot SiO_2$	10.5
$FeO \cdot SiO_2$	34	$Al_2O_3 \cdot SiO_2$	-193

分子理论在焊接化学冶金中得到比较广泛的应用，因为它能简明地、定性地解释熔渣与焊缝金属之间的冶金反应。但是，分子理论假定的熔渣结构与它的实际结构不相符，许多重要现象，如熔渣的导电性，它无法解释，因此又出现了离子理论。

2. 离子理论

离子理论是在研究熔渣电化学性质的基础上提出来的。离子理论的要点如下：

1）熔渣是由阳离子和阴离子组成的电中性溶液，熔渣的成分不同，其中的离子种类和形式也是不同的。在一般情况下，负电性大的元素以负离子的形式存在，如F^-、O^{2-}、S^{2-}、P^{3-}；负电性小的碱金属、碱土金属、铁和锰形成正离子，如K^+、Na^+、Ca^{2+}、Mn^{2+}、Mn^{3+}、Fe^{2+}、Fe^{3+}等。金属离子与氧离子以金属键结合。此外，还有一些不能独立存在的正离子，它们和氧离子结合成复杂的负离子，如SiO_4^{4-}、$Si_3O_9^{6-}$、AlO_7^{5-}等。这些复杂离子是通过极性键结合的。当熔渣中的SiO_2较低时，氧以自由O^{2-}形式存在；当熔渣中SiO_2较高时，氧离子与SiO_2结合成SiO_4^{4-}、$Si_3O_9^{6-}$等不同形式的复杂离子。

2）离子的分布、聚集和相互作用取决于它的综合矩。离子的综合矩等于它的电荷与半径之比，即

$$综合矩 = \frac{Z}{r}$$

式中　Z——离子电荷（静电单位）；

r——离子的半径（1Å=0.1nm）。

表4-12给出各种离子在标准温度（0℃）下的综合矩。当温度升高时，离子的半径增大，综合矩减小，但表中综合矩的大小顺序不变。

表4-12　离子的综合矩

离　子	离子半径/nm	综合矩×10² /(静电单位/cm)	离　子	离子半径/nm	综合矩×10² /(静电单位/cm)
K^+	0.133	3.61	Ti^{4+}	0.068	28.2
Na^+	0.095	5.05	Al^{3+}	0.050	28.8
Ca^{2+}	0.106	9.0	Si^{4+}	0.041	47.0
Mn^{2+}	0.091	10.6	F^-	0.133	3.6
Fe^{2+}	0.083	11.6	PO_4^{3-}	0.276	5.2
Mg^{2+}	0.078	12.9	S^{2-}	0.174	5.6
Mn^{3+}	0.070	20.6	SiO_4^{4-}	0.279	6.9
Fe^{3+}	0.067	21.5	O^{2-}	0.132	7.3

离子的综合矩越大，表示它的静电场越强，对异性离子的作用力越大。例如正离子中Si^{4+}的综合矩最大，负离子中O^{2-}的综合矩最大，因此两者最容易结合为复杂离子。如此可知，当熔渣中综合矩大的负离子多时，形成的复杂离子就多，自由的简单离子相应减少。

3）熔渣与金属之间相互作用的过程，是离子与原子交换电荷的过程。如

$$(Si^{4+})+2[Fe]=2(Fe^{2+})+[Si]$$

反应的结果，硅进入焊缝金属，而铁转换成离子进入熔渣。

由于离子的静电作用，熔渣中离子的排列与离子晶体相似，阳离子与阴离子相间排列，即相同符号的离子均匀分布在异号离子周围，形成离子集团。从整体来看，熔渣是微观不均匀的溶液。

应当指出，实际的焊接熔渣的结构是十分复杂的，有些熔渣中不仅有离子，而且还有少量的中性分子。虽然熔渣的离子理论比分子理论更合理，但目前尚缺乏系统的热力学资料，故在焊接冶金研究中还广泛应用分子理论。

三、熔渣的性质

1. 熔渣的碱度

碱度是判断熔渣碱性强弱的指标。熔渣的碱度是熔渣的重要化学性质，对焊接冶金过程中各种反应都有重要的影响。它还决定着熔渣中许多组元的存在形式，比如是自由氧化物，还是复化物等。不同的熔渣结构理论，对碱度的定义和计算方法是不同的。下面将分别介绍分子理论和离子理论对碱度的定义和计算方法。

分子理论对熔渣碱度的定义和计算为

$$B_1=\frac{\sum(R_2O+R'O)}{\sum(R''O_2)}$$

式中 $(R_2O+R'O)$——熔渣中碱性氧化物的物质的量；

$(R''O_2)$——熔渣中酸性氧化物的物质的量。

实际计算中，为了方便，氧化物物质的量改用摩尔分数代入计算。

碱度B_1的倒数称为酸度。从理论上讲，当$B_1>1$时，熔渣为碱性熔渣；当$B_1<1$时，为酸性熔渣；当$B_1=1$时，为中性熔渣。由于上述公式中没有考虑各种氧化物碱性或酸性的强弱不同，也没有考虑在某些复合盐中，少量的酸性氧化物占有着碱性氧化物，如$(CaO)_2\cdot SiO_2$，所以，在实际生产中，当$B_1>1.3$时，熔渣才为碱性熔渣。

离子理论把液态熔渣中自由氧离子的浓度（或氧离子的活度）定义为碱度。所谓自由氧离子就是游离状态的氧离子。熔渣中自由氧离子的浓度越大，其碱度越大。根据这个定义，熔渣的碱度B_2可以用下式表示：

$$B_2=\sum a_i\cdot M_i$$

式中 M_i——熔渣中第i种氧化物的摩尔分数；

a_i——熔渣中第i种氧化物的碱度系数，对每一种氧化物都有一个固定的值。

当$B_2>0$时，则熔渣为碱性熔渣；当$B_2<0$，则熔渣为酸性熔渣；当$B_2=0$时，为中性熔渣。熔渣中常见氧化物的碱性强弱顺序及a_i值见表4-13。

表4-13　熔渣中常见氧化物的碱性强弱顺序及 a_i 值

氧化物	K_2O	Na_2O	CaO	MnO	FeO	MgO	Fe_2O_3	Al_2O_3	ZrO_2	TiO_2	SiO_2
阳离子	K^+	Na^+	Ca^{2+}	Mn^{2+}	Fe^{2+}	Mg^{2+}	Fe^{3+}	Al^{3+}	Zr^{4+}	Ti^{4+}	Si^{4+}
静电力/×10^{-5}N	0.27	0.36	0.70	0.83	0.87	0.93	1.50	1.66	1.65	1.85	1.93
碱度系数 a_i	+9.0	+8.5	+6.06	+4.8	+3.4	+4.0	0	−0.2	−0.2	−4.97	−6.31
酸碱性	碱性增加 ←						中性			酸性增加 →	

2. 熔渣的黏度

当液体发生相对运动时，在其内部产生内摩擦力。在单位速度梯度下，作用在单位接触面积上的内摩擦力称为动力黏度，简称黏度，以 η 表示。黏度的单位是帕秒（Pa·s）。黏度的倒数 $\phi=1/\eta$ 称为流动性。黏度越小，流动性越大。

熔渣的黏度与温度和渣的成分有关，实际上取决于渣的结构。熔渣的结构越复杂，阴离子的尺寸越大，熔渣质点移动就越困难，渣的黏度也就越大。下面分别介绍温度和成分对熔渣黏度的影响。

（1）温度对黏度的影响　熔渣的黏度随温度的上升而下降，但不同成分的熔渣其具体的变化规律是不同的，如图4-12所示。

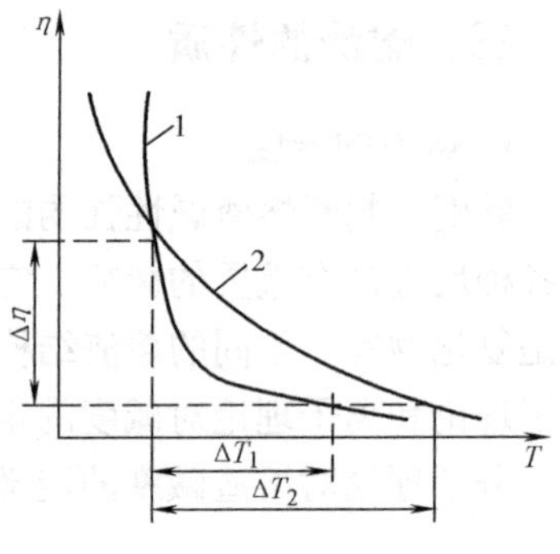

图4-12　熔渣的黏度与温度的关系
1—碱性熔渣　2—含 SiO_2 多的酸性熔渣

由于在含 SiO_2 较多的酸性熔渣中，有相当多复杂的Si-O离子。当温度升高时，Si-O离子的热振动能增加，使其极性键局部被破坏，出现尺寸较小的Si-O离子，因而活化能减少，黏度下降。但是，复杂的Si-O离子的解体是随温度的上升逐渐进行的，所以黏度下降比较缓慢。

对于碱性熔渣，升高温度有利于消除没有熔化的固体颗粒，所以黏度会下降。但是，碱性熔渣中的离子尺寸较小，容易移动，当温度高于液相线时，黏度迅速下降，且数值比酸性熔渣的黏度低。当温度低于液相线时，渣中出现了细小的晶体，黏度迅速增大。

由图4-12可以看出，当这两种渣的黏度都变化 $\Delta\eta$ 时，含 SiO_2 较多的酸性熔渣对应的温度变化 ΔT_2 大，即凝固时间长，故称为长渣，这种渣不适合于立焊和仰焊；而碱性熔渣对应的温度变化 ΔT_1 小，即凝固时间短，故称为短渣。低氢型和氧化钛型焊条的熔渣属于短渣，适合于全位置焊接。

（2）熔渣的成分对黏度的影响　在酸性熔渣中加入 SiO_2，使Si-O离子的聚合程度增大，其尺寸也增加，因而使黏度迅速升高。

减少酸性熔渣中的 SiO_2，增加 TiO_2，使复杂的Si-O离子减少，可降低高温时的黏度。含 TiO_2 多的酸性熔渣已不是玻璃状的渣，而是接近于晶体状的渣。这种渣的黏度随温度变化急剧，变为短渣。

3. 熔渣的熔点

焊接熔渣的熔点对冶金反应有重要的意义。熔点过高将使熔渣与液态金属之间的反应不充分，易形成夹渣和气孔，并产生压铁液现象，使焊缝成形变坏。熔点过低易使熔渣的覆盖性能变坏，焊缝表面粗糙不平，并使焊条难以进行全位置焊接。一般要求焊接熔渣的熔点比焊缝金属的熔点低 200～450℃。

熔渣的熔点是指熔渣开始熔化的温度，不是药皮开始熔化的温度，后者一般称为造渣温度。但两者之间有一定的关系，一般的规律是：药皮的熔点高时，所形成的熔渣的熔点也高。由于熔渣与药皮的组成和各组分所处的状态不同，通常药皮的熔点比熔渣的熔点高出 100～200℃。造渣温度如过高，会使焊条药皮套筒过长，电弧不稳，并易成块脱落，导致冶金反应波动，焊缝成分不均匀；造渣温度过低，药皮将过早熔化，使保护作用变差，并对电弧的集中性和熔滴过渡产生不利的影响。一般要求药皮的造渣温度比焊芯熔点低 100～250℃。

焊条药皮、焊剂和焊接熔渣都由多种成分组成，其熔化温度不是一个固定值，而是一个熔化温度区间。酸性熔渣的熔化温度区间是 100～300℃，随着熔渣碱度的提高，熔化温度区间变窄，见表 4-14。

表 4-14　几种焊条熔渣的熔化温度区间

焊条	类　型	E4313	E4303	E4301	E4320	E4311
	牌　号	J421	J422	J423	J424	J425
熔渣的熔化温度区间/℃		1218	1240～1185	1190～1125	1250～1140	1230～1185

4. 表面张力

表面张力是液体表面所受到的指向液体内部的力，它是由于表面层分子与内部分子所处的状态不同而引起的。熔渣的表面张力主要取决于它的结构和温度。原子之间的键能越大，其表面张力也越大。一般具有离子键的物质，如 FeO、MnO、CaO、MgO、Al_2O_3 键能比较大，所以它们的表面张力也比较大。具有极性键的物质，如 TiO_2、SiO_2 键能比较小，其表面张力也较小；共价键的物质，如 B_2O_3、P_2O_5 键能最小，其表面张力也最小。

当温度升高时，离子的综合矩减小，离子之间的距离增大，因此离子之间的相互作用力减弱，熔渣的表面张力减小。

焊接时，熔渣与金属之间的反应几乎全部是在界面上进行的，因此，熔渣的表面性质将对冶金反应过程有很大影响。

熔滴的表面张力与界面张力影响熔滴的尺寸和熔渣的覆盖性能。

实验表明，熔渣与液体金属的界面张力减小，熔滴的尺寸减小；反之，熔滴粗化。

5. 密度

熔渣的密度是其基本物理性质之一，它对熔渣从液体金属中浮出的速度、夹渣形成的难易和熔渣的流动性都有直接的影响。因此，熔渣的密度必须低于焊缝金属的密度。熔渣的密度主要取决于各个组成物的密度及质量分数。液态熔渣的密度一般是由实验测定的，常用焊条熔渣的密度见表 4-15。

6. 熔渣的线膨胀系数和导电性

熔渣的线膨胀系数主要影响脱渣性，熔渣与焊缝金属的线膨胀系数差值越大，脱渣性越好。

表 4-15 常用焊条熔渣的密度 (单位：g/cm^3)

温度 \ 药皮类型	铁锰型	纤维素型	高钛型	低氢型	钛铁矿型
常温	3.9	3.6	3.3	3.1	3.6
1300℃	3.1	2.2	2.2	2.0	3.0

固态焊剂和药皮一般是不导电的，但熔化后则变为导体。在焊条电弧焊、埋弧焊（特别是多丝埋弧焊和窄间隙埋弧焊）和电渣焊时，熔渣的导电性直接影响引弧性、再引弧性和焊接过程的稳定性。根据用途不同，焊接熔渣在2000℃时的导电率在1.5～10S/cm范围内。

熔渣的电导率取决于温度和熔渣的成分，归根结底取决于熔渣的结构。温度升高，离子的尺寸变小，活动能力增强，电导率增大。熔渣的结构越复杂，离子的尺寸越大，其电导率越小。例如高硅高锰焊剂在2000℃时的电导率仅为1.5～3.5S/cm。

四、熔渣对焊缝金属的氧化

熔渣对焊缝金属的氧化有两种基本方式，即扩散氧化和置换氧化。

1. 扩散氧化

焊接钢时，FeO既溶于液态金属又溶于渣中，在一定的温度下平衡时，它在两相中的浓度符合分配定律：

$$L=\frac{(FeO)}{[FeO]}$$

式中 (FeO)——FeO在熔渣中的浓度；

[FeO]——FeO在液态金属中的浓度；

L——分配常数。

可以表达为：在一定的温度下，FeO在熔渣和液体金属中的浓度虽然可随FeO总量的不同而变动，但平衡时两相中FeO的浓度之比是定值。在温度不变的情况下，当增加熔渣中FeO的浓度时，FeO将向焊缝金属中扩散，使焊缝中的氧含量增加。

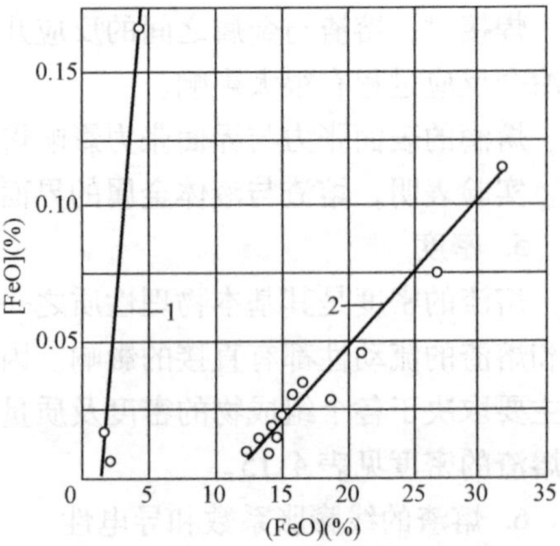

图4-13 熔渣的性质与焊缝氧含量的关系
1—碱性熔渣 2—酸性熔渣

在温度相同的条件下，碱性熔渣中FeO的分配常数比酸性熔渣中小。试验表明，在熔渣中含FeO相同的情况下，碱性熔渣时焊缝中的氧含量比酸性熔渣时大（图4-13）。这种现象的产生除与分配常数不同有关外，主要与渣中FeO的活度有关。所谓活度，可以理解为参加反应的有效浓度。按照熔渣的分子模型就是指自由FeO分子的浓度。在碱性熔渣中SiO_2、TiO_2等酸性氧化物比较少，FeO大部分以自由分子形式存在，很容易向金属中扩散使焊缝增氧。而在酸性熔渣中，FeO大部分与SiO_2、TiO_2等结合成复化物，自由状态的FeO分子很少。因此，碱性焊条药皮中一般不加入含有 FeO 的物质，并要求焊前仔细清理焊件和焊丝表面的氧化皮和铁锈。由于严格地控制了碱性熔渣中 FeO 的含量，又在药皮中加入了较多的脱氧剂，因此使碱性焊缝中的氧含量比酸性焊条的焊缝低得多。

2. 置换氧化

如果熔渣中含有较多的易分解的氧化物，则可能与液态铁发生置换反应，使铁氧化。这种使铁被氧化、同时另一种元素被还原的过程称为置换氧化。如用低碳钢焊丝配合高硅高锰焊剂（如 HJ431）进行埋弧焊时，发生如下的反应：

$$(SiO_2)+2[Fe]=[Si]+2FeO$$

$$[Fe]+(MnO)=[Mn]+FeO$$

反应的结果使焊缝增加硅和锰，同时使铁氧化，生成的 FeO 大部分进入熔渣中，小部分溶于液态铁中，使焊缝增氧。上述反应的方向和限度取决于温度和渣中 MnO、SiO_2、FeO 的浓度。根据反应平衡原理可知，(SiO_2)、(MnO) 越高，Fe 的氧化越激烈。而当母材或焊丝中的 Si、Mn 含量高时，将抑制反应的进行，减少铁的氧化。上式的平衡常数随着温度的升高而增加，反应将向右进行，Fe 的氧化加剧。因此，置换氧化反应主要发生在熔滴阶段和熔池头部的高温区。

在焊丝或药皮中含有对氧的亲和力比铁更大的金属元素时，如 Al、Ti、Cr 等，它们将和 MnO、SiO_2 发生更激烈的反应，反应式如下：

$$4[Al]+3(SiO_2)=2(Al_2O_3)+3[Si]$$

$$2[Al]+3(MnO)=(Al_2O_3)+3[Mn]$$

反应的结果使焊缝中非金属夹杂物增多，氧含量增加，同时焊缝金属中 Si、Mn 含量也显著地增加。

在低碳钢和低合金钢的埋弧焊时，常用高硅高锰的焊剂配合低碳钢焊丝，尽管这样会使焊缝中的氧含量增加，但因 Si、Mn 含量也同时增加，所以，焊缝金属的性能仍能得到改善，可以满足使用性能的要求。

想一想

焊缝金属主要通过哪种方式被氧化呢？

五、焊缝金属的脱氧

氧无论以何种形式存在于焊缝金属内部都是有害的。因此，在焊接时要采取一些措施来减少氧对焊缝金属的危害，保证焊接质量。防止金属氧化的有效措施是限制氧的来源，对已进入焊缝金属的氧必须通过脱氧来去除。所以脱氧的目的就是要减少焊缝中的氧含量。

脱氧是一种冶金处理措施，它是通过在焊丝、焊剂或焊条药皮中加入某些对氧亲和力较大的元素，使其在焊接过程中夺取气相或氧化物中的氧，从而减少焊缝金属的氧化及氧含量。用于脱氧的元素或合金剂叫脱氧剂。

选择脱氧剂应遵循以下原则：

1）在焊接温度下，脱氧剂对氧的亲和力应比被焊金属对氧的亲和力大。焊接铁基合金时，Al、Ti、Si、Mn 等均可作为脱氧剂，在生产中常用它们的铁合金或金属粉末，如锰铁、硅铁、钛铁、铝粉等。元素对氧的亲和力越大，脱氧能力越强。

2）脱氧产物应不溶于液态金属，其密度也应小于液态金属的密度，这样可加快脱氧产物上浮到渣中去，减少焊缝中的夹杂物。

3）应综合考虑脱氧剂对焊缝成分、性能及焊接工艺性能的影响。

4）在满足技术要求的前提下，注意降低成本。

焊接冶金反应是分阶段或区域进行的，脱氧反应也是分阶段或区域连续地进行的，其方式有先期脱氧、沉淀脱氧和扩散脱氧。

1. 先期脱氧

焊条电弧焊时，在焊条药皮加热阶段，固体药皮中进行的脱氧反应叫先期脱氧。其特点是脱氧过程和脱氧产物与熔滴不发生直接关系，脱氧主要发生在焊条端部反应区。

含有脱氧剂的药皮加热时，药皮中的高价氧化物或碳酸盐分解出氧和二氧化碳，便和脱氧剂发生反应。以 Mn 为例，其先期脱氧反应如下：

$$Fe_2O_3 + 3Mn = 3MnO + 2Fe$$

$$FeO + Mn = MnO + Fe$$

$$CaCO_3 + Mn = CaO + CO + MnO$$

反应的结果使气相中的氧化性减弱。

先期脱氧的效果取决于脱氧剂对氧的亲和力。

2. 沉淀脱氧

沉淀脱氧是在熔滴和熔池内进行的，是利用溶解在熔滴和熔池中的脱氧剂与［FeO］直接反应，把铁还原，使脱氧产物转入熔渣而被清除出去。这是减少焊缝中氧含量具有决定作用意义的一个环节。最常用的是锰、硅或硅锰联合脱氧。

（1）锰的脱氧　焊条药皮中的锰铁或焊丝中的锰都可以起到脱氧的作用，反应式如下：

$$[Mn] + [FeO] = [Fe] + (MnO)$$

低碳钢焊缝中［Fe］≈1，反应达到平衡时

$$[FeO] = \frac{(MnO)}{K_C[Mn]}$$

为达到降低［FeO］的目的，应使渣中自由的 MnO 分子减少。如果渣中有较多的 SiO_2、TiO_2 等酸性氧化物，则可与 MnO 结合成复合盐 $MnO \cdot SiO_2$、$MnO \cdot TiO_2$ 等，自由的（MnO）分子减少，使反应式向右进行。因此，渣中的 SiO_2、TiO_2 越高，Mn 的脱氧效果越好。如果渣中含有比 MnO 碱性更强的氧化物，如 CaO，则 CaO 将优先与 SiO_2、TiO_2 结合，而 MnO 大部分将以自由氧化物分子形态存在，［FeO］含量增大，即削弱了 Mn 的脱氧效果。可见，Mn 在酸性熔渣中的脱氧效果较好，而在碱性熔渣中则不理想。

（2）硅的脱氧　硅对氧的亲和力比锰大，脱氧能力比锰强。硅的脱氧反应为

$$[Si] + 2[FeO] = 2[Fe] + (SiO_2)$$

显然，提高熔渣的碱度和金属中的硅含量，可以提高硅的脱氧效果。从脱氧能力来看，硅的脱氧能力比锰大，但生成的 SiO_2 熔点高（见表4-16），通常认为处于固态，不易聚合为大的质点；同时 SiO_2 与钢液的界面张力小，润湿性好，SiO_2 不易从钢液中分离，所以易造成夹杂。故一般不单独用硅脱氧。

表 4-16　几种化合物的熔点和密度

化合物	FeO	MnO	SiO_2	TiO_2	Al_2O_3	$(FeO)_2 \cdot SiO_2$	$MnO \cdot SiO_2$	$(MnO)_2 \cdot SiO_2$
熔点/℃	1370	1580	1713	1825	2050	1205	1270	1326
密度/(g/cm^3)	5.80	5.11	2.26	4.07	3.95	4.30	3.60	4.10

(3) 硅锰联合脱氧　硅和锰均能脱氧，而且脱氧产物能结合成熔点低、密度不大的复合物进入熔渣，因此把硅和锰按适当的比例加入金属中进行联合脱氧可以得到较好的脱氧效果。实践证明，当 [Mn]/[Si] = 3 ~ 7 时，脱氧产物容易聚合为半径大的质点，浮到熔渣中去，从而减小焊缝中的氧含量。在 CO_2 保护焊时，根据硅锰联合脱氧的原理，常在焊丝中加入适当比例的锰和硅，各国实用的焊丝中 [Mn]/[Si] = 1.5 ~ 3。通过实验证明，锰和硅的比例不同时，生成的脱氧产物不同，因而形成夹杂物的情况不同，如图 4-14 所示。

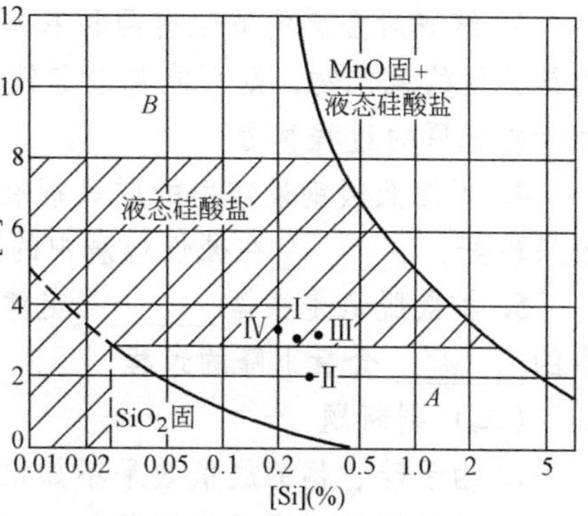

图 4-14　脱氧产物形态与 [Mn]/[Si] 的关系（1600℃）

在母材、焊丝、药皮中的碳在焊接过程中会起到脱氧的作用。碳与其他元素不同，它对氧的亲和力随温度的升高而加大，因此碳与 FeO 的置换反应主要在熔滴区和熔池前部进行，脱氧产物 CO 不溶于液态金属中，直接进入气相。反应式如下：

$$[FeO] + [C] = [Fe] + CO\uparrow$$

产生的 CO 气体可使熔池沸腾，有利于液态金属中的其他气体排出。但碳对钢的焊接性能有不利的影响，一般不选作脱氧剂。

3. 扩散脱氧

扩散脱氧是在液态金属与熔渣界面上进行的。利用 FeO 能溶解于熔渣的特性，通过扩散使它从液态金属中进入熔渣，从而降低焊缝氧含量。根据分配定律 $L = \frac{(FeO)}{[FeO]}$，以及分配常数 L 与温度 T 的关系可知，分配常数 L 减小，液态金属中的 FeO 便向熔渣中扩散，即 [FeO]→(FeO)，从而使熔池中的 FeO 含量减少，说明扩散脱氧是在熔池的尾部低温区进行的。

小知识

焊缝金属脱氧的几种方式中，沉淀脱氧的效果最好。熔渣的性质不同，所采用的脱氧剂也不同。一般用硅、锰联合脱氧的效果好。

除温度外，扩散脱氧还取决于 FeO 在熔渣中的活度。在温度不变的情况下，FeO 在熔渣中的活度越低，脱氧效果越好。当渣中含有较多的强酸性氧化物 SiO_2、TiO_2 时，因易与 FeO 形成复合物，从而使渣中 FeO 活度减小，为保持分配常数，液态金属中的 FeO 便不断向渣中扩散，所以酸性渣有利于扩散脱氧的进行。相比之下，碱性熔渣扩散脱氧能力较差。

【综合训练】

一、理论部分

（一）填空题

1. 熔渣在焊接过程中的作用有________、________、________、________。

2. 根据焊接熔渣的成分可将其分为________、________、________三大类。

3. 熔渣对金属的氧化有两种基本方式，即________和________。如果熔渣中含有较多的易分解的氧化物，则可能与液态铁发生置换反应，使铁氧化。这种铁被氧化、同时另一种元素被还原的过程称为________。

4. 焊接低碳钢最常用的脱氧剂有________和________，________在酸性熔渣中的脱氧效果较好，________在碱性熔渣中的脱氧效果较好。

5. 扩散脱氧是根据________定律，使 FeO 从________过渡到________中，从而使焊缝中的________含量下降的过程。

（二）判断题

1. 由于硅、锰的脱氧效果不如铝、钛，所以焊接常用的脱氧剂是铝和钛。（　）
2. 酸性焊条主要采用脱氧剂，碱性焊条主要采用扩散脱氧。（　）
3. 扩散脱氧主要依靠熔渣中的碱性氧化物，如 CaO 等。（　）
4. 沉淀脱氧主要是脱去熔池中的 FeO。（　）

（三）简答题

1. 什么是熔渣的碱度？如何用熔渣的碱度判断熔渣的酸碱性？
2. 熔渣的性质有哪些？对焊接质量分别有什么样的影响？
3. 采用沉淀脱氧时，对脱氧剂有哪些要求？利用硅锰联合脱氧的特点是什么？

二、实践部分

1. 训练目标：了解酸性熔渣与碱性熔渣在焊接时对焊接质量的影响。
2. 训练准备：
（1）人员准备：每 5 ~8 人一组。
（2）材料准备：E5015 焊条若干、E4303 焊条若干。
3. 训练地点：实验室。
4. 训练方法：
（1）分别用 E5015 和 E4303 焊条进行平焊与立焊。
（2）观察两种不同的焊条进行焊接时焊缝的成形及焊接质量。
（3）记录实验结果。
（4）分析原因，并进行讨论。

模块四　焊缝金属中硫、磷的控制

一、焊缝金属中硫、磷的危害性

硫和磷是钢中有害杂质。通常母材和焊丝（芯）的硫、磷含量都很低，对焊缝金属不会带来危害。但是焊条药皮或焊剂的某些原材料中常含有相当数量的硫和磷，在焊接过程中过渡到焊缝金属中就会造成危害。

1. 硫的危害

硫在钢中主要以 FeS 和 MnS 的形式存在，其中 FeS 的危害性最大。因为它与液态铁几乎无限互溶，而在室温即在固态铁中的溶解度很小，仅为 0.015%～0.02%，如图 4-15 所示。当熔池快速凝固时，FeS 容易偏析，以低熔点共晶（Fe + FeS，熔点为 985℃或 FeS + FeO，熔点为 940℃）的形式呈片状或链状分布于晶界，因此增加了焊缝金属结晶裂纹的倾向，同时还会降低冲击韧度和耐蚀性。钢中含有镍时，硫的危害更为严重，因硫与镍形成 NiS，而 NiS 又与 Ni 形成熔点更低（664℃）的共晶（NiS + Ni），产生结晶裂纹的倾向更大。当钢焊缝中碳含量增加时，会促进硫的偏析，增加硫的危害性。

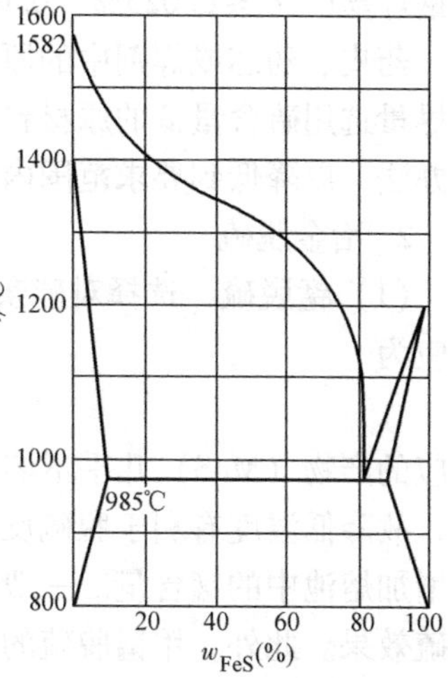

图 4-15　Fe-FeS 相图

2. 磷的危害

磷在液态铁中溶解度很大，并以 Fe_2P 和 Fe_3P 的形式存在，但磷在固态铁中的溶解度只有千分之几。磷与铁和镍形成低熔点共晶，如 $Fe_3P + Fe$（熔点 1050℃）、$Ni_3P + Fe$（熔点 880℃），如图 4-16 所示。当熔池快速凝固时，磷易发生偏析。磷化铁常分布于晶界，减弱了晶粒间的结合力，而且它本身既硬又脆，增加了焊缝金属的冷脆性，即冲击韧度降低，脆性转变温度升高。

小知识

磷在钢中除了有危害的作用外，还有有益的一面。它可以提高钢的耐大气、耐海水腐蚀的能力，改善钢的切削加工性能，增加金属的流动性等，所以在某些耐蚀钢、易切削钢、弹簧钢、铸铁和铜合金中应含有一定的磷。

二、硫的控制

主要从两方面控制硫的含量：先是采取工艺措施限制硫的来源，然后再采取冶金措施把焊缝中的硫通过熔渣排除。

1. 限制焊接材料中的硫含量

焊缝金属中的硫主要来自三个方面：一是母材，其中的硫几乎可以全部过渡到焊缝中去，但母材中的硫含量比较少；二是焊丝，其中的硫约有 70%～80% 可以过渡到焊缝中去；三是药皮或焊剂，其中的硫约有 50% 可以过渡到焊缝中去；可见，严格控制焊接材料中的硫含量是限制焊缝硫含量的关键措施。母材中的硫含量一般较低，所以需主要限制焊丝、药皮或焊剂中的硫含量。

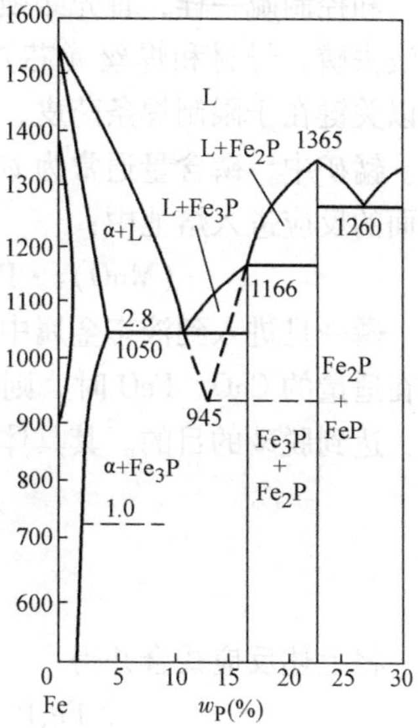

图 4-16　Fe-P 相图

低碳钢及低合金钢焊丝的 $w_S \leqslant 0.03\% \sim 0.04\%$；合

金钢焊丝的 $w_S \leqslant 0.025\% \sim 0.03\%$；不锈钢焊丝 $w_S \leqslant 0.02\%$。

药皮、药芯或焊剂中的原材料，如锰矿、赤铁矿、钛铁矿、锰铁等均含有一定量的硫，应尽量选用硫含量低的原材料。必须使用硫含量高的材料时，应预先进行处理，如采用焙烧的办法，以降低到要求范围内。

2. 冶金脱硫

（1）锰脱硫　选择对硫亲和力比铁大的元素进行脱硫。最常用的脱硫剂是锰，其脱硫反应为

$$[FeS]+[Mn]=(MnS)+[Fe]$$

反应的产物（MnS）几乎不溶于液态铁中，在冶金过程中可以浮到渣中。这个反应是放热反应，故降低温度有利于脱硫反应的进行。然而，熔池冷却很快，反应不能充分进行，所以必须增加熔池中的锰含量。一般情况下，要求锰含量大于1%（质量分数），才能得到较好的脱硫效果。此外，用锰脱硫的产物 MnS 有时来不及浮出而形成夹渣，对焊缝的性能造成一定的影响。近年来已采用稀土元素脱硫。稀土元素脱硫所形成的产物即使来不及析出，也可完全以细小球状夹渣的形式存在，有利于改善焊缝金属的韧性和塑性。

（2）熔渣脱硫　所谓的熔渣脱硫是指利用熔渣中的碱性氧化物，如 MnO、CaO 等进行脱硫的方式。其反应如下：

$$[FeS]+(MnO)=(MnS)+(FeO)$$
$$[FeS]+(CaO)=(CaS)+(FeO)$$

生成的 CaS 类似于 MnS，不溶于金属而进入熔渣中。根据质量作用定律可以看出，增加渣中 MnO 和 CaO 的含量，有利于脱硫反应的进行，减少渣中自由 FeO 的浓度，即加强脱氧、减小渣中的氧化性，有利于脱硫反应的进行。由此可知，酸性熔渣中的脱硫能力比碱性熔渣差，增加熔渣的碱度可以提高脱硫能力。

三、磷的控制

和控制硫一样，首先必须限制它在母材、焊丝、药皮及焊剂中的含量，然后再用冶金的方法去磷。母材和焊丝（芯）经过冶炼，磷含量一般都较低，都在有关标准规定范围内，所以关键在于限制焊条药皮、药芯或焊剂中所用原材料的磷含量。锰矿是焊缝增磷的主要来源。锰矿中，磷含量通常为 $w_P=0.22\%$，以 $(MnO)_3 \cdot P_2O_5$ 的形式存在。焊接时，磷通过下面的反应进入熔池中：

$$(MnO)_3 \cdot P_2O_5+11[Fe]=3(MnO)+2[Fe_3P]+5(FeO)$$

磷一旦进入到液态金属中，应采用冶金脱磷。磷对氧的亲和力比铁大，因此，当熔渣中存在适量的 CaO、FeO 时，则既可使磷氧化，又可使反应产物转变为稳定的复合物进入熔渣，达到脱磷的目的。其具体反应为

$$2Fe_3P+5FeO=11Fe+P_2O_5$$
$$P_2O_5+3(CaO)=(CaO)_3 \cdot P_2O_5$$
$$P_2O_5+4(CaO)=(CaO)_4 \cdot P_2O_5$$

将上述反应式合并得

$$2Fe_3P+5FeO+3CaO=(CaO)_3 \cdot P_2O_5+11Fe$$
$$2Fe_3P+5FeO+4CaO=(CaO)_4 \cdot P_2O_5+11Fe$$

根据上述反应可知，欲使脱磷反应顺利进行，应具备以下条件：

首先应使熔渣中 CaO 和 FeO 的活度较大；其次应尽量使 P_2O_5 与 CaO 形成稳定的复合物，以降低熔渣中 P_2O_5 的活度。

如前所述，碱性熔渣中含 SiO_2、TiO_2 较少，而含自由 CaO 较多，这有利于脱磷。同时，碱性药皮中含有 CaF_2，它对脱磷的产物有稀释作用，并可生成复合物 $CaF_2 \cdot P_2O_5 \cdot (CaO)_4$，所以对脱磷有一定的促进作用。但是，碱性熔渣中不允许含有较多的 FeO，否则会使焊缝增氧，甚至产生气孔。况且，提高 FeO 的含量不利于脱硫。因此，碱性焊条脱磷是不理想的。

酸性焊条熔渣中虽含有较多的 FeO，有利于磷的氧化，然而含自由的 CaO、MnO 较少，所以它的脱磷能力比碱性焊条更差些。

磷的氧化反应是放热的，故在熔池的后部有利于脱磷反应的进行。但由于该区温度低，熔渣黏度大，不利于反应物质的扩散，因此脱磷的效果并不好。实际上，焊接时脱磷比脱硫更困难。目前，限制焊缝金属中磷含量的主要方法还是严格控制原材料中的磷含量。

【综合训练】

（一）填空题

1. 硫在焊缝中主要以________和________的形式存在，在熔池结晶时它容易发生偏析，以低熔点共晶________的形式呈片状或链状分布于晶界。这样就增加了焊缝金属产生________倾向，同时还会降低________和________。

2. 磷在低碳钢和绝大多数低合金钢中是有害元素，它降低________，并使________升高。

3. 磷在钢中除了有危害作用外，还有有益的作用，如它可以提高钢的________、________的能力，改善钢的________性能，增加金属的流动性等。

（二）判断题（正确的画“√”，错误的画“×”）

1. FeO 具有脱磷作用。（ ）

2. 碱性熔渣脱硫、脱磷的效果比酸性熔渣好。（ ）

（三）简答题

1. 简要叙述如何进行脱硫。

2. 利用氧化物进行脱磷的条件及原理是什么？

模块五 焊缝金属的合金化

在实际生产中，需要根据母材的性能、结构的类型和运行条件，对焊缝的成分提出一定的要求。在熔焊时要获得预期的焊缝成分，需要通过焊接材料向焊缝金属过渡一定的合金元素，这就是焊缝金属的合金化。

一、焊缝金属合金化的目的

1. 补偿合金元素的烧损

焊接过程中温度很高，由于合金元素的蒸发和氧化作用，会导致焊件的性能达不到技术条件的要求。例如，5A06 合金电子束焊接时熔池内 Mg 元素的烧损会使材料显微硬度降低，因此必须通过焊接材料予以补偿来达到技术要求。

2. 消除焊接缺陷

为了消除焊接缺陷的产生，必须降低或者增加某种成分的含量。例如，在焊接低碳钢时，为了避免焊缝中因硫产生的热裂纹，必须保证锰的含量不低于 0.6%，以消除硫的有害作用。

3. 改善焊缝组织和力学性能

焊接某些低合金结构钢时，为了细化焊缝金属的晶粒，保证较高的韧性，常向焊缝中过渡 Ti、Al、Mo 等合金元素。

4. 获得特殊性能的堆焊层

在某些工作条件下，对零件表面要求要有特殊性能。例如，切削刀具的刃部要求具有热硬性，轧辊和阀门的表面要求有耐磨性和耐热性，储存腐蚀性液体的容器要求有耐蚀性等。为了节约贵重的合金材料，同时获得更好的综合性能，在生产中常采用堆焊的方法，通过焊接材料向堆焊层中过渡一些母材中没有的合金元素，从而获得具有预期特殊性能的表面层。

二、焊缝金属合金化的方式

常用的合金化方式有以下几种：

（1）应用合金焊丝或带状电极　这种方式是把所需要的合金元素加入焊丝或带状电极中，配合碱性焊条药皮或低氧、无氧焊剂进行焊接或堆焊，从而使合金元素过渡到焊缝中去。优点是：可靠，焊缝成分稳定、均匀，合金损失少。但是，某些金属材料，如硬质合金不宜轧制、拔丝，故不采用这种方式。

（2）应用药芯焊丝或药芯焊条　药芯焊丝的结构各种各样，比较简单的是具有圆形断面的，其外皮是用普通低碳钢带卷制成的圆管，里面充满铁合金和纯铁粉的混合物。这种药芯焊丝也叫管状焊丝。在埋弧焊时，它可与普通熔炼焊剂配合使用。在焊条电弧焊时，可在药芯焊丝的外面涂上一层碱性药皮，制成药芯焊条。焊接时，焊丝芯部的合金元素过渡到熔池中而使焊缝金属合金化。

这种方式的优点是：药芯中各种合金成分的比例可以任意调整，从而可以得到任意成分的堆焊金属；合金的损失比较少。缺点是：不易制造，合金成分难以混合均匀。

（3）应用合金药皮或黏结焊剂　这种方式是将所需要的合金元素以纯金属或铁合金的形式加入焊条药皮或黏结焊剂中，配合普通焊丝使用。焊接过程中，合金元素由熔渣过渡到熔滴或熔池中。它的优点是：简单方便，成本低，制造容易。但由于氧化损失较大并有一部分残留在渣中，故合金利用率比较低。用黏结焊剂埋弧焊时，焊缝成分受焊接规范，尤其是电弧电压的影响比较大，规范的波动易造成焊缝成分不均匀。

（4）应用合金粉末　将所需要的合金按比例配制成具有一定颗粒的粉末，把它输送到焊接区，或直接撒在被焊件表面上或坡口内，它在热源作用下与金属熔合后就形成合金化的焊缝金属。其优点是：不必经过轧制、拔丝等工序；合金的比例可任意配制；合金的损失不大。但是，焊缝成分的均匀性差些。

除了上述合金化的方式以外，还可以通过从金属氧化物中还原金属的方式进行合金化。

如用高硅高锰焊剂埋弧焊时，发生硅和锰的还原反应，使焊缝中增硅增锰。但这种方式合金化的程度是有限的，并且还会造成焊缝金属中氧含量的增加。

这些合金化的方式，药芯焊丝是目前最有效的过渡合金元素的方式之一。在实际生产中可根据具体条件和要求来选择，有时可以两种方式同时使用。

三、影响合金过渡系数的因素

在焊缝金属合金化过程中，加到焊接材料中的合金元素并不能全部进入焊缝金属中，而有一部分在冶金反应的过程中损失掉了。通常用合金元素的过渡系数来表示合金元素利用率的高低。

合金元素的过渡系数是指焊接材料中的合金元素过渡到焊缝金属中的数量与其原始含量的百分比。其表达式为

$$\eta_x = \frac{[x]_d}{[x]_0} \times 100\%$$

式中　η_x——合金元素 x 的过渡系数；

$[x]_d$——熔敷金属中元素 x 的实际浓度，即由焊接材料过渡到焊缝中的合金元素浓度；

$[x]_0$——元素 x 在焊接材料中的原始浓度，应为元素 x 在焊丝与药皮（或焊剂）中原始浓度之和。

合金元素的过渡系数取决于焊接冶金的条件，并可通过实验测出。若 η_x 已知，则可根据焊条中合金元素的原始含量（可根据焊芯及药皮成分、药皮重量系数计算），事先估算出焊缝金属的成分。另外，也可根据焊缝成分的要求，预先算出焊条中合金的加入量，然后通过实验加以校正。可见，合金元素的过渡系数对于设计和选择焊接材料是有实用价值的。

合金元素在过渡的过程中，主要是损失于氧化、蒸发和残留在渣中。因此凡是能减少合金元素损失的因素，都可以提高过渡系数；反之，则降低过渡系数。影响合金元素过渡系数的主要因素有以下几方面：

1. 合金元素对氧的亲和力的影响

各种合金元素的过渡系数与其对氧的亲和力有密切的关系。一般来说，合金元素对氧的亲和力越大，则在过渡的过程中越容易氧化，其过渡系数越小。例如，在1800℃时，各种合金元素对氧的亲和力从大到小的顺序为

$$Al > Zr > Ti > Si > V > Mn > Cr > Mo > W > Fe > Co > Ni > Cu$$

因此焊接时，位于铁右面的元素几乎可以全部过渡到焊缝中去，即 $\eta_x \approx 1$；位于铁左面靠近铁的元素（如 Cr、Mo、W），由于对氧亲和力较小，氧化损失不大，其过渡系数比较大；而远离铁的元素，如 Al、Zr、Ti 等由于对氧的亲和力很大，氧化损失很大，因此在一般情况下很难过渡到焊缝中去，为了过渡这一类元素，必须创造低氧和无氧的条件，如用无氧焊剂、惰性气体保护，甚至在真空中焊接。

当用几种合金元素同时合金化时，只有在无氧的条件下，才可以认为其中每种元素的过渡是彼此无关的。在有氧的情况下，其中对氧亲和力较大的元素将起保护作用，即依靠它自身的氧化来减少其他元素的氧化损失，从而提高它们的过渡效果。例如，在碱性药皮中，加入铝和钛可以提高硅和锰的过渡系数。

2. 合金元素物理性质的影响

影响合金元素过渡系数的是合金元素的沸点和饱和蒸气压。合金元素的沸点越低，饱和蒸气压越大，焊接时的蒸发损失越大，其过渡系数越小。如锰很容易蒸发，故在其他条件相同的情况下，其过渡系数较小。

3. 焊接区介质氧化性的影响

焊接区介质氧化性的强弱是影响过渡系数的重要因素。表4-17列出了不同介质条件下合金元素的过渡系数。由表可知，在焊接高合金钢或某些合金时，在弱氧化性介质或惰性气体中进行焊接时，其合金元素的过渡系数大，将有利于合金元素的过渡。

表4-17　不同介质条件下的合金元素过渡系数

焊接条件	合金元素过渡系数 η					
	C	Si	Mn	Cr	W	V
空气中无保护	0.54	0.75	0.67	0.99	0.94	0.85
工业纯氩中	0.80	0.97	0.88	0.99	0.99	0.98
CO_2 中	0.29	0.72	0.60	0.94	0.96	0.68
HJ251 层下	0.53	2.03①	0.59	0.83	0.83	0.78

① HJ251为低锰中硅型焊剂，可从焊剂中过渡较多的Si。

4. 合金元素浓度的影响

试验表明，随着药皮（或焊剂）中合金元素浓度的增加，其过渡系数在开始时相应地增大，当它的含量超过某一数值时，其过渡系数将趋于一个定值，如图4-17和图4-18所示。

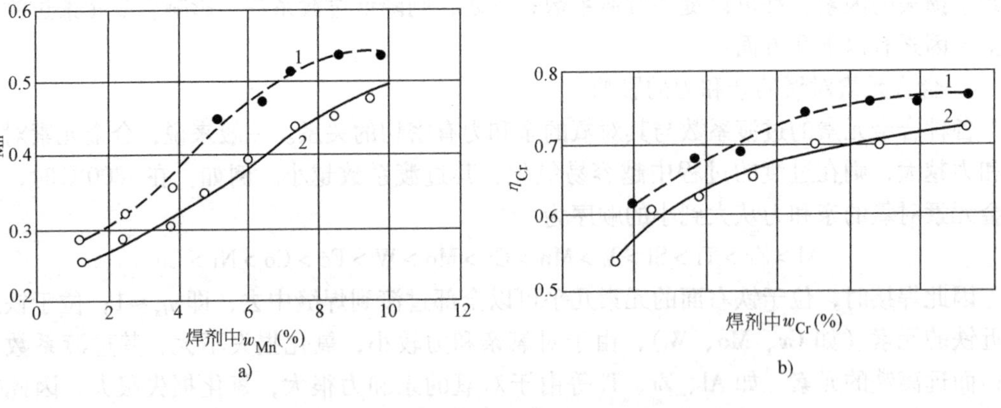

图4-17　锰和铬的过渡系数与其在焊剂中含量的关系

1—正极性　2—反极性

增加合金剂的含量引起两个相反的结果：首先，使药皮（焊剂）中其他成分的含量（其中包括氧化剂的含量）减少，因此药皮（焊剂）的氧化能力减弱，合金元素的过渡系数增大；其次，使残留在渣中的损失增加，药皮（焊剂）的保护性能变坏，故合金元素的过渡应当减少。开始时，第二种因素的作用很小，随着合金元素的增加，第二种因素的作用增大，所以得到上述的结果。

药皮（焊剂）的氧化性和合金元素对氧的亲和力越小，则药皮或焊剂中合金剂的浓度对过渡系数的影响也就越弱。

5. 合金元素的粒度

加大合金元素的粒度，其表面积减小，氧化损失减小，而残留在渣中的损失不变，所以过渡系数提高。但粒度过大不易熔化，使渣中的残留损失增加，过渡系数将下降。合金元素的粒度与过渡系数的关系见表4-18。

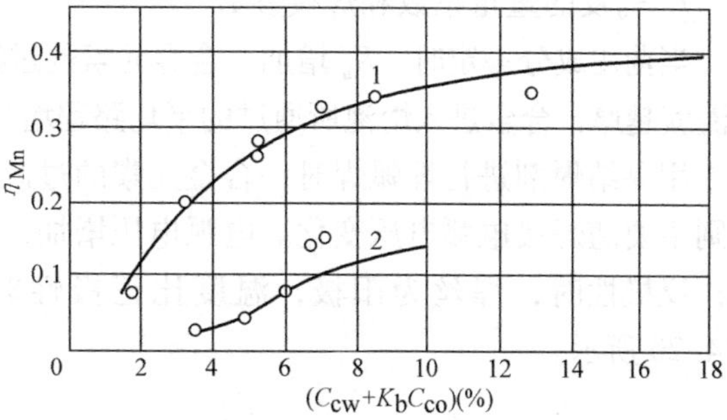

图4-18　锰的过渡系数与其在焊条中含量的关系

1—碱性熔渣　2—酸性熔渣

C_{cw}—锰在焊芯中的含量　C_{co}—锰在药皮中的浓度

K_b—药皮重量系数

表4-18　合金元素的粒度与过渡系数的关系

粒　度/μm	过渡系数η			
	Mn	Si	Cr	C
<56	0.37	0.44	0.59	0.49
56～125	0.40	0.51	0.62	0.57
125～200	0.47	0.51	0.64	0.57
200～250	0.53	0.58	0.67	0.61
250～355	0.54	0.64	0.71	0.62
355～500	0.57	0.66	0.82	0.68
500～700	0.71	0.70	—	0.74

6. 药皮（焊剂）的成分

药皮或焊剂的成分决定了气相和熔渣的氧化性、熔渣的碱度和黏度等性能，因而对合金过渡系数影响很大。

药皮（焊剂）中含高价氧化物和碳酸盐越多，则气相的氧化性越大；药皮中含Fe_2O_3越多，不仅气相的氧化性越大，而且熔渣的氧化性也越大，因此合金元素的过渡系数越小。在焊芯和药皮重量系数相同时，赤铁矿和大理石的氧化性最强，甚至超过了空气和CO_2，故合金过渡系数很小；而CaF_2和CaO-BaO-Al_2O_3渣系的氧化性很小，过渡系数较大。所以焊接高合金钢和合金化时，一般都采用碱性药皮或低氧、无氧焊剂。

当合金元素与其氧化物在药皮中共存时，根据质量作用定律，可抑制元素的氧化反应，也有利于提高过渡系数。

若其他条件相同，则合金元素氧化物的酸碱性与熔渣相同时，有利于过渡系数的提高。如锰的过渡系数随熔渣碱度的提高而增加，而硅的过渡系数将下降。

7. 药皮的重量系数和焊接参数

当药皮成分一定时，K_b 增加，合金元素的过渡系数减小，如图4-19所示。因为药皮越多，熔渣就越厚，合金进入熔池所通过的平均路程增长，使残留在渣中和氧化的损失都有所增加。

用黏结焊剂进行埋弧焊时，合金元素的过渡系数随焊剂熔化量的增加而减小，焊剂熔化量则主要随焊接电弧电压变化。电弧电压增加，焊剂熔化量增大。极性改变也影响焊剂熔化率，反极性时，焊丝为阳极，温度比正极性时高，焊剂的熔化量也比正极性时大，如图4-20所示。

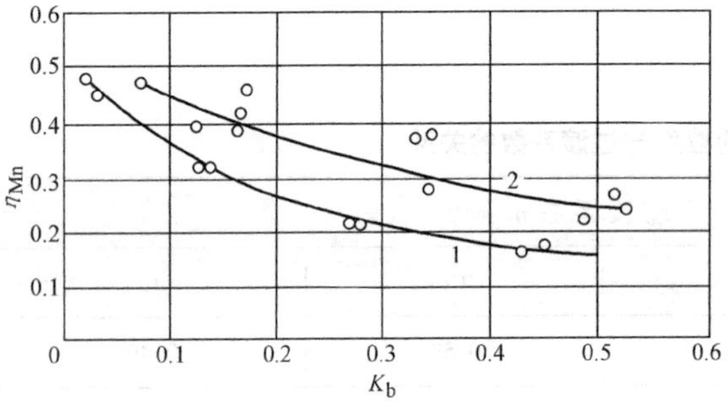

图4-19 锰的过渡系数与药皮重量系数 K_b 的关系

1—含锰铁（$w_{Mn}=20\%$） 2—含锰铁（$w_{Mn}=50\%$）

（药皮中大理石与氟石的比例为1.27:1）

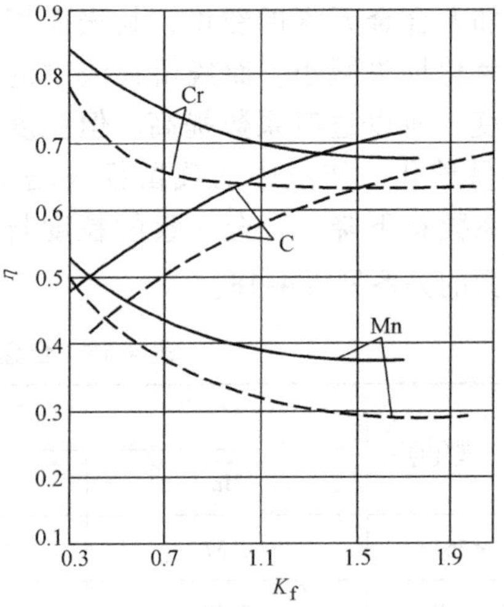

图4-20 过渡系数与焊剂熔化率 K_f 的关系(黏结焊剂)

实线—焊丝直径 ϕ5mm 虚线—焊丝直径 ϕ3mm

K_f—焊剂熔化率，即在相同焊接时间内熔化的焊剂与熔化的焊丝质量之比

根据以上的分析得知，影响过渡系数的因素来自材料、工艺等各个方面。同一种焊丝用于不同的焊接方法，或是同一元素在不同的合金系统中，过渡系数都将发生变化。因此，在实际生产中，必须事先与生产时完全相同的条件下进行实验，这样获得的实验结果才能用于指导生产。

【综合训练】

（一）填空题

1. 在熔焊时要获得预期的焊缝成分，需要通过________向焊缝金属________，这就是焊缝金属的合金化。

2. 常用的合金化方式有________、________、________和________。

3. 合金元素的过渡系数是指________过渡到________数量与________的百分比。其表达式为________。

4. 合金元素的沸点越低，饱和蒸气压越大，焊接时的蒸发损失越大，其过渡系数________。

（二）判断题（正确的画“√”，错误的画“×”）

1. 焊缝金属渗合金的目的之一是可以获得具有特殊性能的堆焊金属。（ ）

2. 焊接时，采用短弧可以提高合金元素的过渡系数。（ ）

3. 焊接介质区的氧化性超强，合金元素的过渡系数越低。（ ）

（三）简答题

1. 焊缝金属合金的目的是什么？

2. 影响合金元素过渡系数的因素有哪些？它们对合金元素的过渡系数有什么影响？

第五单元 焊接材料

学习目标

制造高质量的焊接结构，必须具有优质的焊接材料（包括焊条、焊剂、焊丝、焊接用保护气体和电极)。焊接材料选用是否合理，不仅直接影响到焊接接头的质量，还会影响到焊接生产率、产品成本及焊工的身体健康等。因此，只有对各种焊接材料的性能和特点有比较全面的了解，在焊接生产中才能合理地选择，正确地控制和调整焊缝金属的成分和性能，获得优质焊接接头。

模块一 焊 条

一、概述

（一）焊条的组成及其作用

焊条是涂有药皮的、供焊条电弧焊用的熔化电极，由药皮和焊芯两部分组成，如图 5-1 所示。

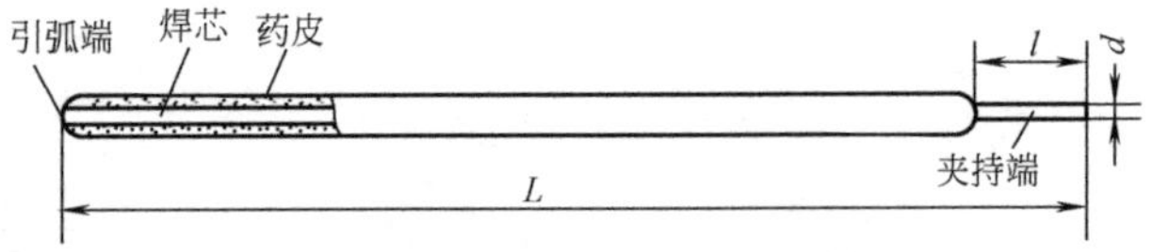

图 5-1 焊条的组成及部分名称

L—焊条长度 *l*—夹持端长度 *d*—焊条直径

1. 焊芯

(1) 焊芯的作用 焊芯是一根实心金属棒，焊接时作为电极，传导焊接电流，与焊件之间产生电弧；在电弧热作用下自身熔化过渡到焊件的熔池内，成为焊缝中的填充金属。

作为电极，焊芯必须具有良好的导电性，否则电阻热会损害药皮的效能；作为焊缝的填充金属，焊芯的化学成分对焊缝金属的质量和性能有直接影响，必须严格控制。

(2) 焊芯的规格尺寸 焊芯的长度和直径也就是焊条的长度和直径，是根据焊芯材质、药皮组成、方便使用、材料利用和生产效率等因素确定的。焊芯通常由热轧金属盘条经冷拔到所需直径后再切成所需长度；无法轧制或冷拔的金属材料，用铸造的方法制成所需的规格尺寸。表 5-1 为机械行业标准对钢铁焊条尺寸的规定。

表 5-1 钢铁焊条的规格（尺寸） （单位：mm）

<table>
<tr><th rowspan="3">焊条直径</th><th colspan="7">焊条长度</th></tr>
<tr><th rowspan="2">非合金钢及细晶粒钢焊条</th><th rowspan="2">热强钢焊条</th><th rowspan="2">不锈钢焊条</th><th colspan="2">堆焊焊条</th><th colspan="2">铸铁焊条</th></tr>
<tr><th>冷拔焊芯</th><th>铸造焊芯</th><th>冷拔焊芯</th><th>铸造焊芯</th></tr>
<tr><td>1.6</td><td>200 ~ 250</td><td>—</td><td rowspan="2">220 ~ 260</td><td>—</td><td>—</td><td>—</td><td>—</td></tr>
<tr><td>2.0</td><td rowspan="2">250 ~ 350</td><td rowspan="2">250 ~ 350</td><td>—</td><td>—</td><td>—</td><td>—</td></tr>
<tr><td>2.5</td><td>230 ~ 350</td><td>—</td><td>—</td><td>200 ~ 300</td><td>—</td></tr>
<tr><td>3.2</td><td rowspan="3">350 ~ 450</td><td rowspan="3">350 ~ 450</td><td>300 ~ 460</td><td>300，350</td><td>—</td><td>300 ~ 450</td><td>—</td></tr>
<tr><td>4.0</td><td rowspan="3">340 ~ 460</td><td rowspan="2">350，400，450</td><td rowspan="5">250 ~ 450</td><td rowspan="2">300 ~ 450</td><td>350 ~ 400</td></tr>
<tr><td>5.0</td><td rowspan="3">350 ~ 500</td></tr>
<tr><td>6.0</td><td rowspan="2">450 ~ 700</td><td rowspan="2">450 ~ 700</td><td rowspan="2">400，450</td><td>400 ~ 500</td></tr>
<tr><td>8.0</td><td>—</td><td>—</td></tr>
</table>

注：非合金钢及细晶粒钢焊条旧标准称为碳钢焊条，热强钢焊条旧标准称为低合金钢焊条。

（3）焊芯的化学成分　焊芯一般是从热轧盘条拉拔成丝之后截取的，国家对焊接用焊丝按不同金属材料和不同焊接方法的特点，在化学成分上做了统一规定，详见模块二的“焊丝”部分。

2. 药皮

药皮又称涂料，是焊条中压涂在焊芯表面上的涂覆层。它是由矿石、铁合金、纯金属、化工物料和有机物的粉末混合均匀后黏结到焊芯上的。

药皮在焊接过程中起到如下作用：

（1）保护　在高温下药皮中某些物质分解出气体或形成熔渣，对熔滴、熔池周围和焊缝金属表面起机械保护作用，免受大气侵入与污染。

（2）冶金反应　与焊芯配合，通过冶金反应起到脱氧、去氢，排除硫、磷等杂质和渗入合金元素的作用。

（3）改善焊接工艺性能　通过药皮中某些物质使焊接过程电弧稳定，飞溅少，易于脱渣，提高熔敷率和改善焊缝成形等。

小知识

焊条的发展已有一百多年历史。1891 年俄国人斯拉维亚诺夫（Slavianoff）发明了无药皮的金属极焊条。

1904 年瑞典人奥斯卡·杰尔贝格（Oscar Kjellberg）建立了世界上第一个电焊条厂——ESAB 公司的 OK 焊条厂，并于 1907 年发明了药皮焊条。

常用药皮的原材料及其基本组成与作用见表 5-2。通过这些原材料的选配才使药皮具有上述功能。根据表 5-2 中各原材料在药皮中的主要作用，可以将原材料归纳成以下几类：

（1）稳弧剂　使焊条容易引弧和在焊接过程中保持电弧燃烧稳定。主要以含有易电离元素的物质作稳弧剂，如水玻璃、金红石、钛白粉、大理石、钛铁矿等。

（2）造渣剂　焊接时能形成具有一定物理、化学性能的熔渣，起保护焊接熔池和改善焊缝成形的作用。大理石、氟石、白云石、菱苦土、长石、白泥、石英、钛白粉、钛铁矿等属于这一类。

表 5-2 常用药皮的原材料及其基本组成与作用

药皮原材料名称	基本组成	主要作用									
		稳弧	造渣	造气	脱氧	合金	稀渣	黏结	增塑	氧化	增氢
钛铁矿	$FeO \cdot TiO_2$	○	○				○			○	
金红石	TiO_2	○	○				○				
赤铁矿	Fe_2O_3	○	○							○	
锰矿	MnO_2	○	○				○			○	
大理石	$CaCO_3$	○	○	○						○	
菱苦土	$MgCO_3$	○	○	○						○	
白云石	$CaCO_3$、$MgCO_3$	○	○	○						○	
石英砂	SiO_2		○								
长石	$SiO_2 \cdot Al_2O_3 \cdot K_2O + Na_2O$	○	○				○				
高岭土	$SiO_2 \cdot Al_2O_3 \cdot 2H_2O$		○						○		○
白泥	$SiO_2 \cdot Al_2O_3 \cdot H_2O$		○						○		○
云母	$SiO_2 \cdot Al_2O_3 \cdot K_2O \cdot H_2O$	○	○						○		○
花岗石	长石、石英、云母	○	○						○		○
氟石	CaF_2		○				○				
碳酸钾	K_2CO_3 (H_2O)	○							○		○
纯碱	Na_2CO_3 (H_2O)								○		○
木粉	C、O、H			○					○		○
淀粉	C、O、H			○					○		○
钠水玻璃	$Na_2O \cdot SiO_2 \cdot H_2O$	○	○					○			○
钾水玻璃	$K_2O \cdot SiO_2 \cdot H_2O$	○	○		○			○			○
铝粉	Al				○	○					
合金	锰、硅、钛、铬、钼等的铁合金				○	○					
纯金属	金属锰、金属铬等										
钛白粉	TiO_2	○	○				○		○		

注：○代表有这种作用。

(3) 造气剂　在电弧高温下分解出气体，形成对电弧、熔滴和熔池保护的气氛，防止空气中的氧、氮侵入。碳酸盐类物质如大理石、白云石、菱苦土、碳酸钡等，以及有机物，如木粉、淀粉、纤维素、树脂等都可作造气剂。

(4) 脱氧剂　在焊接过程中起化学冶金反应，降低焊缝金属中的氧含量，以提高焊缝质量和性能。常用的脱氧剂有锰铁、硅铁、钛铁、铝粉、铝锰合金等。

(5) 合金剂　用于补偿焊接过程合金元素的烧损及向焊缝中过渡某些焊接元素，以保证焊缝金属所需的化学成分和性能。根据需要可使用各种铁合金，如锰铁、硅铁、铬铁、钼铁、钒铁、硼铁、稀土等，或纯金属粉，如金属锰、金属铬、镍粉、钨粉等。

(6) 增塑剂　用于改善药皮涂料向焊芯压涂过程中的塑性和流动性，提高焊条的压涂质量，使焊条表面光滑而不开裂。云母、白泥、钛白粉、滑石和白土等属于这一类。

(7) 黏结剂　使药皮物料牢固黏结在焊芯上，并使焊条烘干后药皮具有一定的强度。常用黏结剂是水玻璃，如钾、钠及锂水玻璃等，此外，还可用酚醛树脂、树胶等。

（二）对焊条的基本要求

对焊条的基本要求可以归纳成四个方面：

1）满足接头的使用性能要求。使焊缝金属具有满足使用条件下的力学性能和其他物理与化学性能。对于结构钢用的焊条，必须使焊缝具有足够的强度和韧性；对于不锈钢和耐热钢用的焊条，除了要求焊缝金属具有必要的强度和韧性外，还必须具有足够的耐蚀性和耐热性，确保焊缝金属在工作期内安全可靠。

2）满足焊接工艺性能要求。焊条应具有：良好的抗气孔、抗裂纹的能力；焊接过程不容易发生夹渣或焊缝成形不良等工艺缺陷；飞溅小，电弧稳定；能适应各种位置焊接的需要；脱渣性好，生产效率高；低烟尘和低毒等。

3）自身具有好的内外质量。药皮混合均匀，药皮黏结牢靠，表面光洁，无裂纹、脱落和起泡等缺陷；磨头磨尾圆整干净，尺寸符合要求，焊芯无锈迹；具有一定的耐湿性。有识别焊条的标志等。

4）低的制造成本。

（三）焊条的分类

焊条可按其用途、药皮主要成分、熔渣性质或性能特征等进行分类。

1. 按用途分类

按用途分，我国现行的有表5-3所列两种分类方法。两者没有原则区别，不同的是表达形式，前者用型号表示，后者用商业牌号表示。

表5-3　常用药皮的原材料及其基本组成与作用

焊条型号			焊条牌号			
焊条分类（按化学成分分类）			焊条分类（按用途分类）			
国家标准编号	名称	代号	类别	名称	代号	
					字母	汉字
GB/T 5117—2012	非合金属及细晶粒钢焊条	E	一	结构钢焊条	J	结
GB/T 5118—2012	热强钢焊条	E	一	结构钢焊条	J	结
			二	钼和铬钼耐热钢焊条	R	热
			三	低温钢焊条	W	温
GB/T 983—2012	不锈钢焊条	E	四	不锈钢焊条	G	铬
					A	奥
GB/T 984—2001	堆焊焊条	ED	五	堆焊焊条	D	堆
GB/T 10044—2006	铸铁焊条及焊丝	EZ	六	铸铁焊条	Z	铸
GB/T 13814—2008	镍及镍合金焊条	ENi	七	镍及镍合金焊条	Ni	镍
GB/T 3670—1995	铜及铜合金焊条	E	八	铜及铜合金焊条	T	铜
GB/T 3669—2001	铝及铝合金焊条	E	九	铝及铝合金焊条	L	铝
—	—	—	十	特殊用途焊条	TS	特

2. 按熔渣性质分类

主要是按熔渣的碱度，即熔渣中碱性氧化物与酸性氧化物的比例来划分，焊条有酸性和碱性两大类。

（1）酸性焊条 药皮中含有大量 SiO_2、TiO_2 等酸性氧化物及一定数量的碳酸盐等，其熔渣碱度 B 小于 1。酸性焊条焊接工艺性能好，可以采用交流或直流电源进行焊接，简称交、直流两用。电弧柔和，飞溅小，熔渣流动性好，易于脱渣，焊缝外表美观；因药皮中含有较多硅酸盐、氧化铁和氧化钛等，因而熔敷金属的塑性和韧性较低；由于焊接时碳的剧烈氧化，造成熔池的沸腾，有利于熔池中气体逸出，所以不容易产生由铁锈、油脂及水造成的气孔。钛型焊条、钛钙型焊条、钛铁矿型焊条和氧化铁型焊条均属酸性焊条。

（2）碱性焊条 药皮中含有大量如大理石、氟石等的碱性造渣物，并含有一定数量的脱氧剂和合金剂。焊条主要靠碳酸盐（如大理石中的 $CaCO_3$ 等）分解出 CO_2 作为保护气体，在弧柱气氛中氢的分压较低，而且氟石中的 CaF_2 在高温时与氢结合成氟化氢（HF），从而降低了焊缝中的氢含量，故碱性焊条又称为低氢型焊条。碱性熔渣中 CaO 数量多，熔渣脱硫能力强，熔敷金属抗热裂性能较好；由于焊缝金属中氧和氢含量较低，非金属夹杂物少，故具有较高的塑性和韧性，以及较好的抗冷裂性能；但是，由于药皮中含有较多的 CaF_2，影响气体电离，所以碱性焊条一般要求采用直流电源，用反接法焊接。只有当药皮中加入稳弧剂后才可以用交流电源焊接。

碱性（低氢）焊条一般用于重要的焊接结构，如承受动载或刚性较大的结构。这是因为焊缝金属的力学性能好，尤其冲击韧度高。缺点是焊接时产生气孔的倾向较大，对油、水、锈等很敏感，用前需高温（300～450℃）烘干；脱渣性能较差。

这两类焊条的工艺性能对比情况见表 5-4，请应用中加以注意。

表 5-4 酸性焊条与碱性焊条性能对比

酸性焊条	碱性焊条
1. 药皮组分氧化性强	1. 药皮组分还原性强
2. 对水、锈产生气孔的敏感性不大，焊条在使用前经150～200℃烘焙 1h，若未受潮，也可不烘	2. 对水、锈产生气孔的敏感性较大，要求焊条使用前经300～450℃，1～2h 烘干
3. 电弧稳定，可用交流或直流施焊	3. 由于药皮中含有氟化物恶化电弧稳定性，需用直流施焊，只有当药皮中加稳弧剂后才可交、直流两用
4. 焊接电流较大	4. 焊接电流较小，较同规格的酸性焊条小 10% 左右
5. 可长弧操作	5. 需短弧操作，否则易产生气孔
6. 合金元素过渡效果差	6. 合金元素过渡效果好
7. 焊缝成形较好，除氧化铁型外，熔深较浅	7. 焊缝成形尚好，容易堆高，熔深较深
8. 熔渣结构呈玻璃状	8. 焊渣结构呈结晶状
9. 脱渣较容易	9. 坡口内第一层脱渣较困难，以后各层脱渣较容易
10. 焊缝常、低温冲击性能一般	10. 焊缝常、低温冲击韧度较高
11. 除氧化性外，抗裂性能较差	11. 抗裂性能好
12. 焊缝中的氢含量高，易产生白点，影响塑性	12. 焊缝中氢含量低
13. 焊接时烟尘较少	13. 焊接时烟尘较多

3. 按药皮主要成分分类

按药皮的主要成分可以将焊条分成表5-5所列的八大类型。由于药皮配方不同，致使各种药皮类型的熔渣特性、焊接工艺性能和焊接金属性能有很大的差别。即使同一类型的药皮，由于不同的生产厂家，采用不同的药皮成分和配比，在焊接工艺性能等方面也会出现明显区别。例如低氢型药皮因采用不同稳弧剂和黏合剂，就有低氢钾型和低氢钠型之分。在焊接电源方面前者可以交、直两用，而后者则要求直流反接。

小知识

钛钙型焊条的主要特点是药皮中含氧化钛30%以上，含钙、镁的碳酸盐20%以上，焊条工艺性能良好，熔渣流动性好，熔深一般，电弧稳定，焊缝美观，脱渣方便，适用于全位置焊接，如J422即属此类型。它是目前碳钢焊条中使用最广泛的一种焊条。

表5-5 按主要成分划分的药皮类型

药皮类型	药皮主要成分（质量分数）
钛型	氧化钛≥35%
钛钙型	氧化钛30%以上，碳酸盐20%以上
钛铁矿型	钛铁矿≥30%
氧化铁型	多量氧化铁和较多锰铁脱氧剂
纤维素型	有机物≥15%
低氢型	含钙、镁的碳酸盐和相当量的氟石
石墨型	多量石墨
盐基型	氯盐和氟盐

4. 按焊条性能特征分类

实际上是指按特殊的使用性能对焊条进行分类，如超低氢焊条、低尘焊条、低毒焊条、立向下焊条、躺焊焊条、打底层焊条、盖面焊条、高效铁粉焊条、重力焊条、防潮焊条、水下焊条等。

（四）焊条型号与牌号的编制方法

1. 焊条型号

焊条型号是指国家标准规定的各类焊条的代号，牌号是焊条制造厂对出厂焊条规定的代号。

（1）非合金钢及细晶粒钢焊条型号　按国家标准GB/T 5117—2012《非合金钢及细晶粒钢焊条》规定，非合金钢及细晶粒钢焊条型号是根据熔敷金属的力学性能、药皮类型、焊接位置、电流类型、熔敷金属化学成分和焊后状态等来划分的。

非合金钢及细晶粒钢焊条型号由五个部分组成：

1）第一部分用字母“E”表示焊条。

2）第二部分为字母“E”后面的紧邻两位数字，表示熔敷金属的最小抗拉强度代号，见表5-6。

表5-6 熔敷金属抗拉强度代号

抗拉强度代号	最小抗拉强度值/MPa	抗拉强度代号	最小抗拉强度值/MPa
43	430	55	550
50	490	57	570

3）第三部分为字母“E”后面的第三和第四位数字，表示药皮类型、焊接位置、电流类型，见表5-7。

表5-7 药皮类型代号

代号	药皮类型	焊接位置①	电流类型
03	钛型	全位置②	交流和直流正、反接
10	纤维素	全位置	直流反接
11	纤维素	全位置	交流和直流反接
12	金红石	全位置②	交流和直流正接
13	金红石	全位置②	交流和直流正、反接
14	金红石+铁粉	全位置②	交流和直流正、反接
15	碱性	全位置②	直流反接
16	碱性	全位置②	交流和直流反接
18	碱性+铁粉	全位置②	交流和直流反接
19	钛铁矿	全位置②	交流和直流正、反接
20	氧化铁	PA、PB	交流和直流正接
24	金红石+铁粉	PA、PB	交流和直流正、反接
27	氧化铁+铁粉	PA、PB	交流和直流正、反接
28	碱性+铁粉	PA、PB、PC	交流和直流反接
40	不做规定	由制造商确定	
45	碱性	全位置	直流反接
48	碱性	全位置	交流和直流反接

① 焊接位置见 GB/T 16672—1996，其中 PA = 平焊、PB = 平角焊、PC = 横焊、PG = 向下立焊。

② 此处“全位置”并不一定包含向下立焊，由制造商确定。

4）第四部分为熔敷金属的化学成分分类代号，可为“无标记”和短线“-”后的字母、数字或字母和数字的组合表示，见表5-8。

5）第五部分为熔敷金属的化学成分代号之后的焊后状态代号，其中“无标记”表示焊态，“P”表示热处理状态，“AP”表示焊态和焊后热处理两种状态均可。

除以上强制分类代号外，根据供需双方协商，可在型号后依次附加可选代号：

1）字母“U”表示在规定试验温度下，冲击吸收量可以达到47J以上。

2）扩散氢代号“HX”，其中X代表15、10或5，分别表示每100g熔敷金属中扩散氢含量的最大值（mL）。

表 5-8　熔敷金属的化学成分分类代号

分类代号	主要化学成分的名义含量（质量分数,%）				
	Mn	Ni	Cr	Mo	Cu
无标记、-1、-P1、-P2	1.0	—	—	—	—
-1M3	—	—	—	0.5	—
-3M2	1.5	—	—	0.4	—
-3M3	1.5	—	—	0.5	—
-N1	—	0.5	—	—	—
-N2	—	1.0	—	—	—
-N3	—	1.5	—	—	—
-3N3	1.5	1.5	—	—	—
-N5	—	2.5	—	—	—
-N7	—	3.5	—	—	—
-N13	—	6.5	—	—	—
-N2M3	—	1.0	—	0.5	—
-NC	—	0.5	—	—	0.4
-CC	—	—	0.5	—	0.4
-NCC	—	0.2	0.6	—	0.5
-NCC1	—	0.6	0.6	—	0.5
-NCC2	—	0.3	0.2	—	0.5
-G	其他成分				

焊条型号举例如下：

E 43 03

03——表示药皮类型为钛型，适用于全位置焊接，采用交流或直流正反接

43——表示熔敷金属抗拉强度最小值为430MPa

E——表示焊条

（2）热强钢焊条型号　按国家标准 GB/T 5118—2012《热强钢焊条》规定，热强钢焊条型号是根据熔敷金属的力学性能、药皮类型、焊接位置、电流类型、熔敷金属化学成分等来划分的。

热强钢焊条型号由四个部分组成：

1）第一部分用字母“E”表示焊条。

2）第二部分为字母“E”后面的紧邻两位数字，表示熔敷金属的最小抗拉强度代号，见表 5-9。

3）第三部分为字母“E”后面的第三和第四位数字，表示药皮类型、焊接位置、电流类型，见表 5-10。

4）第四部分为熔敷金属的化学成分分类代号，可为短线“-”后的字母、数字或字母和数字的组合，见表 5-11。

表 5-9 熔敷金属抗拉强度代号

抗拉强度代号	最小抗拉强度值/MPa	抗拉强度代号	最小抗拉强度值/MPa
50	490	55	550
52	520	62	620

表 5-10 药皮类型代号

代号	药皮类型	焊接位置①	电流类型
03	钛型	全位置③	交流和直流正、反接
10②	纤维素	全位置③	直流反接
11②	纤维素	全位置③	交流和直流反接
13	金红石	全位置③	交流和直流正、反接
15	碱性	全位置③	直流反接
16	碱性	全位置③	交流和直流反接
18	碱性 + 铁粉	全位置（PG 除外）	交流和直流反接
19②	钛铁矿	全位置③	交流和直流正、反接
20②	氧化铁	PA、PB	交流和直流正接
27②	氧化铁 + 铁粉	PA、PB	交流和直流正接
40	不做规定	由制造商确定	

① 焊接位置见 GB/T 16672—1996，其中 PA = 平焊、PB = 平角焊、PG = 向下立焊。
② 仅限于熔敷金属化学成分代号 1M3。
③ 此处“全位置”并不一定包含向下立焊，由制造商确定。

表 5-11 熔敷金属的化学成分分类代号

分类代号	主要化学成分的名义含量
-1M3	此类焊条中含有 Mo，Mo 是在非合金钢焊条基础上的唯一添加合金元素。数字 1 约等于名义上 Mn 含量两倍的整数，字母“M”表示 Mo，数字 3 表示 Mo 的名义含量，大约为 0.5%
-×C×M×	对于含铬-钼的热强钢，标识“C”前的整数表示 Cr 的名义含量，“M”前的整数表示 Mo 的名义含量。对于 Cr 或者 Mo，如果名义含量少于 1%，则字母前不标记数字。如果在 Cr 和 Mo 之外还加入了 W、V、B、Nb 等合金成分，则按照此顺序，加于铬和钼标记之后。标识末尾的“L”表示含碳量较低。最后一个字母后的数字表示成分有所改变
-G	其他成分

附以上强制分类代号外，根据供需双方协商，可在型号后附加扩散氢代号“H×”，其中×代表 15、10 或 5，分别表示每 100g 熔敷金属中扩散氢含量的最大值（mL）。

焊条型号举例如下：

E 50 15 -2C1M H10

- H10：可选附加代号，表示熔敷金属扩散氢含量不大于10mL/100g
- -2C1M：表示熔敷金属化学成分分类代号
- 15：表示药皮类型为碱性，适用于全位置焊接，采用直流反接
- 50：表示熔敷金属抗拉强度最小值为490MPa
- E：表示焊条

2. 焊条牌号

焊条牌号是按焊条的主要用途及性能特点对焊条产品的具体命名。按照《焊接材料产品样本》规定，焊条牌号由汉字（或汉语拼音字母）和三位数字组成。汉字（或汉语拼音字母）表示按用途分的焊条各大类，前两位数字表示各大类中的若干小类，第三位数字表示药皮类型和电流种类。第三位数字后面按需要可加注字母符号表示焊条的特殊性能和用途。焊条牌号中表示各大类的汉字（或汉语拼音字母）含义见表5-12。焊条牌号中第三位数字的含义见表5-13。

表5-12　焊条牌号中各大类汉字（或汉语拼音字母）

焊条类别		大类汉字（或汉语拼音字母）	焊条类别	大类汉字（或汉语拼音字母）
结构钢焊条	非合金钢及细晶粒钢焊条	结 J	低温钢焊条	温 W
	热强钢焊条		铸铁焊条	铸 Z
钼和铬钼耐热钢焊条		热 R	铜及铜合金焊条	铜 T
不锈钢焊条	铬不锈钢焊条	铬 G	铝及铝合金焊条	铝 L
	铬镍不锈钢焊条	奥 A	镍及镍合金焊条	镍 Ni
堆焊焊条		堆 D	特殊用途焊条	特 Ts

表5-13　焊条牌号中第三位数字的含义

第三位数字	药皮类型	电流种类	第三位数字	药皮类型	电流种类
××0	不定型	不规定	××5	纤维素型	交直流
××1	氧化钛型	交直流	××6	低氢钾型	交直流
××2	钛钙型	交直流	××7	低氢钠型	直流
××3	钛铁矿型	交直流	××8	石墨型	交直流
××4	氧化铁型	交直流	××9	盐基型	直流

焊条牌号举例如下：

J 50 7

- 7：焊条药皮为低氢钠型，采用直流反接
- 50：熔敷金属抗拉强度最小值为490MPa
- J：焊条

3. 焊条型号与牌号的对照

常用非合金钢及细晶粒钢焊条和热强钢焊条的型号与牌号的对照，见表5-14。

表5-14　常用非合金钢及细晶粒钢焊条和热强钢焊条的型号与牌号对照表

序　号	型　号	牌　号	序　号	型　号	牌　号
1	E4303	J422	6	E5011	J505
2	E4311	J425	7	E5016	J506
3	E4316	J426	8	E5015	J507
4	E4315	J427	9	E5015-G	J507MoNb J507NiCu
5	E5003	J502	10	E5515-G	J557 J557Mo J557MoV

二、焊条的配方设计与焊条制造

（一）焊条的配方设计

1. 设计的原则和方法

焊条配方设计包括两方面内容：①选定焊芯品种；②确定药皮组成。设计的基本原则是：所设计的焊条必须在达到熔敷金属化学成分和性能要求的前提下，具有最佳的焊接工艺性能和低的生产成本。

熔敷金属化学成分是从焊芯和药皮中获得的。焊芯选定之后，欠缺部分通过药皮的配方来弥补。焊接工艺性能主要靠药皮配方来实现。

焊条配方设计的基本方法是在现有原材料的条件下，按经验并辅以理论计算，拟出初步配方，再经反复试验调整后完成。经常是先选定焊芯，后确定药皮组成。

焊芯是根据焊缝金属合金系统的要求，从冶金部门提供的焊丝产品（一般都已标准化）中选取。当焊丝产品的化学成分不能满足焊条设计的要求时，可以向冶金部门订货，也可通过药皮配方来解决。在确定药皮组成初步方案的过程中，必须重视前人积累的经验。这可使设计少走弯路，减少调整配方的试验次数。要注意经验与理论计算相配合，前者可定下需用什么样的物料和大致用量范围，后者可确定所需物料的精确数量。

资料卡

在现代焊条配方设计中，已广泛采用正交试验设计法、计算机优化配方设计法等先进手段。

正交试验设计法就是利用排列整齐的表——正交表来对试验进行整体设计、综合比较、统计分析，实现通过少数的试验次数找到较好的生产条件，以达到最好生产工艺效果。正交试验设计包括两部分内容：第一，是怎样安排试验；第二，是怎样分析试验结果。

2. 焊条配方设计的一般程序

1）根据焊缝金属的使用性能要求，初步拟定焊缝金属的合金系统。

2）根据母材的焊接性（如抗裂性）修订焊缝金属的合金系统。

3）按实际生产条件，确定合金化的方式，并选定焊芯。

4）根据焊缝金属合金系统特点及使用性能要求，确定药皮类型或配方的渣系。

5）根据选定的渣系性质（如碱度、氧化性等）及药皮类型，估算合金的损失，从而初步确定药皮中合金剂种类、数量。

6）根据焊缝金属的性能、焊条工艺性能和焊条制造工艺的要求，考虑原材料的来源及经济合理性等方面情况，确定焊条药皮的初步配方。

7）试验与调整。先调整焊条的工艺性能，在工艺性能比较满意的情况下进一步调整焊缝金属的各项性能，直至各项指标达到要求为止。

3. 典型焊条药皮配方

表5-15介绍几种结构钢用的典型焊条药皮的配方，均采用H08A焊芯。

表5-15　典型焊条药皮配方（%）举例

原料名称		金红石	钛白粉	还原钛铁矿	中碳锰铁	大理石	长石	云母	白泥	石英	氟石	硅铁	钛铁
药皮类型	钛钙型J422	14	7	19	14	19	8	5	14	—	—	—	—
	低氢钠型J507	3	2	—	（低碳）2	48	—	—	—	9	18	3	15

（二）焊条制造简介

焊条的制造就是把按配方调制好的药皮涂料，涂覆到已加工好的焊芯上。现代化焊条生产基本实现了机械化和自动化，在流水线上进行，其工艺流程如图5-2所示。

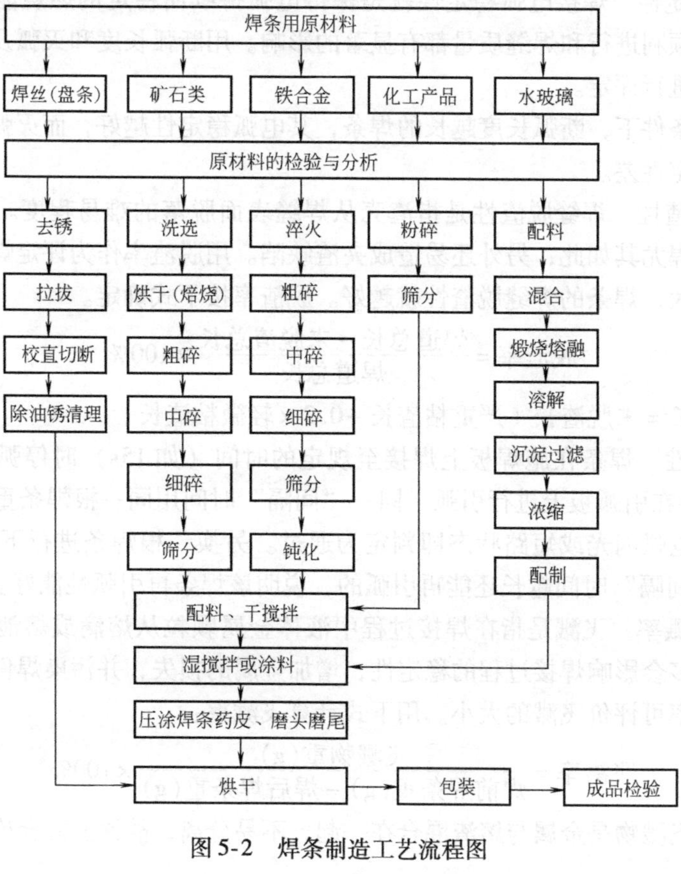

图5-2　焊条制造工艺流程图

图5-3为利用油压式焊条涂粉机压涂焊条药皮的示意图。

（三）焊条质量及工艺性能评定

1. 焊条质量的检测

焊条生产者对产品进行质量检验，用户对焊条验收，都需要对焊条进行质量评价。碳钢和低合金钢焊条的质量检测内容有焊条的外观质量、熔敷金属理化性能（如化学成分、力学性能）、T形接头角焊缝、焊缝射线检测、焊条药皮含水量、熔敷金属中扩散氢含量及抗裂性能试验等。

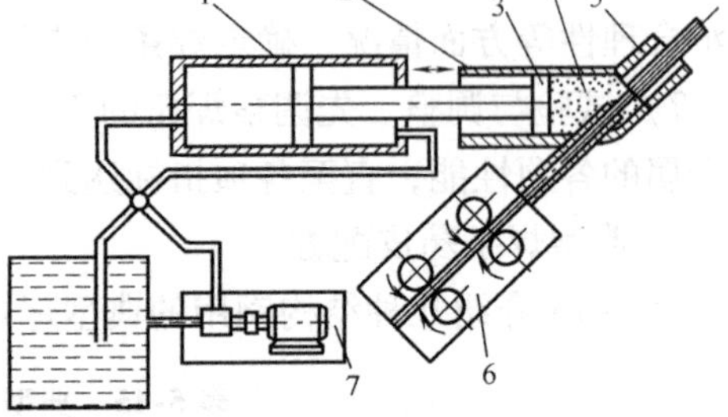

图5-3　油压式焊条涂粉机的工作原理
1—液压缸　2—粉缸　3—推料帽　4—涂料
5—机头　6—送丝机　7—液压系统

以焊条外观质量检查为例，主要检查焊条尺寸和药皮涂覆的质量。焊条尺寸（包括直径、总长和夹持端长度等尺寸）应符合表5-1的规定。还要检查药皮外表面是否圆整光滑，有无“竹节”、桔皮、起泡、开裂等缺陷；药皮与焊芯的结合是否牢靠及是否偏心等。

2. 焊条工艺性能的评定

焊条的工艺性能是指焊条操作时的性能，是衡量焊条质量的重要标志之一。焊条的焊接工艺性能包括它的焊接电弧稳定性、焊缝脱渣性、再引弧性、焊接飞溅率、熔化系数、熔敷效率、焊条发尘量和焊条耗电量等。

（1）电弧稳定性　焊接电弧稳定性就是保持电弧持续而稳定的燃烧能力。电弧稳定性对焊接过程能否顺利进行和焊缝质量都有显著的影响。用断弧长度和灭弧及喘息次数两项指标对电弧稳定性进行评定。

在相同试验条件下，断弧长度越长的焊条，其电弧稳定性越好，而灭弧、喘息次数多的焊条，其电弧稳定性差。

（2）焊缝脱渣性　焊缝脱渣性是指渣壳从焊缝表面脱落的难易程度。脱渣性差显著降低生产率，多层焊尤其如此，另外还易造成夹渣缺陷。用脱渣率作为评定焊条的焊缝脱渣性指标。脱渣率越大，焊条的焊缝脱渣性就越好。脱渣率按下式确定。

$$\text{脱渣率}=\frac{\text{焊道总长}-\text{未脱渣总长}}{\text{焊道总长}}\times 100\%$$

其中　未脱渣总长 = 未脱渣长 + 严重粘渣长 + 0.2 × 轻微粘渣长

（3）再引弧性　焊条在施焊板上焊接至规定的时间（如15s）时停弧，停弧至规定的“间隔”时间后再在引弧板上进行引弧。同一“间隔”时间用同一根焊条重复三次，三次中有两次以上出现电弧闪光或短路状态即判定为通过。另换一根焊条进行下一“间隔”时间的评定，停弧“间隔”时间越长还能再引弧的，说明该焊条再引弧性能好。

（4）焊接飞溅率　飞溅是指在焊接过程中液体金属颗粒从熔滴或熔池中飞到焊缝外面的现象。飞溅太多会影响焊接过程的稳定性，增加金属的损失，并污染焊件表面，增加清理工作量。用飞溅率可评价飞溅的大小。用下式计算飞溅率：

$$\text{飞溅率}=\frac{\text{飞溅物重(g)}}{\text{焊前焊条重(g)}-\text{焊后焊条重(g)}}\times 100\%$$

注：①由于飞溅物是金属与熔渣混合在一起，不易分离，故铁渣混合称重；②焊三根焊

条取平均值。

在相同试验条件下，飞溅率越小的焊条越好。

(5) 熔化系数　焊条电弧焊过程中，单位电流、单位时间内焊芯的熔化量称为熔化系数。焊条的熔化速度反映焊接生产率的高低，而熔化速度可以用焊条的熔化系数来表示。熔化系数越大，说明焊条的熔化速度越高。

(6) 熔敷效率　熔敷金属量与熔化的填充金属（即焊芯）量的百分比称熔敷效率。焊条熔敷效率在焊接施工中是提高生产率、降低成本的重要因素之一。焊条的熔敷效率越高，说明该焊条焊接时的损失越少。

(7) 焊条发尘量　无论什么焊条，焊接时总会产生不同程度的烟尘，且烟尘常含有致毒物质，因而污染环境，对工作人员身体健康有害，故焊条的发尘量越小越好。

(8) 焊条耗电量　焊条的耗电量用下式计算：

$$\text{耗电量（kW·h/kg）}=\frac{\text{三根焊条耗电量}\left(\dfrac{\text{A·V·h}}{1000}\right)}{\text{三根焊条熔敷金属重量（g）}}\times 100\%$$

在同样试验条件下，焊条耗电量越小越好。

三、焊条的性能、用途及其选用

（一）焊条的主要性能和用途

焊条按用途不同，有结构钢焊条、钼及铬钼耐热钢焊条、低温钢焊条和不锈钢焊条等。结构钢焊条包括非合金钢及细晶粒钢焊条和部分热强钢焊条，主要用于焊接碳素钢和低合金结构钢。

国家标准中非合金钢及细晶粒钢焊条有 E43、E50、E55 和 E57 四个系列。焊接低碳钢（$w_C<0.25\%$）大多使用 E43××（J42×）系列焊条。国家标准中热强钢焊条有 E50、E52、E55 和 E62 四个系列，除了用于焊接低合金高强度钢外，还用于钼和铬钼耐热钢和低温钢的焊接。表 5-16 为典型结构钢焊条的主要性能及用途。

表 5-16　典型结构钢焊条的主要性能及用途

牌号	型号	药皮类型	电源种类	主要力学性能（≥） 抗拉强度 R_m/MPa（新） σ_b/MPa（旧）	屈服强度 R_{eL}/MPa（新） σ_s/MPa（旧）	断后伸长率 A(%)（新） δ_5(%)（旧）	冲击韧度 a_K/(J/cm^2)（新） A_{kv}/J（旧）	主要用途
J422	E4303	钛钙型	交、直流	430	330	20	27（0℃）	焊接较重要的低碳钢和同等强度的低合金钢
J507	E5015	低氢钠型	直流	490	400		27（-30℃）	用于中碳钢及 Q235、Q345（16Mn）等低合金钢重要产品焊接

（二）典型焊条的冶金性能分析

焊条的冶金性能主要是指脱氧、去氢、脱硫、渗合金、抗气孔及抗裂纹的能力等。它最终反映在焊缝金属的化学成分、力学性能和焊接缺陷的形成等方面。因此，要想获得性能良好的焊缝，焊条必须要有良好的冶金性能。现以当前生产中应用最广泛的钛钙型和低氢型两类焊条为例分析焊条的冶金性能。

1. 钛钙型焊条的冶金性能

钛钙型焊条药皮组成是以碳酸盐和金红石为主，并加入一定量的碱性造渣物碳酸盐等，有时也添加少量有机物。此外，在药皮中添加10%左右锰铁，用以脱氧和补充焊缝里的锰。

E4303是典型的钛钙型焊条，其涂料的熔渣的化学成分、焊芯的熔敷金属的化学成分及熔敷金属的力学性能，见表5-17～表5-19。

表5-17 E4303型焊条涂料和熔渣的化学成分（指质量分数） （%）

成分	TiO_2	SiO_2	Al_2O_3	FeO	MnO	CaO	MgO	K_2O+Na_2O	Mn	碱度 B_1
涂料	28.1	26.5	6.7	7.3	0	10.6	痕迹	5.06	10.6	
熔渣	28.5	25.6	6.3	13.6	13.7	10.0		3.7	0	0.76
差值	0.4	−0.9	−0.4	6.3	13.7	−0.6		−1.36	−10.6	

表5-18 E4303型焊条焊芯和熔敷金属的化学成分（指质量分数） （%）

成　分	C	Mn	Si	S	P
焊芯	0.077	0.41	0.02	0.017	0.019
熔敷金属	0.072	0.35	0.10	0.019	0.035
差值	−0.005	−0.06	0.08	0.002	0.016

表5-19 E4303型焊条熔敷金属的力学性能

抗拉强度 R_m/MPa	屈服强度 R_{eL}/MPa	断后伸长率 A(%)	$\alpha=180°$	冲击韧度 a_K/(J/cm²)
478.2	434.1	28	无裂	140.1

从表5-17和表5-18看出，涂料与熔渣、焊芯与熔敷金属相比，它们的化学成分发生了较大的变化，这说明了焊接过程中确实进行了一系列的化学冶金反应。

（1）氧化和脱氧能力　在焊接过程中，会发生以下的冶金反应：

1）铁的氧化。熔渣中的FeO含量高于焊接前药皮里的FeO含量，这是由于铁的氧化所致。铁的氧化有以下两个途径：

① 电弧气氛中的氧直接使铁氧化，即

$$Fe+\frac{1}{2}O_2 \rightarrow FeO \tag{5-1}$$

② 熔渣中SiO_2还原引起，即

$$SiO_2+2Fe \rightleftharpoons [Si]+2FeO \tag{5-2}$$

反应生成的FeO向熔渣和焊缝分配，同时提高熔渣和焊缝里FeO的含量。

2）碳的氧化。焊芯中的碳没有完全过渡到焊缝里去，有一小部分氧化了，即

$$[C]+[O]\rightleftharpoons CO \tag{5-3}$$

碳被氧化后生成气体产物 CO。

3）锰脱氧。

① 在药皮加热阶段锰进行先期脱氧

$$[Mn]+\frac{1}{2}O_2 \rightarrow MnO \tag{5-4}$$

② 在熔滴和熔池内锰进行沉淀脱氧

$$[Mn]+[FeO]\rightleftharpoons[Fe]+(MnO) \tag{5-5}$$

锰脱氧后生成 MnO 转到渣里去，从而使熔渣和焊缝里锰减少，而渣中 MnO 增加。

此外，在熔池的后半部生成的 MnO，有部分来不及自熔池中分离出去而夹杂在焊缝里，成为熔敷金属中总含氧量的一部分。

4）硅脱氧。焊条药皮中虽然没有加入硅铁，焊芯里含硅量也很少，但由于熔渣中含有较多 SiO_2，在高温时进行式（5-2）反应而向熔化金属中过渡了硅，在降温时硅进行脱氧反应。

$$[Si]+2[FeO]\rightleftharpoons 2[Fe]+(SiO_2) \tag{5-6}$$

硅在熔池后期脱氧生成的 SiO_2 会有一部分来不及转移到渣中去而夹杂在焊缝里，同 MnO、FeO 一样，也成为熔敷金属总含氧量的一部分。

可见，钛钙型焊条的熔渣氧化性是较强的，因而焊缝中含氧量比母材和焊丝高。

（2）合金化　由于熔渣中含有较多 SiO_2 和 TiO_2 等酸性氧化物，熔渣的酸度较大，完全具备进行式（5-2）的反应条件。反应生成的硅向焊缝里过渡。

其次由于药皮里加入了较多的锰铁，会进行下面的反应：

$$2[Mn]+(SiO_2)\rightarrow[Si]+2(MnO) \tag{5-7}$$

反应生成的硅也转移到焊缝里去。

可见，钛钙型焊条具有相当强的由熔渣向焊缝里过渡硅的能力，保证焊缝所必需的硅。由于熔渣酸度大，氧化性强，故锰的过渡系数很小。

（3）去氢　钛钙型焊条熔敷金属中扩散氢含量一般在 0.20～0.30mL/g。氢含量较高的原因是：有些焊条药皮材料（如云母、长石、白泥等）中含有较多的结晶水，在烘焙时不易除掉；同时药皮里含的碳酸盐较低氢型焊条少，电弧气氛的氧化性较弱，不利于去氢。熔池中的氧可以起到去氢的作用，但这种作用是很有限的。

（4）脱硫、脱磷　钛钙型焊条熔敷金属中硫、磷含量均比焊芯中高。这是由于熔渣是酸性的，熔渣里 CaO 和 MnO 的活度小，虽然药皮中含有锰铁，但因锰的过渡系数小，熔池中锰含量少，故钛钙型焊条脱硫、脱磷能力不强。只有严格限制药皮材料和焊芯中的硫、磷含量，才能把硫、磷控制在规定数量以下。

（5）抗气孔能力　钛钙型焊条熔渣中酸性氧化物较多，除与碱性氧化物结合外，尚存在足够的自由酸性氧化物，可与氧化亚铁结合成 $FeO\cdot SiO_2$ 或 $FeO\cdot TiO_2$ 复合盐。在这种情况下，FeO 易向熔渣中分配，所以钛钙型焊条对 FeO 不敏感，抗锈能力强。此外，熔敷金属中硅含量较低，而氧含量较高，在熔池金属中进行较激烈的 CO“沸腾”，有利于液态金属中 H_2 和 N_2 等气体逸出；又因为熔渣与熔池金属之间润湿性好，气-渣联合保护的效果较好，故钛钙型焊条抗气孔的能力较强。但用钛钙型焊条焊接硅含量较高或其他强脱氧元素较多的钢材时，由于脱氧能力过强，熔池趋于平静，不利于气体逸出，易产生气孔。

（6）抗裂纹能力 钛钙型焊条熔渣脱硫、脱磷能力较差，熔敷金属中硫、磷含量及扩散氢含量均较高，故抗结晶裂纹和冷裂纹的能力不如低氢型焊条。因此，这类焊条不宜焊接硫或碳含量较高的钢材或偏析严重的钢材。

钛钙型焊条熔敷金属的塑性和冲击韧性指标均不如低氢型焊条，这主要是由于脱氧产物造成的夹杂及氢、硫、磷含量高所致。对于仅采用锰铁作脱氧剂的钛钙型焊条，熔敷金属内夹杂物的种类和数量主要取决于熔渣的成分和碱度。增加熔渣的碱度会减少酸性夹杂物的含量，减少了由 SiO_2 还原进入熔敷金属中的硅含量，可提高熔敷金属的塑性和冲击韧性。

钛钙型焊条进行的冶金反应，是由它的药皮和焊芯成分决定的，冶金反应结果决定了熔敷金属的化学成分。钛钙型焊条熔敷金属含氮、氧等杂质较少，因而具有良好的力学性能。

2. 低氢型焊条的冶金性能

低氢型焊条药皮组成以碳酸盐和氟石为主，并加入一定量的脱氧剂和合金剂及少量酸性造渣剂。为了防止焊缝增氢，低氢型焊条药皮中不加有机物造气。

E5015 是典型的低氢型焊条，其熔渣的化学成分、焊芯和熔敷金属的化学成分及熔敷金属的力学性能，见表5-20～表5-22。

表5-20 E5015 型焊条熔渣的化学成分（指质量分数） （%）

CaO	CaF_2	SiO_2	FeO	TiO_2	Al_2O_3	MnO	K_2O+Na_2O	碱度 B_1
41.94	28.34	23.76	5.78	7.23	3.57	3.74	4.25	1.89

表5-21 E5015 型焊条焊芯和熔敷金属的化学成分（指质量分数） （%）

成分	C	Mn	Si	S	P	O	N
焊芯	0.085	0.45	痕迹	0.020	0.010	0.020	0.003～0.004
熔敷金属	0.065	1.04	0.56	0.011	0.021	0.030	0.0119
差值	-0.020	0.59	0.56	-0.009	0.011	0.010	约0.009

表5-22 E5015 型焊条熔敷金属的力学性能

抗拉强度 R_m/MPa	屈服强度 R_{eL}/MPa	断后伸长率 A(%)	断面收缩率 Z(%)	$\alpha=180°$	冲击韧度 a_K/(J/cm^2)
517.4	413.3	31.53	74.5	无裂	240

低氢型焊条的焊芯与钛钙型基本相同，但药皮成分有很大差别。熔渣呈碱性，因而冶金性能与钛钙型焊条也不一样。

低氢型焊条药皮中加入了大量造气剂兼造渣剂的大理石和造渣剂氟石。这类焊条也属于气-渣联合保护。虽然碱性熔渣表面张力较大，熔渣对液态金属的润湿性较差，不能很好地覆盖液态金属，故熔渣的保护效果相对较差。但是，由于药皮中含有较多的大理石，在焊接时分解出大量 CO_2 气体，在药皮套筒中形成很强的保护气流可将空气排开，所以焊缝金属中的氮含量略低于钛钙型焊条。下面以低氢钠型焊条为例，分析其冶金性能。

（1）脱氧 低氢钠型焊条药皮中加入了脱氧剂（钛铁、硅铁、锰铁），除了能在药皮加热阶段进行先期脱氧外，其余部分硅铁、锰铁可直接过渡到熔滴和熔池中，进行锰硅联合沉淀脱氧，将被 CO_2 气体所氧化的金属还原，并使焊缝金属增锰、增硅。另外，由于熔渣中碱性氧化物 CaO 多，熔渣中 SiO_2 和 TiO_2 的活度很低，因此，熔渣不具备式（5-2）反应的条件，不能通过熔渣向焊缝中过渡硅。这样就杜绝了因硅还原引起的氧化，因此熔渣的氧化性小。熔渣中 FeO 含量较低，熔敷金属中的氧含量也比其他焊条低得多，说明这种焊条脱氧能力较强。

（2）合金化　由于低氢钠型焊条熔渣碱度大，有利于向焊缝金属中过渡形成碱性氧化物的锰。又因熔渣的氧化性小，合金元素的过渡系数高，故熔敷金属中锰和硅的含量有较大幅度提高。

（3）去氢　低氢型焊条熔敷金属中含扩散氢量是很低的。按焊条国家标准规定，E5015 焊条熔敷金属中［H］<0.08mL/g。这是因为：①药皮中不加有机物和其他含氢物质，并经 400℃烘焙后施焊，消除了氢的主要来源；②药皮中大理石被加热分解，增强了电弧气氛的氧化性，降低了电弧气氛里氢的分压；③氟石也有降低焊接区气体里氢分压的作用。

（4）脱硫、脱磷　由于低氢钠型焊条熔渣属于碱性熔渣，有利于向焊缝金属过渡锰，且熔渣中又含有较多的 CaO，所以脱硫能力比钛钙型焊条强，熔敷金属的硫含量低于焊芯。

由于熔渣中 FeO 很少，所以脱磷能力很差，熔敷金属中磷含量比焊芯多一倍左右，故在选用焊芯和药皮原材料时应严格控制磷含量。

（5）抗气孔能力　由于熔渣中含 SiO_2 和 TiO_2 等酸性氧化物较少，熔渣中 FeO 呈自由状态，当熔渣中 FeO 量增加时，熔池中 FeO 量会明显增加。熔池中的 FeO 在结晶过程中与 C 发生作用，就会增加产生 CO 气孔的倾向。此外低氢钠型焊条的熔池脱氧程度很高，不易发生 CO“沸腾”反应，因而氮或氢一旦溶入熔池就很难析出，从而形成气孔，所以低氢钠型焊条对气孔比较敏感。又因熔渣对液态金属的润湿性较差，使熔滴和熔池不能被熔渣完全覆盖，如电弧较长，空气中 N_2 会侵入液态金属。因此，低氢钠型焊条焊接时，应采用短弧焊，焊前严格烘干焊条和严格清理焊接区杂质。

（6）抗裂纹能力　由于低氢钠型焊条去氢和脱硫能力都较强，熔敷金属中含硫、含氢量均比其他焊条低，故低氢钠型焊条抗热裂纹和冷裂纹的能力都较强。

总之，由于低氢钠型焊条的熔敷金属中氧、氢、硫、磷、氮等杂质的含量均比钛钙型焊条低，故熔敷金属的力学性能比钛钙型焊条更好，特别是冲击韧性远远超过钛钙型焊条。此外，可以通过低氢钠型药皮过渡各种合金元素，在很大范围内调节焊缝金属的成分和性能。

以上所介绍的低氢钠型焊条一系列优秀的冶金性能是由它的药皮成分所决定的，这是其他各类焊条所没有的。因此，这种类型的焊条一般用来焊接重要结构和各种合金钢。

（三）焊条的选用

选用焊条的基本原则是在确保焊接结构安全使用的前提下，尽量选用工艺性能好和生产效率高的焊条。

确保焊接结构安全使用是选择焊条首先考虑的因素。根据被焊结构的结构特点、母材性质和工作条件（如承载性质、工作温度、接触介质等）对焊缝金属提出安全使用的各项要求，所选焊条都应使之满足此要求。

表 5-23 列出了同种钢材焊接时选用焊条的要点。

应当指出，在焊接接头设计过程中，必须考虑焊缝金属与母材匹配问题。对于承载的焊接接头，最理想的接头应当是等强度匹配接头，即焊缝强度与母材强度相等的接头。对这种接头是按所谓等强度原则去选用焊接材料的。焊条电弧焊时，就是选择熔敷金属的抗拉强度等于或相近于母材的焊条。

表 5-23　同种钢材焊接时选用焊条的要点

选用依据	选用要点
力学性能和化学成分	1. 对于普通结构钢，通常要求焊缝金属与母材等强度，应选用熔敷金属抗拉强度等于或稍高于母材的焊条 2. 对于合金结构钢，主要要求焊缝金属力学性能与母材匹配，有时还要求合金成分与母材相同或接近 3. 在被焊结构刚性大、接头应力高、焊缝容易产生裂纹的不利情况下，可考虑选用比母材强度低一级的焊条 4. 当母材中碳及硫、磷等元素的含量偏高时，焊缝容易产生裂纹，应选用抗裂性能好的低氢焊条
焊件的使用性能和工作条件要求	1. 对于承受动载荷和冲击载荷的焊件，除满足强度要求外，主要应保证焊缝金属具有较高的冲击韧度和塑性，可选用塑性、韧性指标较高的低氢焊条 2. 接触腐蚀介质的焊件，应根据介质的性质及腐蚀特征选用不锈钢类焊条或其他耐腐蚀焊条 3. 在高温或低温条件下工作的焊件，应选用相应的耐热钢或低温钢焊条
焊件的结构特点和受力状态	1. 对结构形状复杂、刚性大及大厚度焊件，由于焊接过程中容易产生很大的应力，容易使焊缝产生裂纹，应选用抗裂性能好的低氢焊条 2. 对焊接部位难以清理干净的焊件，应选用氧化性强，对铁锈、氧化皮、油污不敏感的酸性焊条 3. 对受条件限制不能翻转的焊件，有些焊缝处于非平焊位置，应选用全位置焊接用的焊条
施工条件及设备	1. 在没有直流电源，而焊接结构又要求必须使用低氢焊条的场合，应选用交直流两用低氢焊条 2. 在狭小或通风条件差的场合，应选用酸性焊条或低尘低毒焊条
操作工艺性能	在满足产品性能要求的条件下，尽量选用工艺性能好的酸性焊条
经济效益	在满足使用性能和操作工艺性的条件下，尽量选用成本低、效率高的焊条

但是，随着母材强度级别的提高，焊接时淬硬倾向增大，实现焊缝与母材等强度并不困难，但这时焊缝的塑性、韧性却不足，常常是接头发生脆性断裂的主要原因。因此，对某些高强度合金结构钢提出采用低强匹配接头，即焊缝强度低于母材强度的接头。按这种低强匹配原则选择焊接材料，焊缝强度虽然降低了，但其塑性和韧性却提高了。既增强了接头的抗脆性断裂能力，又提高了焊接时的抗裂性能。所以对于容易发生低应力脆性破坏的焊接结构，特别是厚板大型结构，提出等韧性的接头设计，即按等韧度原则去选用焊接材料。如选用高韧性焊条，保

资料卡

焊接低合金钢和奥氏体不锈钢时，选用焊条的原则如下：

1）通常按照对熔敷金属化学成分限定的数值来选用焊条，建议使用铬镍含量高于母材的，塑性、抗裂性较好的不锈钢焊条。

2）对于非重要结构的焊接，可选用与不锈钢成分相应的焊条。

证接头具有必要强度的同时，又具有高的断裂韧度。

与此相反，采用超强匹配接头，即焊缝强度高于母材强度的接头，对承载的焊接接头并不可取，因为从断裂力学观点，强度高于母材的焊缝金属，其抗开裂性能和止裂性能都不及母材金属。在接头中出现的裂纹完全有可能沿焊缝或接头方向扩展，最后造成结构破坏，况且高强度焊缝在焊接时具有大的冷裂倾向，增加了工艺上的困难。

（四）焊条的管理

焊条一怕受潮变质，二怕误用乱用。这关系到焊接质量和结构安全使用的问题，必须十分重视。重要产品，如锅炉压力容器的制造，一般都把焊接材料的管理列为质量保证体系中的重要环节，建立严格的分级管理制度。一级库主要负责验收、贮存与保管，二级库主要负责焊材的预处理（如再烘干等），向焊工发放和回收等。

1. 仓库中的管理

1）进厂的焊条必须包装完好，产品说明书、合格证和质量保证书等应齐全。必要时按有关国家标准进行复验，合格后才许入库。

2）焊条应存放在专用仓库内，库内应干燥（室温宜在10～25℃，相对湿度<50%）、整洁、通风良好。不许露天存放或放在有害气体和腐蚀环境内。

3）堆放时不许直接放在地面上。一般应放在离地面和墙壁各不小于300mm的架子或垫板上，以保证空气流通。

4）焊条应按类别、型号、规格、批次、产地、入库时间等分类存放，并有明显标记，避免混乱。

5）焊条是一种陶质产品，不像钢那样耐冲击，所以装、卸货时应轻拿轻放；用袋盒包装的焊条，不能用挂钩搬运，以防止焊条及其包装受损伤。

6）要定期检查，发现有受潮、污损、错存、错发等应及时处理。库存不宜过多，应先进先用，避免存储时间过长。

7）要有严格的发放制度，做好记录。焊条的来龙去脉应清楚可查，防止错放误领。

2. 施工中的管理

1）在领用或再烘干焊条时，必须核查其牌号、型号、规格等，防止出错。

2）不同类型焊条一般不能在同一炉中烘干。烘干时，每层焊条堆放不能太厚（以1～3层为好），以免焊条堆放受热不均，潮气不易排除。

想一想

焊条在焊接之前为什么要烘干？不烘干将会怎么样呢？

3）焊接重要产品时，尤其是野外露天作业，最好每个焊工配备一个小型焊条保温筒，施工时将烘干后的焊条放入焊条保温筒内，保持50～60℃，随用随取。

4）用剩的焊条，不能露天存放，最好送回烘箱内。低氢型焊条次日使用前还要再烘干（在低温烘箱中恒温保管者除外）。

3. 对存期长的焊条处理

焊条没有规定贮存年限，如果保管条件好，受潮不严重，没导致药皮变质，经烘干仍可使用。存放时间长的焊条，有时在焊条表面上发现白色结晶（发毛），这是由水玻璃引起的，结晶虽无害，但说明焊条存放时间长，已受潮。所以对存放多年的焊条应进行工艺试验，焊前按规定烘干。焊接时如果工艺性能没有异常变化（如药皮无成块脱落，无大量飞溅），无气孔、裂纹等缺陷，则焊条的力学性能一般尚可保证，仍可用于一般构件的焊接。而对于重要构件，最好按国家标准试验其力学性能，然后再决定其取舍。

如果焊芯严重锈蚀，铁粉焊条的药皮也严重锈蚀，这样的焊条虽经再次烘干，焊接时仍会产生气孔，且扩散氢含量很高，应当报废。药皮严重受损或严重脱落的焊条也应报废。

【综合训练】

一、理论部分

（一）填空题

1. ______是涂有药皮的、供焊条电弧焊用的熔化电极，由______和______两部分组成。

2. 焊芯是一根实心金属棒，在电弧热作用下自身熔化过渡到焊件的______内，成为焊缝中的______。

3. 按熔渣中碱性氧化物与酸性氧化物的比例来划分，焊条有__________和__________两大类。

4. 焊条的焊接工艺性能包括它的______、______、______、______、______、熔敷率、焊接发尘量和耗电量等。

5. 焊条的冶金性能主要是指______、______、______、______、______及______的能力等。

6. 焊条药皮由______、______、______、______、______、增塑剂和黏结剂组成。

7. 造渣剂的作用是________和________。

8. 焊条型号“E4303”中的“E”表示________，“43”表示________，“0”表示________，“03”表示________。这种焊条牌号为________。

（二）判断题（正确的画“√”，错误的画“×”）

1. 碳能提高钢的强度和硬度，所以焊芯中应该具有较高的含碳量。（　）

2. 使用碱性焊条焊接时的烟尘较酸性焊条少。（　）

3. 焊条型号就是焊条牌号。（　）

4. 交直两用的焊条都是酸性焊条。（　）

（三）简答题

1. 药皮在焊接过程中起到哪些作用？

2. 请说一说焊条的基本要求。

3. 请举例说明焊条型号和牌号的编制方法及其含义。

4. 酸、碱性焊条各有何特点？主要应用在哪些场合？

5. 选用焊条的基本原则有哪些？

二、实践部分

1. 训练目标：了解典型焊条的制造过程。

通过手工搓制焊条，了解典型焊条配方设计与制造过程。

2. 训练准备：

（1）人员准备：每组5人左右，分成若干小组。

（2）资料准备：有关焊条制造方面的资料。

3. 训练地点：实验室。

4. 训练办法：按典型焊条配方调制好药皮涂料，并选定焊芯材料；手工搓制焊条，并进行烘干处理。

模块二　焊丝与焊剂

一、焊丝

（一）焊丝的作用与分类

1. 作用

焊丝是埋弧焊、气体保护焊、电渣焊、气焊等焊接方法用的主要焊接材料，其作用主要是填充金属，同时用来传导焊接电流。此外，有时通过焊丝向焊缝过渡合金元素；对于自保护药芯焊丝，在焊接过程中还起到保护、脱氧和去氢等作用。

2. 分类

焊丝按结构分为实芯焊丝和药芯焊丝两大类。由于不同焊接方法对焊丝有不同的要求，因此按焊接方法分，有埋弧焊、CO_2 气体保护焊、氩弧焊、电渣焊、气焊和堆焊等方法用的各种焊丝。又由于被焊金属材料对填充金属有不同的要求，于是按适用对象分，有低碳钢焊丝、低合金钢焊丝、不锈钢焊丝、铜及铜合金焊丝、铝及铝合金焊丝、硬质合金堆焊焊丝和铸铁焊丝等。

药芯焊丝中又分外加保护和自保护两种。前者焊接时需外加气体（如 CO_2 气体或混合气体）或熔渣（如埋弧焊、电渣焊）保护，后者靠药芯的造渣剂、造气剂进行自身保护。

（二）实芯钢焊丝

（1）钢焊丝的牌号及其化学成分　除 GB/T 8110—2008 的规定外，其余实芯钢焊丝牌号的编制方法如下：

1）凡在钢牌号前加 H，均表示焊接用钢。在合金钢前加“H”者表示焊接用合金。故钢焊丝牌号第一位符号为“H”。

2）在“H”之后的一位（千分数）或两位（万分数）数字表示碳的质量分数的平均约数。

3）在碳的质量分数后面，化学元素的符号及其后面的数字表示该元素的大约质量分数。当主要合金元素的质量分数≤1%时，可省略数字，只记该元素的符号。

4）在牌号尾部标有“A”或“E”，分别表示“高级优质”和“特高级优质”，后者比前者含 S、P 杂质更低。

资料卡

制造实芯焊丝用的线材（盘条），由转炉或电炉冶炼后经热轧制成为盘条。考虑到焊接时焊丝需导电，且为了减少焊丝与导电嘴的摩擦和防锈，故一般对焊丝进行镀铜处理。镀铜量约为焊丝直径的 0.1% 左右。

焊丝缠绕成捆、盘、卷等形状供货，所绕焊丝不许有紊乱、弯折和波浪形。每捆、盘（卷）内的焊丝应由一根焊丝绕成，焊丝末端应明显、易找。

焊丝牌号举例如下：

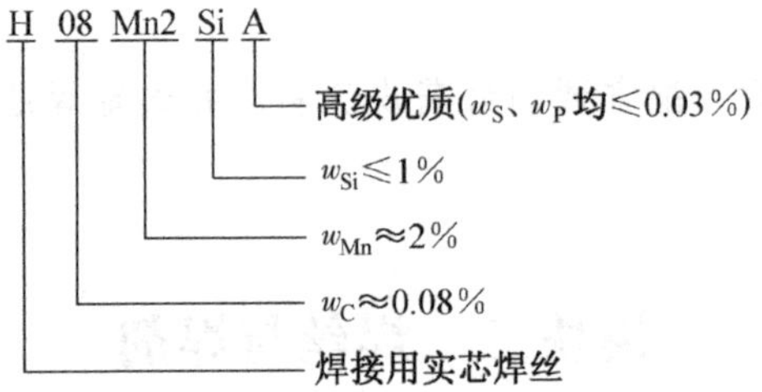

（2）气体保护焊用碳钢、低合金钢焊丝的型号及化学成分　按照国家标准GB/T 8110—2008《气体保护电弧焊用碳钢、低合金钢焊丝》规定，这类焊丝的型号按化学成分进行分类，当采用熔化极气体保护电弧焊时，则按熔敷金属的力学性能进行分类。

气体保护焊用碳钢、低合金钢焊丝型号由三个部分组成。第一部分用字母“ER”表示焊丝；第二部分为字母“ER”后面两位数字，表示熔敷金属的最低抗拉强度；第三部分为短划“-”后的字母或数字，表示焊丝化学成分代号，碳钢焊丝用1、2、3、4、6、7六个数字表示六个型号，碳钼钢焊丝用字母“A”表示，铬钼钢焊丝用字母“B”表示，镍钢焊丝用字母“Ni”表示，锰钼钢用字母“D”表示，它们后面的数字表示同一合金系列的不同编号，其他低合金钢焊丝在抗拉强度后用短线“-”后缀编号数表示。如果还附加其他化学成分时，可直接用该元素符号表示，并以短划“-”与后面的字母或数字分开。型号最后加字母“L”表示含碳量低的焊丝（w_C≤0.05%）。根据供需双方协商，可在型号后附加扩散氢代号H×，×为15、10或5，分别表示每100g熔敷金属中扩散氢含量的最大值（mL）。

焊丝型号举例如下：

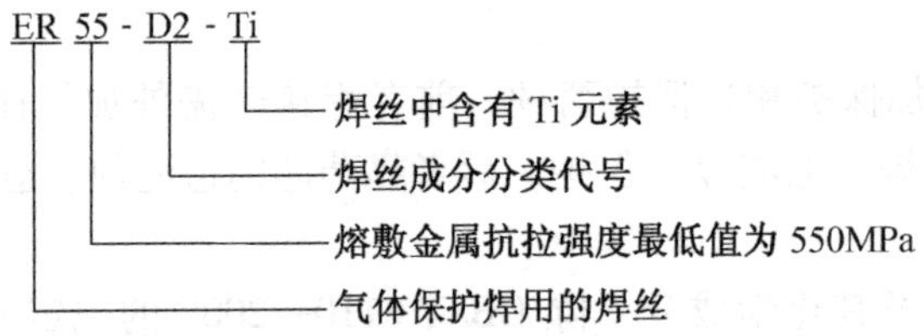

另外，还有铸铁焊丝、铜及铜合金焊丝、铝及铝合金焊丝等，其型号、牌号表示方法和化学成分均不同，请读者查阅相关文献资料。

（三）药芯焊丝

1. 药芯焊丝的特点

药芯焊丝是将薄钢带卷成圆形钢管或异形钢管的同时，在其中填满一定成分的药粉，经拉制而成的一种焊丝，又称粉芯焊丝或管状焊丝。药粉的作用与焊条药皮相似，区别在于焊条药皮涂覆在焊芯的外层，而药芯焊丝的药粉被薄钢带包裹在芯里。药芯焊丝绕制成盘状供应，易于实现机械化、自动化焊接。

药芯焊丝是很有发展前途的新型焊接材料，近年国产药芯焊丝的品种和用量与日俱增。与实芯焊丝相比，药芯焊丝有如下优缺点：

（1）优点

1）对各种钢材的焊接，适用性强。调整焊剂的成分和比例极为方便和容易，可以提供所要求的焊缝化学成分。

2）工艺性能好，焊缝成形美观。采用气-渣联合保护，获得良好成形。加入稳弧剂使电弧稳定，熔滴过渡均匀。飞溅少，且颗粒细，易于清除。

3）熔敷速度快，生产效率高。在相同焊接电流下，药芯焊丝的电流密度大，熔化速度快，熔敷率约为85%~90%，生产率比焊条电弧焊高3~5倍。

4）可用较大焊接电流进行全位置焊接。

（2）缺点

1）焊丝制造过程复杂。

2）焊接时，送丝较实芯焊丝困难。

3）焊丝外表容易锈蚀，粉剂易吸潮，因此对药芯焊丝保存与管理的要求更为严格。

2. 药芯焊丝的种类及其焊接特性

（1）按焊丝结构分　药芯焊丝按其结构可分为无缝焊丝和有缝焊丝两类。无缝焊丝是由无缝钢管压入所需的粉剂后，再经拉拔而成，这种焊丝可以镀铜，性能好，成本低。

有缝焊丝按其截面形状又可分为简单截面的O形和复杂截面的折叠形两类。折叠形又分梅花形、T形、E形和中间填丝形等，如图5-4所示。

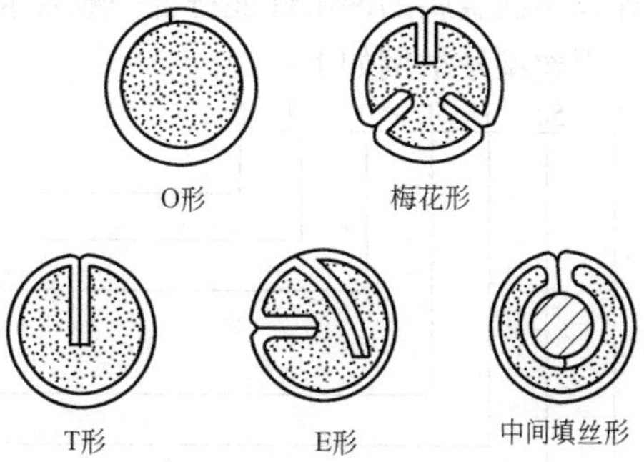

图5-4　有缝药芯焊丝的截面形状

药芯截面形状越复杂、越对称，电弧越稳定，焊丝熔化越均匀，药芯的冶金反应和保护作用越充分。O形焊丝因药芯不导电，电弧容易沿四周钢皮旋转，稳定性较差。当焊丝直径小于2mm时，截面形状差别的影响已不明显。所以小直径（≤2mm）药芯焊丝一般采用O形截面，大直径（≥2.4mm）多采用折叠形截面。

（2）按保护方式分　药芯焊丝有外加保护和自保护之分。外加保护的药芯焊丝在焊接时外加气体或熔渣保护。自保护焊丝是依赖药芯燃烧分解出的气体来保护焊接区，不需要外加气体。药芯在产生气体的同时，也产生熔渣，从而保护了熔池和焊缝金属。

资料卡

药芯焊丝由外皮和药芯组成，外皮是由低碳钢或低合金钢的带钢制成。其制作过程是将带钢轧制成U形截面，然后将配制好的药粉剂加入已形成的U形钢带中，用压实辊压成具有所需截面结构的圆形周边毛坯，并将粉剂压实，最后通过拉拔形成符合尺寸要求的药芯焊丝。

（3）按药芯性质分　药芯焊丝芯部粉剂的组分与焊条药皮相类似，一般含有稳弧剂、脱氧剂、造渣剂和合金剂等。如果粉剂中不含造渣剂，则称无造渣剂药芯焊丝，又称“金属粉”型药芯焊丝。如果含有造渣剂，则称有造渣剂药芯焊丝或“粉剂”型药芯焊丝。

有造渣剂药芯焊丝，按其渣的碱度可分钛型（酸性熔渣）、钛钙型（中性或弱碱性熔渣）和钙型（碱性熔渣）药芯焊丝。“金属粉”型药芯中大部分是铁粉、脱氧剂和稳弧剂等。

3. 药芯焊丝型号与牌号

（1）药芯焊丝型号　按国家标准GB/T 10045—2001《碳钢药芯焊丝》规定，碳钢药芯焊丝型号是根据熔敷金属的力学性能、焊接位置、保护类型、电流类型和渣系特点等来划分的。

碳钢药芯焊丝型号的表示方法为：E×××T-×ML，字母“E”表示焊丝，字母“T”表示药芯焊丝。字母“E”后面的前两个符号“××”表示熔敷金属的力学性能；第三个符号“×”表示推荐的焊接位置，其中，“0”表示平焊和横焊位置，“1”表示用于全位置。短线后面的符号“×”表示焊丝的类别特点；字母“M”表示保护气体为75%~80% Ar + CO_2；当无字母“M”时，表示保护气体为CO_2或为自保护类型。字母“L”表示焊丝熔敷金属的冲击性能在-40℃时，其V型缺口冲击吸收能量不小于27J；当无字母“L”时，表示焊丝熔敷金属的冲击性能符合一般要求。

焊丝型号举例如下：

E　50　1　T - 1　M　L

- L：焊丝熔敷金属V型缺口冲击吸收能量在-40℃下不小于27J
- M：表示保护气体为75%~80%Ar+CO_2
- 1：焊丝类别特点：外加保护气，直流电源，焊丝接正极，用于单道和多道焊
- T：表示药芯焊丝
- 1：表示焊接位置为全位置
- 50：熔敷金属抗拉强度不小于480MPa
- E：表示焊丝

（2）药芯焊丝的牌号　药芯焊丝牌号的表示方法：以字母“Y”表示药芯焊丝，第2个字母及其后的3位数字与焊条牌号编制方法相同。在牌号尾部再用1位数字表示焊接时的保护方法，并用短划“-”与前面数字分开，见表5-24。药芯焊丝有特殊性能和用途时，可在牌号后面加注起主要作用的元素或主要用途的字母，一般不超过两个。

表5-24　药芯焊丝牌号中焊接时的保护方法及其代号

牌　号	焊接时的保护方法	牌　号	焊接时的保护方法
YJ××-1	气保护	YJ××-3	气保护、自保护两用
YJ××-2	自保护	YJ××-4	其他保护形式

焊丝牌号举例如下：

Y　J　50　2 - 1

- 1：焊接时采用气体保护
- 2：钛钙型，交直流两用
- 50：熔敷金属抗拉强度≥490MPa (50kgf/mm²)
- J：适用于结构钢的焊接
- Y：药芯焊丝

二、焊剂

（一）焊剂的作用及分类

1. 焊剂的作用

焊剂是焊接时能够熔化形成熔渣（有的也有气体），对熔化金属起保护和冶金作用的一种颗粒状物质。焊剂与焊条的药皮作用相似，但必须与焊丝配合使用，共同决定熔敷金属的

化学成分和性能。

焊剂有许多分类方法，每一种分类方法只能反映焊剂某一方面的特性。图5-5所示为钢用焊剂的分类，侧重于按制造方法、化学成分和冶金性能等方面进行分类。

- 钢用焊剂
  - 非熔炼焊剂
    - 黏结焊剂(400℃以下)
    - 烧结焊剂(600~1000℃)
  - 熔炼焊剂
    - 按化学成分分
      - 按SiO_2含量分
        - 高硅焊剂[$w(SiO_2)>30\%$]
        - 中硅焊剂[$w(SiO_2)=10\%\sim30\%$]
        - 低硅焊剂[$w(SiO_2)<10\%$]
      - 按MnO含量分
        - 高锰焊剂[$w(MnO)>30\%$]
        - 中锰焊剂[$w(MnO)>15\%\sim30\%$]
        - 低锰焊剂[$w(MnO)=12\%\sim15\%$]
        - 无锰焊剂[$w(MnO)<2\%$]
      - 按CaF_2含量
        - 高氟焊剂[$w(CaF_2)>30\%$]
        - 中氟焊剂[$w(CaF_2)=10\%\sim30\%$]
        - 低氟焊剂[$w(CaF_2)<10\%$]
    - 按化学性质分
      - 按碱度分
        - 酸性焊剂
        - 中性焊剂
        - 碱性焊剂
      - 按氧化性分
        - 氧化性焊剂
        - 弱氧化性焊剂
        - 惰性焊剂
    - 按颗粒结构分
      - 玻璃状焊剂
      - 结晶状焊剂
      - 浮石状焊剂

图5-5　焊剂分类

2. 焊剂的分类

(1) 按制造方法分类　有熔炼焊剂和非熔炼焊剂两大类。

1) 熔炼焊剂。熔炼焊剂是将一定比例的各种配料放在炉内熔炼，然后经水冷粒化、烘干、筛选而制成的一种焊剂。因制造过程中配料需要高温熔化，故焊剂中不能加入碳酸盐、脱氧剂和合金剂；制造高碱度焊剂也很困难。根据颗粒结构不同，熔炼焊剂又分玻璃状焊剂、结晶状焊剂和浮石状焊剂。浮石状焊剂较疏松，不及其余两种致密。

2) 非熔炼焊剂。焊剂所用粉状配料不经熔炼，而是加入黏结剂后经造粒和焙烧而

小知识

黏结焊剂在我国主要用于堆焊，近年来还用于高强度钢、超低碳不锈钢的焊接。黏结焊剂具有生产易机械化等很多优越性。

烧结焊剂是继熔炼焊剂之后发展起来的新型焊剂。目前国外已广泛用于碳钢、高强度钢和高合金钢。现已研制并生产出多种具有不同特性的烧结焊剂，如抗潮焊剂、双丝焊接用渣壳导电焊剂、横向埋弧焊用焊剂等。

成。按熔烧温度不同又分黏结焊剂和烧结焊剂两类。

黏结焊剂又称陶质焊剂或低温烧结焊剂，是将一定比例的各种粉状配料加入适量黏结剂，经混合、搅拌、造粒和低温（一般在400℃以下）烘干而成。烧结焊剂则是粉料加入黏结剂并搅拌之后，经高温（600~1000℃）烧结成块，然后粉碎、筛选而制成。经高温烧结后，焊剂的颗粒强度明显提高，吸潮性大为降低。

非熔炼焊剂的碱度可以在较大范围内调节而仍能保持良好的工艺性能；由于烧结温度低，故可以根据需要加入合金剂、脱氧剂和铁粉等，所以非熔炼焊剂适用性强，而且制造简便，近年来发展很快。表5-25为熔炼焊剂与非熔炼焊剂主要性能比较。

表5-25　熔炼焊剂与非熔炼焊剂主要性能比较

比较项目		熔炼焊剂	非熔炼焊剂
一般特点		焊剂熔点低，松装密度较大（1.0~1.8g/cm^3），颗粒不规则，但生产中耗电多，成本高，焊接时焊剂消耗量较小	焊剂熔点高，松装密度较小（0.9~1.2g/cm^3），颗粒圆滑呈球状（可用管道输送，回收时阻力小），但强度低，可连续生产，成本低，焊接时焊剂消耗量较大
焊接工艺性能	高速焊接性能	焊道均匀，不易产生气孔和夹渣	焊道无光泽，易产生气孔和夹渣
	大工艺参数焊接性能	焊道凸凹显著，易黏渣	焊道均匀，易脱渣
	吸潮性能	比较小，使用前可不必再烘干	较大，使用前必须再烘干
	抗锈性能	比较敏感	不敏感
焊缝性能	韧性	受焊丝成分和焊剂碱度影响大	比较容易得到高韧性
	成分波动	焊接参数变化时成分波动小，均匀	焊接参数变化时焊剂熔化不同，成分波动较大，不易均匀
	多层焊接性	焊缝金属的成分变动小	焊缝金属成分变动较大
	脱氧能力	较差	较好
	合金剂的添加	几乎不可能	容易

（2）按化学成分分类　在熔炼焊剂中，有一种按主要成分SiO_2、MnO和CaF_2单独或组合的含量来分类。例如单独的有高硅的、中锰的或低氟的焊剂等。组合的有高锰高硅低氟焊剂（HJ431）、低锰中硅中氟焊剂（如HJ250）和中锰中硅中氟焊剂（HJ350）等；另一种是按焊剂所属的渣系来分类，如SiO_2-MnO系[$w(SiO_2+MnO)>50\%$]，即硅锰型，CaO-SiO_2系[$w(CaO+MgO+SiO_2)>60\%$]，即硅钙型，Al_2O_3-CaO-MnO系[$w(Al_2O_3+CaO+MnO)>45\%$]，即高铝型，以及CaO-MnO-CaF_2-MgO系，即氟碱型等。

（3）按焊剂（熔渣）的氧化性分类　根据焊剂氧化性，可将焊剂分成氧化性焊剂、弱氧化性焊剂和惰性焊剂。

1）氧化性焊剂。焊剂对焊缝金属具有较强的氧化作用。可分为两种：一种是含有大量SiO_2、MnO的焊剂；另一种是含有较多FeO的焊剂。

2）弱氧化性焊剂。焊剂含SiO_2、MnO、FeO等氧化物较少，对焊缝金属有较弱的氧化作用，焊缝含氧量低。

3）惰性焊剂。焊剂中基本不含SiO_2、MnO、FeO等氧化物，所以对焊缝金属没有氧化作用。此类焊剂成分由 Al_2O_3、CaO、MgO、Ca_2F 等组成。

（4）按酸碱度分类

1）酸性焊剂。具有良好的焊接工艺性，焊缝成形美观，但焊缝金属含氧量高，冲击韧度较低。

2）中性焊剂。焊后熔敷金属的化学成分与焊丝的化学成分相近，焊缝含氧量有所降低。

3）碱性焊剂。焊后熔敷金属含氧量低，可获得较高的冲击韧度，但工艺性能较差。

（5）按用途分类　有两种分类方法，若按焊接方法分，则有埋弧焊用焊剂、堆焊用焊剂和电渣焊用焊剂等；若按被焊金属材料分，有碳钢用焊剂、低合金钢用焊剂、不锈钢用焊剂和各种非钢铁金属用焊剂等。

（二）焊剂的型号与牌号

1. 焊剂的型号

以碳钢埋弧焊用焊剂为例，在 GB/T 5293—1999《埋弧焊用碳钢焊丝和焊剂》规定的型号表示方法如下：

F $\times_1$ $\times_2$ $\times_3$ - H×××

——焊丝牌号

——熔敷金属冲击吸收能量不小于27J时的最低试验温度（见表 5-28）

——试件的热处理状态（见表 5-27）

——焊丝-焊剂组合的熔敷金属抗拉强度的最小值（见表 5-26）

——焊剂

表 5-26　焊缝金属拉伸力学性能要求——第一位（$\times_1$）数字的含义

$\times_1$	抗拉强度 R_m/MPa	屈服强度 R_{eL}/MPa	断后伸长率 A(%)
F4 $\times_2$ $\times_3$-H×××	415～550	330	≥22
F5 $\times_2$ $\times_3$-H×××	480～650	400	

表 5-27　试样状态——第二位（$\times_2$）字母的含义

$\times_2$	试样状态
A	焊态
P	焊后热处理状态

表 5-28　焊缝金属冲击韧度要求——第三位（$\times_3$）数字的含义

$\times_3$	试验温度 T/℃	冲击韧度 a_K/(J/cm^2)
F $\times_1$ $\times_2$0-H×××	0	无要求
F $\times_1$ $\times_2$2-H×××	−20	≥27
F $\times_1$ $\times_2$3-H×××	−30	
F $\times_1$ $\times_2$4-H×××	−40	
F $\times_1$ $\times_2$5-H×××	−50	
F $\times_1$ $\times_2$6-H×××	−60	

举例：F4A3-H08MnA 表示这种埋弧焊剂采用 H08MnA 焊丝按 GB/T 5293—1999 所规定

的焊接参数焊接试板。其试验状态为焊态时，焊缝金属的抗拉强度 R_m 为 415～550MPa，屈服强度 R_{eL}≥330MPa，断后伸长率 A≥22%；在 -30℃时，冲击韧度 a_K≥27J/cm²。

2. 焊剂的牌号

按照《焊接材料产品样本》规定，焊剂牌号编制方法如下：

（1）熔炼焊剂　用汉语拼音字母“HJ”表示埋弧焊及电渣焊用熔炼焊剂；“HJ”后第一位数字表示焊剂类型，以焊剂中氧化锰含量编序，见表 5-29；第二位数字也表示焊剂类型，以焊剂中二氧化硅与氟化钙含量编序，见表 5-30；第三位数字为同一类型的不同编号，按 0，1，2，…，9 顺序排列。

同一牌号焊剂生产两种颗粒度时，在细颗粒焊剂牌号后面加短划“-”再加“细”的汉语拼音字母“×”，有些生产厂常在牌号前加上厂标志的代号，中间用圆点“·”分开。

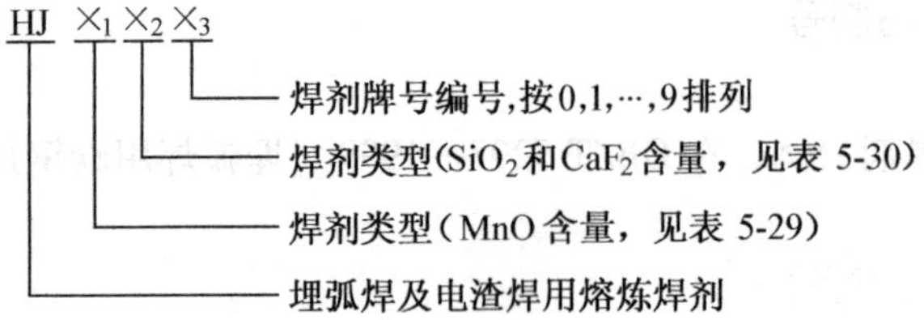

表 5-29　焊剂类型（$\times_1$）

$\times_1$	焊剂类型	w（MnO）（%）
1	无锰	<2
2	低锰	2～15
3	中锰	15～30
4	高锰	>30

表 5-30　焊剂类型（$\times_2$）

$\times_2$	焊剂类型	w（SiO_2）（%）	w（CaF_2）（%）
1	低硅低氟	<10	<10
2	中硅低氟	10～30	
3	高硅低氟	>30	
4	低硅中氟	<10	10～30
5	中硅中氟	10～30	
6	高硅中氟	>30	
7	低硅高氟	<10	>30
8	中硅高氟	10～30	
9	其他	不规定	不规定

例如：HJ431 表示此焊剂为高锰高硅低氟型埋弧焊用熔炼焊剂。

（2）非熔炼焊剂　用汉语拼音字母“SJ”表示埋弧焊用烧结焊剂，后面第一位数字表示焊剂熔渣渣系，见表 5-31。第二、三位数字表示相同渣系焊剂中的不同牌号，按 01，02，…，09 顺序排列。

例如：

SJ $\times_1$ $\times_2\times_3$

- $\times_2\times_3$ —— 牌号编号（同一渣系类型焊剂的不同牌号按01，02，…，09顺序排列）
- $\times_1$ —— 焊剂熔渣渣系（见表5-31）
- SJ —— 埋弧焊用烧结焊剂

表5-31　烧结焊剂熔渣渣系（$\times_1$）

$\times_1$	熔渣渣系类型	主要化学成分（质量分数）组成类型（%）
1	氟碱型	$CaF_2 \geqslant 15\%$ $CaO + MgO + MnO + CaF_2 > 50\%$ $SiO_2 < 20\%$
2	高铝型	$Al_2O_3 \geqslant 20\%$ $Al_2O_3 + CaO + MgO > 45\%$
3	硅钙型	$CaO + MgO + SiO_2 > 60\%$
4	硅锰型	$MnO + SiO_2 > 50\%$
5	铝钛型	$Al_2O_3 + TiO_2 > 45\%$
6、7	其他型	不规定

（三）对焊剂的要求

熔炼焊剂和非熔炼焊剂都应满足下列要求：

1. 应具有良好的冶金性能

在焊接时，配以适当的焊丝和合理的焊接工艺，使焊缝金属具有适宜的化学成分和良好的力学性能，以符合国标或焊接产品设计要求，并有较强的抗气孔和抗裂纹性能。

2. 应具有良好的工艺性能

在规定的工艺参数下焊接，电弧燃烧稳定，熔渣有适宜的熔点、黏度和表面张力，焊缝成形良好，易脱渣，产生的有毒气体少等。

要达到上述要求必须正确地确定焊剂的成分，此外还必须与焊丝合理配合。

（四）焊剂的选用及制造

1. 焊剂的选用

选用焊剂必须与选择焊丝同时进行，因为焊剂与焊丝的不同组合，可获得不同性能或不同化学成分的熔敷金属。

埋弧焊用的焊剂和焊丝，通常根据被焊金属材料及对焊缝金属的性能要求加以选择。一般地，对结构钢（包括碳钢和低合金高强度钢）的焊接，是选用与母材强度相匹配的焊丝；对耐热钢、不锈钢的焊接，是选用与母材成分相匹配的焊丝；堆焊时，应根据堆焊层成分的技术要求和使用性能等选定合金系统及相近成分的焊丝。然后选择与产品结构特点相适应，又能与焊丝合理配合的焊剂。选配焊剂时，除考虑钢种外，还要考虑产品各项焊接技术的要求和焊接工艺等因素。因为不同类型焊剂的工艺性能、抗裂性能和抗气孔性能有较大差别。例如，焊接强度级别高而低温韧性好的低合金钢时，就应选配碱度较高的焊剂，焊接厚板窄坡口对接多层焊缝时，应选用脱渣性能好的焊剂。

在熔炼焊剂与非熔炼焊剂之间做选择时，一定要注意两者之间的性能特点，见表5-32和表5-33。熔炼焊剂焊接时气体析出量很少，过程稳定，有利于改善焊缝成形，很适于大电流高速焊接，对焊接工艺性能要求较高时，也很适用；熔炼焊剂颗粒具有高的均匀性、较高强度和耐磨性，对于焊接时采用负压和风动回收焊剂具有重大意义。

非熔炼焊剂可使焊缝金属在比较广泛的范围内加入各种合金元素，这对于不能生产出与母材成分相一致的焊丝情形有最大的优越性，因此，广泛用于合金钢或具有特殊性能的钢材的焊接，尤其适于堆焊。

埋弧焊用的熔炼焊剂和烧结焊剂的主要用途及配用的焊丝分别见表5-32和表5-33。

表5-32 埋弧焊熔炼焊剂用途及配用焊丝

焊剂牌号	焊剂类型	用途	配用焊丝	焊剂颗粒度（筛号）	电源种类	用前焙烘/(h×℃)
HJ130	无Mn高Si低F	低碳钢、普通低碳钢	H10Mn2	8~40	交流 直流	2×250
HJ131	无Mn高Si低F	Ni基合金	Ni基焊丝	10~40	交流 直流	2×250
HJ150	无Mn中Si中F	轧辊堆焊	H2Cr13、H3Cr2W8	8~40	直流	2×250
HJ151	无Mn中Si中F	奥氏体不锈钢	相应钢种焊丝	10~60	直流	2×300
HJ172	无Mn低Si高F	含Nb、Ti不锈钢	相应钢种焊丝	10~60	直流	2×400
HJ173	无Mn低Si高F	含Mn、Al高合金钢	相应钢种焊丝	10~60	直流	2×250
HJ280	低Mn高Si低F	低碳钢、普通低碳钢	H08MnA、H10Mn2	8~40	交流 直流	2×250
HJ250	低Mn中Si中F	低合金高强度钢	相应钢种焊丝	10~60	直流	2×350
HJ251	低Mn中Si中F	珠光体耐热钢	CrMo钢焊丝	10~60	直流	2×350
HJ252	低Mn中Si中F	15MnV、14MnMoV、18MnMoNb	H08MnMoA、H10Mn2	10~60	直流	2×350
HJ260	低Mn高Si中F	不锈钢、轧辊堆焊	不锈钢焊丝	10~60	直流	2×400
HJ330	中Mn高Si低F	重要低碳钢、普通低碳钢	H08MnA H10Mn2SiA、H10MnSi	8~40	交流 直流	2×250
HJ350	中Mn中Si中F	重要低合金高强度钢	MnMo、MnSi及含Ni高强钢焊丝	3~40、14~80	交流 直流	2×400
HJ351	中Mn中Si中F	MnMo、MnSi及含Ni普通低碳钢	相应钢种焊丝	8~40、14~80	交流 直流	2×400
HJ430	高Mn高Si低F	重要低碳钢、普通低碳钢	H08A、H08MnA	8~40、14~80	交流 直流	2×250
HJ431	高Mn高Si低F	重要低碳钢、普通低碳钢	H08A、H08MnA	8~40	交流 直流	2×250
HJ432	高Mn高Si低F	重要低碳钢、普通低碳钢（薄板）	H08A	8~40	交流 直流	2×250
HJ433	高Mn高Si低F	低碳钢	H08A	8~40	交流 直流	2×350

表 5-33　埋弧焊烧结焊剂用途及配用焊丝

焊剂牌号	焊剂类型	用　途	配用焊丝	焊剂颗粒度（筛号）	电源种类	用前焙烘/(h×℃)
SJ101	碱性（氟碱型）	重要普通低碳钢	H08MnA、H08MnMoA、H08Mn2MoA、H10Mn2	10~60	交流直流	2×350
SJ301	中性（硅钙型）	低碳钢、锅炉钢	H08MnA、H10Mn2、H08MnMoA	10~60	交流直流	2×350
SJ401	酸性（硅锰型）	低碳钢、普通低碳钢	H08A	10~60	交流直流	2×250
SJ501	酸性（铝钛型）	低碳钢、普通低碳钢	H08A、H08MnA	10~60	交流直流	2×250
SJ502	酸性（铝钛型）	低碳钢、普通低碳钢	H08A	14~60	交流直流	2×350
SJ621	酸性	重要普通低碳钢	H08Mn2Si、H08MnA、H10Mn2	10~60	交流直流	不烘焙

2. 焊剂的制造

（1）熔炼焊剂　熔炼焊剂的生产过程由炉料准备、焊剂熔炼和粒化及最后处理三部分组成。

炉料准备包括原材料的干燥、破碎和配料。原材料含有水分，需经 150~200℃ 干燥；把干燥的原材料破碎成一定尺寸的小颗粒，其最小直径不小于 2mm，最大直径不大于 10mm。颗粒如过细成粉料状，则易从炉中喷出；颗粒如过大，则难以熔化。把破碎好的原材料按炉料配方进行配料。

熔炼可以在电炉或火焰炉中进行。1~2t 电炉用电约 1000~1500kW·h，约需 40~50min。在熔炼过程中可能发生许多反应，如高价氧化物的还原，CaF_2 的挥发，硫、磷的烧损等。熔炼过程主要控制焊剂颜色，取样颜色达到所要求的颜色（如棕色玻璃体）即可出炉。

最为简单的粒化方法是湿法，即把液态焊剂倒入盛有流动水的粒化池内就成为粒状。此法含水分较高，一般需经 250~350℃ 烘干。经烘干的焊剂要过筛，自动焊用焊剂粒度控制在 0.5~2.5mm，半自动焊焊剂粒度应控制在 0.25~1.6mm。经化验合格即可包装。

（2）烧结焊剂　以低温烧结焊剂为例，其制造过程大致如下：

1）把原材料加工成粉状，与焊条药皮材料加工方法相同。铁合金要求通过 1200 号的筛子，矿物材料要通过 1600 号的筛子。

2）按配方要求的比例进行配粉，并搅拌均匀，再加入适量水玻璃混拌均匀成为湿料。

3）利用造粒机进行造粒。

4）烘干（400℃以下）与过筛后再经检验合格即包装成产品。

(3) 技术要求 按国家标准（GB/T 5293—1999）规定的试验方法对焊剂的焊缝金属力学性能［R_m、R_{eL}、$A(\%)$ 和 a_K 等］试验，均应符合标准要求。焊接试板射线检测应达到GB/T 3323—2005《金属熔化焊焊接接头射线照相》的Ⅰ级标准。焊剂的工艺性能主要考察其脱渣性、焊道熔合、成形和咬边情况。

焊剂颗粒度的要求：普通粒度为2.5～0.45mm，细粒度为1.25～0.28mm。小于规定粒度的细粉一般不多于5%，大于规定粒度的粗粉不多于2%。

焊剂应有较低的含水量和良好抗潮性，出厂焊剂含水量不得大于0.20%；焊剂在25℃、相对湿度为70%的环境下放置2h，吸潮率不应大于0.15%。焊剂中各种机械夹杂物不应大于0.30%。其 $w_S \leqslant 0.06\%$，$w_P \leqslant 0.08\%$。

小知识

焊剂不能受潮、污染和掺入杂物。因此，各种焊剂应贮藏在干燥库房内，其室温为5～50℃，不能放在高温高湿度的环境中，并在使用前需烘干。

焊剂不能被锈、氧化皮或其他外来物质污染，渣壳和碎粉也应清除。

【综合训练】

一、理论部分

（一）填空题

1. 焊丝是_________、_________、_________、_________等焊接方法用的主要焊接材料。

2. 焊丝按其结构分为_________和_________两大类。

3. 焊剂是对熔化金属起______和______作用的一种颗粒状物质。

4. 熔炼焊剂的生产过程由_________、_________和_________三部分组成。

5. 焊剂颗粒度的要求：普通粒度为_________mm，细粒度为_________mm。

6. 焊剂“SJ501”中，“SJ”表示_________，“5”_________，“01”表示_________。

（二）判断题（正确的画“√”，错误的画“×”）

1. 焊剂431的前两位数字表示焊缝金属的抗拉强度。（ ）

2. 焊剂341属高锰高硅低氟焊剂。（ ）

（三）简答题

1. 焊丝的作用和分类有哪些？

2. 请举例说明钢焊丝的牌号及其含义。

3. 药芯焊丝与实芯焊丝相比有哪些特点？

4. 对焊剂有何要求？

二、实践部分

1. 观察焊接生产中各种气体保护焊及气焊的焊丝类型、牌号等。

2. 观察埋弧焊常用焊丝和焊剂的类型、牌号以及两者配用情况。

模块三　焊接用保护气体

一、概述

焊接用保护气体的作用是在焊接过程中保护金属熔滴、焊接熔池及焊接区的高温金属免受外界有害气体侵袭。

熔焊、压焊和钎焊中都有使用保护气体的焊接方法，但以熔焊最为普遍，尤其是电弧焊。

焊接用的保护气体可分成惰性气体和活性气体两大类。惰性气体高温时不分解，且不与金属起化学作用。常用的惰性气体有氩（Ar）气和氦（He）气两种。对于铜及铜合金，氮（N_2）也是惰性气体，也可作为焊铜用的保护气体；活性气体高温时能分解出与金属起化学反应或溶于液态金属的气体，常用的活性气体有 CO_2 以及含有 CO_2、O_2 的混合气体等。图 5-6是目前工业上已广泛使用气体保护的焊接方法及其所用的保护气体。

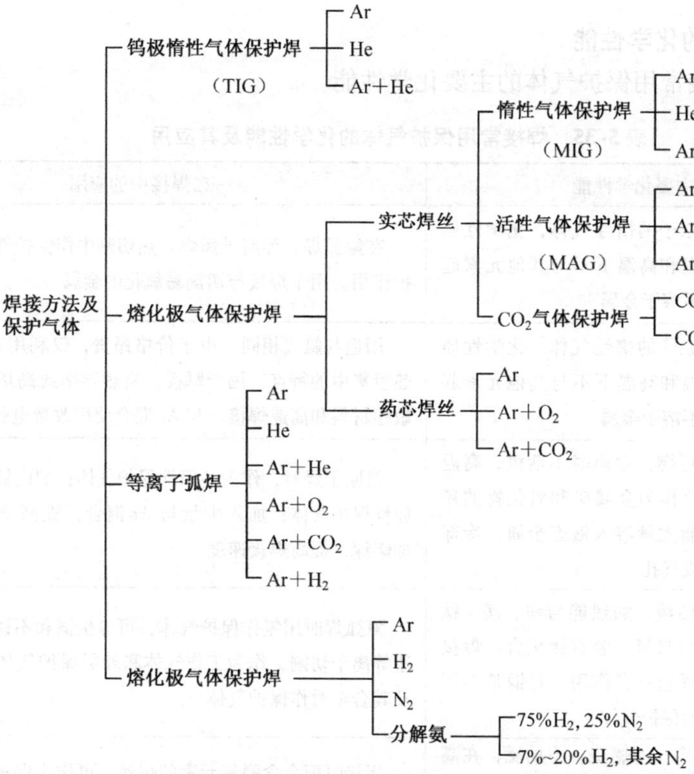

图 5-6　使用气体保护的焊接方法及所用气体

二、保护气体的特性

（一）保护气体的物理性能

焊接常用保护气体的物理性能见表 5-34。

表 5-34 焊接常用保护气体的物理性能

气体名称	Ar	He	H_2	N_2	CO_2	O_2
相对分子质量	39.948	4.0026	2.01594	28.0134	44.011	32.00
正常沸点/℃	-185.88	-268.94	-252.89	-195.81	-78.51	-182
密度*/(kg/m^3)	1.656	0.1667	0.0841	1.161	1.833	1.42
比体积*/(m^3/kg)	0.6039	5.999	11.89	0.8613	0.5405	—
比密度*(空气为1)	1.380	0.1389	0.0700	0.9676	1.527	1.105
比热容*(压力为常数)/[J/(kg·K)]	521.3	5192	1490	1041	846.9	—
比热容*(容积为常数)/[J/(kg·K)]	312.3	3861	1077	742.2	653.4	—
电离电位/eV	15.760	24.5876	15.43	15.58	13.77	13.6
解离能/eV	—	—	4.4	9.8	5.5	—
压力0.1MPa时的露点/℃	-50以下	-50以下	-50以下	-50以下	-35以下	-35以下

注：*在101.325kPa下21℃测定。

（二）保护气体的化学性能

表5-35列出焊接常用保护气体的主要化学性能。

表 5-35 焊接常用保护气体的化学性能及其应用

气 体	主要化学性能	在焊接中的应用
氩（Ar）	无色无味单原子的惰性气体，化学性质很不活泼，常温和高温下不与其他元素起化学作用，也不溶于金属	在氩弧焊、等离子弧焊、热切割中作保护气体，起机械保护作用。用于焊接与切割易氧化的金属
氦（He）	无色无味单原子的惰性气体，化学性质很不活泼，常温和高温下不与其他元素起化学作用，也不溶于金属	用途与氩气相同。由于价格昂贵，仅利用其电弧温度高、热量集中的特点，用于厚板，高热导率或高熔点的金属、热敏感材料和高速焊接。与Ar混合使用改善电弧特性
氢（H_2）	无色无臭，可燃，常温时不活泼，高温时十分活泼，可作为金属矿和氧化物的还原剂。焊接时能大量溶入液态金属，冷却时析出，易形成气孔	氢原子焊时，作为还原性保护气体；炉内钎焊时，也作还原性保护气体；加入少量与Ar混合，提高氩弧热功率，增加熔深，提高焊接速度
氮（N_2）	化学性质不活泼，加热能与锂、镁、钛等化合，高温时与氧、氢直接化合。焊接时溶入液态金属起有害作用。对铜基本不起反应，可作为保护气体	氮弧焊时用氮作保护气体，可焊接铜和不锈钢。氮也常用于等离子切割，作为工作气体和外层保护气体；炉内钎焊铜及其合金时作保护气体
二氧化碳（CO_2）	化学性质稳定，不燃烧，不助燃，在高温时能分解为CO和O_2，对金属有一定氧化性。能液化，液态CO_2蒸发时吸收大量热。能凝固成固态CO_2，即干冰	焊接时配合含脱氧元素的焊丝，可作为保护气体，如CO_2气体保护焊。与O_2或Ar混合的气体保护电弧焊，可改善焊接工艺性能，减少飞溅，稳定电弧等
氧（O_2）	无色气体，助燃，在高温下很活泼，与多种元素直接化合。焊接时，氧进入熔池氧化金属元素，起有害作用	在气焊气割中起助燃作用，获取高温火焰。在焊接中与氩、CO_2等按比例混合，可进行混合气体保护焊，改善熔滴过渡和其他工艺性能

（三）保护气体在焊接过程中的工艺特点

气体保护电弧焊的工艺性能受所用保护气体的成分、物理与化学性能的影响，因而在电弧稳定、熔滴稳定、焊缝成形等方面的行为表现不同。气体保护电弧焊常用的保护气体成分及其工艺性能见表 5-36。

表 5-36　气体保护电弧焊常用的保护气体成分及其工艺性能

保护气体种类	保护气体成分（体积分数）	弧柱电位梯度	电弧稳定性	金属过渡特性	化学性能	焊缝熔深形状	加热特性
Ar	纯度 99.995%	低	好	满意	—	蘑菇形	—
He	纯度 99.99%	高	满意	满意	—	扁平形	对焊件热输入比 Ar 高
N_2	纯度 99.99%	高	差	差	会在钢中产生气孔和氮化物	扁平形	—
CO_2	纯度 99.99%	高	满意	满意，有些飞溅	强氧化性	扁平形，熔深较大	—
Ar + He	Ar + ≤75% He	中等	好	好	—	扁平形，熔深较大	—
Ar + H_2	Ar +（5~15）% H_2	中等	好	—	还原性，H_2 >5% 会产生气孔	熔深较大	对焊件热输入比 Ar 高
Ar + CO_2	Ar + 5% CO_2	低至中等	好	好	弱氧化性	扁平形，熔深较大（改善焊缝成形）	—
	Ar + 20% CO_2				中等氧化性		
Ar + O_2	Ar +（1~5）% O_2	低	好	好	弱氧化性	蘑菇形，熔深较大（改善焊缝成形）	—
Ar + CO_2 + O_2	Ar + 20% CO_2 + 5% O_2	中等	好	好	中等氧化性	扁平形，熔深较大（改善焊缝成形）	—
CO_2 + O_2	CO_2 + ≤20% O_2	高	稍差	满意	强氧化性	扁平形，熔深大	—

三、焊接用保护气体的技术要求

为了保证焊接质量，对焊接用的保护气体提出表 5-37 所示的纯度要求。表中也规定了盛装这些气体容器的涂色标记，以防贮运和使用中出错。

表 5-37　焊接用保护气体的技术要求

气　体	纯度要求不小于（体积分数）	容器涂色标记
氩（Ar）	焊接铜及铜合金、铬镍不锈钢 99.7% 焊接铝、镁及其合金，耐热钢 99.9% 焊接钛及其合金、难熔金属 99.98%	银灰色
氧（O_2）	99.2%	淡蓝色
氢（H_2）	99.5%	淡绿色
氮（N_2）	99.7%	黑色
二氧化碳（CO_2）	99.5%	铝白色

四、保护气体选用要点

选择焊接用的保护气体，主要取决于焊接方法，其次与被焊金属的性质、接头的质量要求、焊件厚度和焊接位置等因素有关。

1. 焊接方法

焊接方法确定之后，采用何种保护气体大体已经确定。当有多种气体可供选用时，首先应根据每种气体的冶金特性和工艺特性选择最能满足接头质量要求的保护气体。在同样能满足接头质量的前提下，选用来源容易、价格便宜的气体。例如 TIG 焊，为了减少电极烧损，须采用惰性气体保护。

2. 被焊金属

对于易氧化的金属，如铝、钛、铜、锆等及它们的合金，焊接应选用惰性气体作保护，而且越容易氧化的金属所用惰性气体的纯度要求越高。对用熔化极气体保护焊焊接碳素钢、低合金钢、不锈钢等，不宜采用纯惰性气体，推荐选用氧化性的保护气体，如 CO_2、$Ar+O_2$ 或 $Ar+CO_2$ 等。这样能改善焊接工艺性能，减少飞溅，而且熔滴过渡稳定，可以获得好的焊缝成形。

3. 工艺要求

手工 TIG 焊接极薄材料时，宜用 Ar 保护。当焊接厚件或焊接热导率高和难熔金属，或者进行高速自动焊时，宜选用 He 或 Ar + He 作保护；对于铝的手工 TIG 焊采用交流电源时，应选用 Ar 保护。与 He 比较，Ar 的引弧性能和阴极净化作用较 He 好，具有很好的焊缝质量。对于熔化极气体保护焊，保护气体的选用不仅取决于被焊金属，而且还取决于采用熔滴过渡的形式。

【综合训练】

一、理论部分

（一）填空题

1. 焊接用保护气体的作用是在焊接过程中保护__________及__________的高温金属免受外界有害气体侵袭。

2. 气体保护电弧焊的工艺性能受所用保护气体的______、______与______性能的影响。

3. CO_2 气瓶外涂________色，并标有________色 CO_2 字样。

（二）判断题（正确的画“√”，错误的画“×”）

1. 氧化性气体由于本身氧化性强，所以不适宜作为保护气体。（　）

2. 因氮气不溶于铜，故可用氮气作为焊接铜及铜合金的保护气体。（　）

（三）简答题

1. 常用焊接用的保护气体有哪些？

2. 请说一说保护气体的选用要点。

二、实践部分

观察 Ar、He、N_2、CO_2，以及含有 CO_2、O_2 的混合气体等在焊接生产中的使用情况。

模块四 电 极

一、概述

电弧焊和电阻焊等利用电能的焊接方法，需使用能传导电流的电极。电弧焊用的电极有熔化的和不熔化两种。熔化电极在焊接时既作电极又不断熔化作为填充金属，如焊条电弧焊用的焊条、埋弧焊用的焊丝等；不熔化电极在焊接时既不熔化又不作为填充金属的电极，如钨电极、碳电极等。电阻焊用的电极属不熔化电极，焊接时不仅要传导电流，还要传导压力。最常用的电阻焊电极为铜及其合金，故简称铜电极。

不熔化电极在长期高温下使用，会发生不同程度烧损、磨损或变形，经常要磨修或更换，所以在焊接生产中电极属于消耗材料。

二、电弧焊用钨电极

1. 电弧焊用钨电极的基本要求

由金属钨棒作为 TIG 焊或等离子弧焊的电极为钨电极，简称钨极，属于不熔化电极的一种。

对不熔化电极的基本要求：能传导电流，是强的电子发射体，高温工作时不熔化，使用寿命长等。金属钨能导电，其熔点为 3410℃，沸点为 5900℃，电子逸出功为 4.5eV，发射电子能力强，是最适合作电弧焊的不熔化电极。

2. 电弧焊用钨电极的种类

国内外常用钨极主要有纯钨、铈钨、钍钨和锆钨四种，它们的化学成分见表 5-38。

表 5-38 常用钨极的种类及其化学成分

钨极种类	牌号	化学成分（质量分数,%）							
		W	ThO_2	CeO	ZrO	SiO_2	Fe_2O_3 Al_2O_3	Mo	CaO
纯钨极	W_1	99.92	—	—	—	0.03	0.03	0.01	0.01
	W_2	99.85	总杂质成分不大于 0.15						
钍钨极	WTh-7	余量	0.7~0.99	—	—	0.06	0.02	0.01	0.01
	WTh-10	余量	1.0~1.49	—	—	0.06	0.02	0.01	0.01
	WTh-15	余量	1.5~2.0	—	—	0.06	0.02	0.01	0.01
铈钨极	WCe-20	余量	—	1.8~2.2	—	0.06	0.02	0.01	0.01
锆钨极	WZr	99.2	—	—	0.15~0.40	其他≤0.5%			

纯钨极熔点和沸点高，不易熔化蒸发、烧损。但电子发射能力较其他钨极差，不利于电弧稳定燃烧。此外，电流承载能力较低，抗污染性差。

钍钨极的发射电子能力强，允许电流密度大，电弧燃烧较稳定，寿命较长。但钍元素具有一定的放射性，使用时当把钨极磨尖时，若不注意防护，则对人类健康有害。这种钨极在国外常使用。

铈钨极电子逸出功低，引弧和稳弧不亚于钍钨极，化学稳定性高，允许电流密度大，无放射性，是目前国内普遍采用的一种。

锆钨极的性能介于纯钨极和钍钨极之间。在需防止电极污染焊缝金属的特殊条件下使用，焊接时，电极尖端易保持半球形，适于交流焊接。

钨极牌号举例：

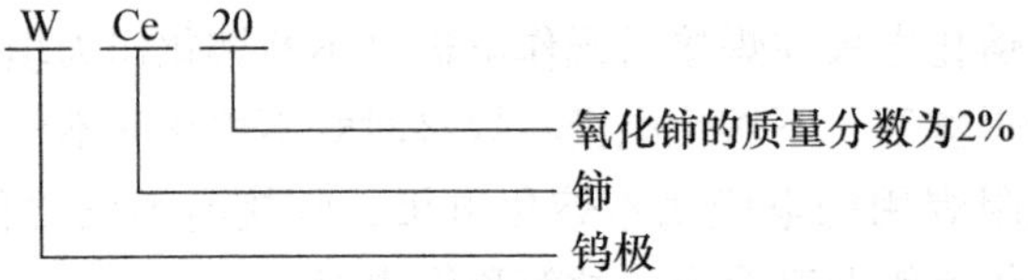

3. 电弧焊用钨电极的性能及形状

所有类型钨极的电流承载能力受焊枪的型式、电极夹头、极性、电极直径、电源种类、电极从焊枪中伸出的长度、焊接位置、保护气体等许多因素的影响。

在工艺条件相同的情况下，直流电焊接对各类电极的载流能力没有很大差别，而且都与极性有关。大约有2/3的热量产生在阳极上，1/3的热量在阴极上。在交流电情况下，纯钨极载流能力低于其他钨极。

电极在使用前常需对其端部磨削成尖锥状，便于引弧，也便于在受限制的部位上焊接。TIG焊电极锥角影响焊缝熔深和使用寿命，通常从30℃到120℃。电极端部越尖，熔宽越小而熔深增大，但耗损加快，磨削次数多。等离子弧焊用的钨极，一般锥角在20~60℃之间。

4. 电弧焊用钨电极的选用

TIG焊时选用钨极主要考虑如下因素：被焊金属、板厚、电流类型及极性，此外，还要考虑电极的来源、使用寿命和价格等。表5-39为焊接不同金属时推荐用的钨极及保护气体。必须指出，铈钨极是我国研制成功的产品，其X射线剂量及抗氧化性能比钍钨极有较大改善；而且电子逸出功比钍钨极低，故引弧容易，燃烧稳定性好；此外，其化学稳定性好，阴极斑点小，压降低，烧损少，完全可以取代钍钨极。

在机械化焊接应用中，铈钨极或钍钨极比纯钨极更适合，因为纯钨极消耗速度快。

表5-39　TIG焊接不同金属时推荐用的钨极及保护气体

金属种类	厚　度	电流种类	电　极	保护气体
铝	所有厚度	交流	纯钨或锆钨极	Ar或Ar+He
	厚件	直流正接	钍钨或铈钨极	Ar+He或Ar
	薄件	直流正接	铈钨、钍钨或锆钨极	Ar
铜及铜合金	所有厚度	直流正接	铈钨或钍钨极	Ar或Ar+He
	薄件	交流	纯钨或锆钨极	Ar
镁合金	所有厚度	交流	纯钨或锆钨极	Ar
	薄件	直流正接	锆钨、铈钨或钍钨极	Ar
镍及镍合金	所有厚度	直流正接	铈钨或钍钨极	Ar

（续）

金属种类	厚　度	电流种类	电　极	保护气体
低碳、低合金钢	所有厚度	直流正接	铈钨或钍钨极	Ar或Ar+He
	薄件	交流	纯钨或锆钨极	Ar
不锈钢	所有厚度	直流正接	铈钨或钍钨极	Ar或Ar+He
	薄件	交流	纯钨或锆钨极	Ar
钛	所有厚度	直流正接	铈钨或钍钨极	Ar

三、电阻焊用铜电极

电阻焊电极工作条件比较恶劣，制造电极的材料除了应有较好的导电和导热性能外，还应能承受高温和高压力的作用。目前最常用的电极材料是铜和铜合金，在特殊焊接场合，也采用钨、钼、氧化铝等耐高温的粉末烧结材料。

在电阻焊中，电极材料和电极形状的选择直接影响到焊接质量、生产成本和劳动生产率。

1. 电阻焊铜电极的作用

以点焊电极为例，其主要作用是传输电流、加压和散热。

（1）传导电流　焊接时流过电极的电流按被焊金属性质和厚度，高达数千至数万安培。流过电极工作面的电流密度达每平方毫米数百至数千安。例如，点焊低碳钢的电流密度达200～300A/mm^2，焊铝和铝合金达1000～2000A/mm^2，是常用导线安全电流密度的数十至数百倍。

（2）传递压力　为了接头连接牢固，不发生飞溅、裂纹或疏松等缺陷以及保持焊接质量稳定，必须通过电极向焊件施加焊接压力或锻压力。按焊件金属性质不同，压力有几千牛到几十千牛。例如，低碳钢点焊的电极压应力为30～140MPa。焊高温合金的电极压应力达400～900MPa。而电极工作面与焊点直接接触，承受焊接所产生的高温（870℃以上），若压应力已达到或超过电极材料在该温度下的屈服强度，就会引起电极工作面的变形和压溃，而无法工作。

（3）散热　点焊焊接电流流过焊件所产生的热量，只有一小部分用于生成熔核，绝大部分热量是通过上、下电极传导而消散。如果焊接生产的热量不易散失，电极便会升温而产生变形、压溃和黏附现象，熔核也难以形成。

小知识

国际上对电极材料分成铜和铜合金与粉末烧结材料两大组，每组内分若干类。

粉末烧结材料由钨、钼金属以及它们的粉末与铜粉（或银粉）以一定比例混合后，经烧结而成的电极材料。有铜和钨、铜和碳化钨、纯钼或纯钨、银和钨粉等粉末烧结的材料。

2. 电阻焊铜电极的材料

（1）对电极材料的基本要求　根据电极在电阻焊中需传导、传递压力和逸散焊接区热量的特点，对电极材料提出如下基本要求：

1）高的电导率和热导率，自身电阻发热小，能迅速逸散焊接区传来的热量，以延长使用寿命，改善焊件受热状态。

2）高温下具有高的强度和硬度，有良好的抗变形和耐磨损能力。

3）高温下与焊件金属形成合金化倾向小，物理性能稳定，不易黏附。

4）材料生产成本低，加工方便，变形或损坏后便于更换。

（2）电极材料分类　作为电阻焊用电极材料的铜及铜合金，按其成分和性能特点可分成四类。

1）第一类。为高电导率、中等硬度的非热处理硬化合金。这类材料只能通过冷作硬化提高其硬度，其再结晶温度较低。

常用的电极材料有纯铜、镉铜和银铜等。

2）第二类。为热处理强化合金，通过热处理和冷变形联合加工以获得良好的力学性能和物理性能。其电导率略低于第一类，而力学性能和再结晶温度则远高于第一类，是国内应用最广泛的一种电极铜合金。典型的有铬铜和铬锆铜。

3）第三类。也为热处理强化合金，其力学性能高于第二类，电导率低于上述两类，属于高强度、中等导电率的电极材料。常用的有铍钴铜、镍硅铜等。

4）第四类。具有专用性能的铜合金。有些硬度很高，其电导率不很高；有的电导率高，而硬度不很高，它们之间不宜代用。这类电极材料有铍铜、w_{Ag}为6%的银铜等。

3. 电阻焊铜电极的性能

电阻焊中电极材料应用最广泛、用量最大的是铜及铜合金。铜合金是在铜中加少量合金元素，以改善铜的物理和力学性能，特别是提高其硬度和软化温度，满足焊接提出的要求。

电极铜合金中常用的合金元素有镉（Cd）、银（Ag）、铬（Cr）、锆（Zr）、镍（Ni）、硅（Si）、铍（Be）、钴（Co）、铝（Al）等。目前常用电极铜合金有镉铜、铬铜、锆铜、铬锆铜、铬铝镁铜、镍硅铜、铍钴铜和铍铜等。表5-40列出部分电极铜合金的主要性能。

表5-40　常用电极铜及铜合金的主要性能

材料名称	材料牌号	主要成分（质量分数）（%）	加工特征	主要性能				
				抗拉强度/MPa	伸长率（%）	硬度HBW	电导率γ/（mS/m）	软化温度/K
纯铜	T2	Cu99.9	退火状态	225~235	50	40~50	58	
			700~970K退火，50%冷变形	392~490	2	80~100	57	423
镉铜	QCd1	Cd0.9~1.2	1070K退火，50%冷变形	588	2~6	110~115	48~52	553
铬铜	QCr0.5	Cr0.5~1.0	1220~1250K淬火，冷变形720K时效	441~490	15	110~130	44~49	748
锆铜	QZr0.2	Zr0.15~0.25	1220K淬火，75%冷变形，720K时效	392~441	10	120~130	52	773
	QZr0.4	Zr0.30~0.50	1220K淬火，75%冷变形，720K时效	441~490	10	130~140	46	773
铬锆铜	—	Cr0.3~0.5，Zr0.1~0.15	1240K淬火，75%冷变形，740K时效	490	10	145HV	>46	823

4. 电阻焊铜电极的选用要点

（1）熟悉电极材料的基本特征　用于制作电阻焊铜电极的材料随着硬度的增加，其电导率是降低的。反映出一般硬度高的材料耐磨，抗压能力强；电导率高的材料，其热导率也高，散热快。显然，软的电极材料不能用于承受大的焊接压力，但其电导率高，可以用于大电流焊接。软化温度低的电极材料，不耐热，只能用于冷却条件好的情况。

（2）注意电阻焊接方法的工艺特点　电阻焊中以点焊和缝焊电极的工作条件最为恶劣，对电极材料要求苛刻，既要求导电、导热性能好，又要求耐热、耐压和耐磨，而电阻凸焊和对焊对电极材料的要求简单得多，电阻对焊的电极通常是夹钳的组成部分，一般不直接接触焊件的高温区，与焊件接触面积较大，电流密度相对较低，不要求电极有很高的电导率和热导率，但它除向焊件传输焊接电流和顶锻力外，还承受夹持焊件的巨大夹紧力，在这种力作用下与焊件之间有强烈的摩擦。因此电极需有足够的强度和硬度，以减少变形磨损。所以了解电极的工作条件是正确选用电极材料的关键。

（3）根据被焊金属材料的性能特点　以点焊为例，不同金属材料对电极要求并不一样。铝及其合金具有高的电导率和热导率，低的熔点和低的高温强度，塑性温度范围窄。点焊时要求大电流快速焊，对电极要求主要是具有高电导率，而对硬度和耐高温无特别要求。不锈钢点焊时，因其电阻大，应比焊接低碳钢采用更大的电极压力和较小的焊接电流。因此，宜选用硬度较高、电导率较低的电极材料。表5-41是各类电阻焊电极材料的典型推荐用途。

表5-41　电阻焊电极材料的典型推荐用途

材　料	点　焊	缝　焊	凸　焊	闪光焊或对焊	辅助设备
Cu-ETF	焊铝电极	焊铝电极	—	—	无应力导电部件，叠片分路
CuCd1	焊铝电极、焊镀层钢（镀锌、锡、铝、铅）电极	焊铝电极，焊镀层钢（镀锌、锡、铝、铅）电极轮	—	焊低碳钢的模具或镶嵌电极	高频电阻焊或焊非铁磁金属用电极
CuCr1	焊低碳钢电极、握杆、轴和衬垫材料	焊低碳钢电极	大型模具	焊低碳钢、碳钢、不锈钢和耐热钢用模具，或镶嵌电极	受应力导电部件、粉末烧结电极材料的衬垫
CuCr1Zr	焊低碳钢和镀层钢电极	焊低碳钢和镀层钢电极	—	—	—
CuCo2Be	焊不锈钢和耐热钢用电极，受应力电极握杆、轴和电极	焊不锈钢和耐热钢用电极轮、轴和衬套	模具或镶嵌电极	高夹紧力下的模具，或镶嵌电极	受应力导电部件
CuNi2Si	受应力电极握杆、轴和电极臂	轴和衬套	—	—	受应力导电部件
CuNi1P	电极握杆和弯电极臂	轴和衬套	—	—	受应力导电部件
CuBe2CoNi	极大机械应力下的电极握杆和轴	极大机械应力下的机臂	高电极压力下的模具和镶嵌电极	闪光焊用长模具	—

（续）

材　料	点　焊	缝　焊	凸　焊	闪光焊或对焊	辅助设备
CuAg6	—	高热应力下焊低碳钢用电极轮	—	—	—
CuAl10Fe5Ni5	电极握杆	低负荷下的轴和衬套	压板和模具	—	—

【综合训练】

一、理论部分

（一）填空题

1. 电弧焊用的电极有__________和__________两种。

2. 电阻焊用的电极属__________电极，焊接时不仅要传导__________，还要传导__________。最常用的电阻焊电极为__________。

3. 以点焊电极为例，电阻焊铜电极的主要作用是__________、__________和__________。

4. 常用的钨极有________、________、________和________四种。

（二）判断题（正确的画“√”，错误的画“×”）

1. 纯钨极的牌号为WCe-20。（　　）

2. 电阻焊用的铜电极材料要求其具有高的电导率和热导率。（　　）

（三）简答题

1. 弧焊用钨电极的基本要求是什么？

2. 请说一说弧焊用钨电极的种类及其特点。

3. 电阻焊铜电极的基本要求有哪些？

二、实践部分

观察生产生活中TIG焊用钨电极的种类、形状及烧损情况等。

第六单元　焊接冶金缺陷

学习目标

通过本单元的学习，了解焊接冶金缺陷的类型、特征及对焊缝金属的影响，熟悉焊接冶金缺陷生成规律；掌握焊接冶金缺陷的影响因素和防止措施。

模块一　焊缝中的气孔

气孔是焊接生产中经常遇到的一种缺陷，它是由于焊接过程中熔池内的气泡在凝固时未能及时逸出而残留下来所形成的空穴。在碳钢、高合金钢和非铁金属的焊缝中都有出现气孔的可能。气孔不仅出现在焊缝表面，也会出现在焊缝内部。焊缝中的气孔不仅削弱焊缝的有效工作截面积，同时也会带来应力集中，从而降低焊缝金属的强度和韧性，对动载强度和疲劳强度更为不利，因此，防止气孔是保证焊接质量的重要内容。

一、气孔的类型及分布特征

焊缝中常出现各式各样的气孔。气孔的分布也不同，有时出现在焊缝表面，有时在焊缝的根部，还有时以弥散状分布在整个焊缝的断面上。根据气孔的产生原因，可以把气孔分为析出型气孔和反应型气孔两类。

1. 析出型气孔

这类气孔是金属液在冷却及凝固过程中因气体在液、固金属中的溶解度差造成过饱和状态的气体来不及从液面析出所形成的气孔。由于产生气孔的气体的种类不同，所形成的气孔的形态和特征也有所不同。

（1）氢气孔　在低碳钢和低合金钢焊缝中，氢气孔大都出现在焊缝的表面上，气孔的断面形状呈螺钉状，在焊缝的表面上看呈喇叭口形，气孔的四周有光滑的内壁，如图6-1所示。这是由于氢气是在液态金属和枝晶界面上积聚析出，随枝晶生长而逐渐形成气孔的。

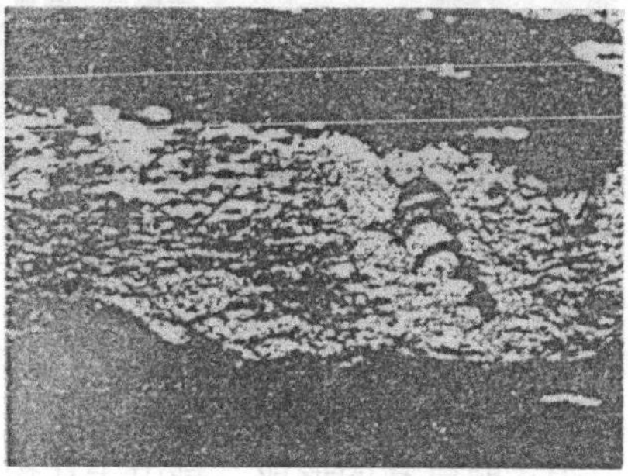

图6-1　氢气孔的特征

如果焊条药皮中含有较多的结晶水，使焊缝中的氢含量过高，或在焊接铝、镁合金时，由于液态金属中氢溶解度随着温度下降而急剧降低，析出气体，在凝固时来不及上浮而残存在焊缝内部，形成内部气孔。

（2）氮气孔 氮气孔也多出现在焊缝表面，但多数情况下是成堆出现的，与蜂窝相似，如图6-2所示。氮的来源，主要是由于保护不好，有较多的空气侵入焊接区所致。

2. 反应型气孔

熔池中由于冶金反应产生不溶于液态金属的CO、H_2O而生成的气孔称为反应型气孔。

（1）CO气孔 其特征如图6-3所示。在焊接碳钢时，当液态金属中的碳含量较高而脱氧不足时，会通过下述冶金反应生成CO：

$$[C]+[O]=CO$$

$$[FeO]+[C]=CO+[Fe]$$

这些反应可以发生在熔滴过渡的过程中，也可以发生在熔池里熔渣与金属相互作用的过程中。因为CO不溶于金属，如果上述冶金反应是在焊接高温的时候进行的，CO气体会以气泡的形式从熔池中高速逸出，引起飞溅，但不会形成气孔。随着焊接过程的进行，当焊接热源离开后、熔池开始结晶时，由于铁碳合金溶质浓度偏析的结果（即先结晶的部分较纯，后结晶部分的溶质浓度偏高，杂质较多），可使熔池中各种氧化物和碳的浓度在某些局部的地方偏高，有利于上述反应的进行，同时，在结晶的过程中，熔池金属的浓度不断增大，此时产生的CO就不易逸出，很容易被“围困”在晶粒之间，特别是在树枝状晶体凹陷最低处产生的CO不易逸出，便产生了气孔。

（2）H_2O气孔 焊接铜时形成的Cu_2O，在1200℃以上能溶于液态铜，但当温度降低到1200℃以下时，它将逐渐析出，并与溶解于铜中的氢发生如下式反应：

$$[Cu_2O]+2[H]=2[Cu]+H_2O(气)$$

形成的H_2O(气)不溶于液态铜，是焊接铜时产生气孔的主要原因。

焊接镍时，与铜类似，也会有产生水汽的反应，如下式：

$$[Ni_2O]+2[H]=2[Ni]+H_2O(气)$$

H_2O(气)也不溶于液态镍，是焊接镍时产生气孔的主要原因。

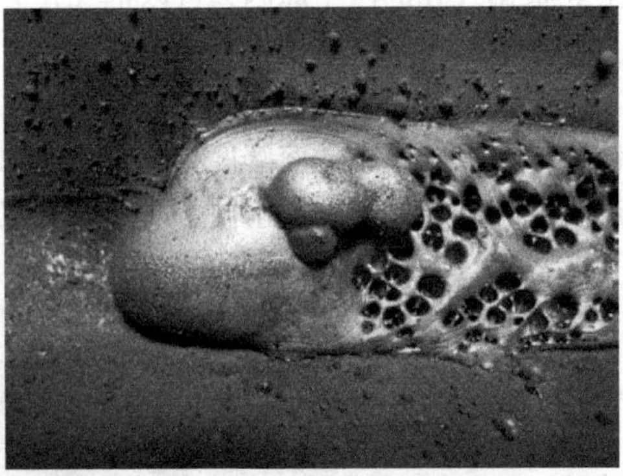

图6-2 氮气孔的特征

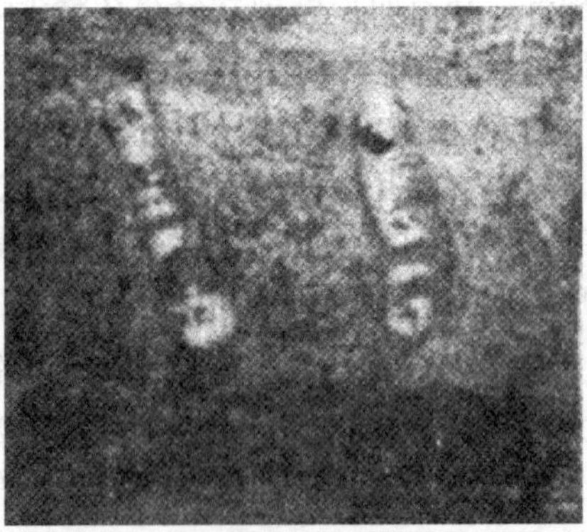

图6-3 CO气孔的特征

二、焊缝中气孔的形成

焊接时气孔的形成，是由于在熔池内部产生的气体的析出，在一定条件下发生聚集而形成气泡，气泡长大到一定程度便会上浮。如果气泡受到熔池内部结晶的阻碍，就可能被留在焊缝内部而形成气孔。所以，产生气孔的过程可以分为三个阶段：气泡的生核、气泡的长大和逸出。

1. 气泡的生核

熔池内气泡的生核应具备以下两个条件：

（1）液态金属中有过饱和气体　焊接时，在电弧高温的作用下，熔池与熔滴吸收的气体大大超过了其在熔点的溶解度。以铁为例，在直流正接时，熔池中氢的含量可以达到它在铁的熔点时的溶解度的1.4倍，而CO在液态铁中是没有溶解度的，因此，焊接时熔池中有获得形成气泡所需气体的充分条件。

（2）满足气泡生核的能量消耗　气泡的生核需要一定的能量消耗，如果在液态金属中存有现成固相表面时，液态金属中的气体可以依附在固相表面上析出，其形核所需能量便大为减小，而在焊缝结晶过程中，树枝晶二次枝晶臂根部凹陷处气泡生核所需的能量最小，是气泡最易形成的部位。

2. 气泡的长大

气泡在液态金属中成核如果不能长大成气泡，也不会在焊缝中形成气孔，因此，在焊缝中形成气孔，要有气泡长大的条件。

气泡长大需要两个条件：一是气泡的内压足以克服其所受的外压；二是长大要有足够的速度，以保证在熔池凝固前达到一定的尺寸。

气泡能稳定存在并继续长大的条件为

$$p_g > p_a + p_c = 1 + \frac{2\sigma}{r_c}$$

式中　p_g——气泡中各种气体分压的总和；

p_a——大气压力；

p_c——由表面张力所构成的附加压力；

σ——金属与气泡间的界面张力；

r_c——气泡临界半径。

p_a的数值相对很小，故可忽略不计。由弯曲液面表面张力作用于气泡的附加压力p_c与金属气泡间的界面张力成正比，与气泡的半径成反比。由于气泡开始形成时体积很小（即r很小），故附加压力很大，当$r = 10^{-4}$cm，$\sigma \approx 10^{-4}$J/cm^{2}时，$p_c \approx 2$MPa，约为20atm。在这样大的外压作用下，气泡很难长大，但当气泡依附于某些现成表面形核时，呈椭圆形，半径比较大，所以p_c值大大减小。同时形核的现成表面对气体有吸附作用，使局部的气体浓度大大提高，缩短了气泡长大所需的时间，为气泡长大提供了条件。

3. 气泡的逸出

气泡形成后，如果能最终形成气孔，还必须是在焊缝金属冷却凝固前来不及逸出焊缝而留在焊缝内部。所以气泡能否逸出焊缝，是气孔形成的一个条件。

焊接时形成的气泡大多数是形成于现成的表面上，因此，气泡的逸出实际上是经历脱离现成表面和向上浮出两个过程。

气泡要脱离所依附的现成表面，其难易程度与气泡和表面的接触情况有关。图6-4a、b所示为两种不同的接触情况，可以看出，图6-4a中的气泡更容易脱离其所依附的表面。

气泡脱离表面后能否逸出，与液体金属的性质和熔池金属的结晶速度有关。如果气泡的体积越大、熔池中液体金属的密度越大、黏度越小时，气泡的上浮速度就越大，气泡留在焊缝中形成气孔的倾向越小。

同时，熔池的结晶速度也是影响气泡上浮的一个重要因素。当熔池的结晶速度较小时，气泡可以有较充分的时间脱离现成表面，浮出液态金属表面，逸出熔池，因而不会产生气孔。反之，如果熔池金属结晶速度较大时，气泡在熔池金属结晶结束前来不及逸出，就会在焊缝内部形成气孔。

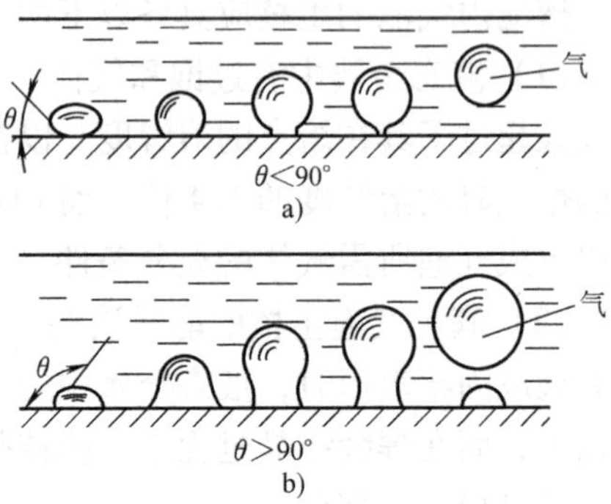

图6-4　气泡脱离现成表面示意图

三、影响气孔生成的因素及防止措施

（一）影响因素

在焊接过程中，有很多因素对气孔的形成有很大的影响，这里将这些因素归纳为冶金与工艺两个方面。

1. 冶金因素的影响

冶金因素主要指焊接材料的成分及其冶金反应、熔渣的化学性质、保护气体的气氛、铁锈和水分等因素对产生气孔的影响。

（1）熔渣氧化性的影响　焊接时，熔渣氧化性的强弱对产生气孔的倾向有明显的影响。表6-1所示是不同类型焊条试验的结果。从表中可以看出，无论是用酸性焊条，还是用碱性焊条，当熔渣的氧化性增大时，则由CO引起气孔的倾向增大；相反，当熔渣的还原性增大时，则产生氢气孔的倾向增大。

表6-1　不同类型焊条的氧化性对气孔倾向的影响

焊条牌号	焊缝中氧和碳的质量分数及氢含量			氧化性	气孔倾向
	w_O（%）	$w_C \times w_O \times 10^{-4}$	[H]/(mL/100g)		
J424-1	0.0046	4.37	8.80		较多气孔（氢）
J424-2	—	—	6.82	增加↓	个别气孔（氢）
J424-3	0.0271	23.03	5.24		无气孔
J424-4	0.0448	31.36	4.53		无气孔
J424-5	0.0743	46.07	3.47		较多气孔（CO）
J424-6	0.1113	57.88	2.70		更多气孔（CO）
J507-1	0.0035	3.32	3.90		个别气孔（氢）
J507-2	0.0024	2.16	3.17	增加↓	无气孔
J507-3	0.0047	4.04	2.80		无气孔
J507-4	0.0160	12.16	2.61		无气孔
J507-5	0.0390	27.30	1.99		更多气孔（CO）
J507-6	0.1680	94.08	0.80		密集大量气孔（CO）

这是因为，一方面氧可以与氢化合形成稳定的OH，抑制氢气孔的产生；另一方面，氧的存在使[C]×[O]浓度积增大，使CO气孔的倾向增大。但在不同的渣系中，产生CO气孔的[C]×[O]值却有较大的差别，在酸性熔渣中产生CO气孔的[C]×[O]值较高，达到31.36×10^{-4}也不会有气孔出现，而在碱性熔渣中[C]×[O]值较低，达到27.0×10^{-4}就可产生较多的CO气孔。这是因为渣系中FeO的活度不同所致。在酸性熔渣中，FeO的活度较小；而在碱性熔渣中，FeO的活度较大，即使在质量分数较小的情况下，也能促使产生CO气孔。

(2) 焊条药皮和焊剂成分的影响　在低碳钢和低合金钢焊接所用的焊条和焊剂中，一般碱性焊条的药皮中均加入了一定量的氟石（CaF_2）。焊接时氟石与焊缝金属中的氢发生如下的反应：

$$CaF_2 + H_2O = CaO + 2HF$$

$$CaF_2 + H = CaF + HF$$

$$CaF_2 + 2H = Ca + 2HF$$

埋弧焊用的HJ431焊剂中，也含有一定量的氟石和较多的SiO_2，焊接时它们将发生如下的反应：

$$2CaF_2 + 3SiO_2 = SiF_4\uparrow + 2CaSiO_3$$

$$SiF_4 + 2H_2O = 4HF + SiO_2$$

$$SiF_4 + 3H = 3HF + SiF$$

$$SiF_4 + 4H + O = 4HF + SiO$$

上述所有的反应均吸收了大量的H，而生成的HF不溶于金属溶液，从而有效地降低了氢气孔的产生倾向。图6-5所示为熔渣中SiO_2和CaF_2对焊缝生成气孔的影响。

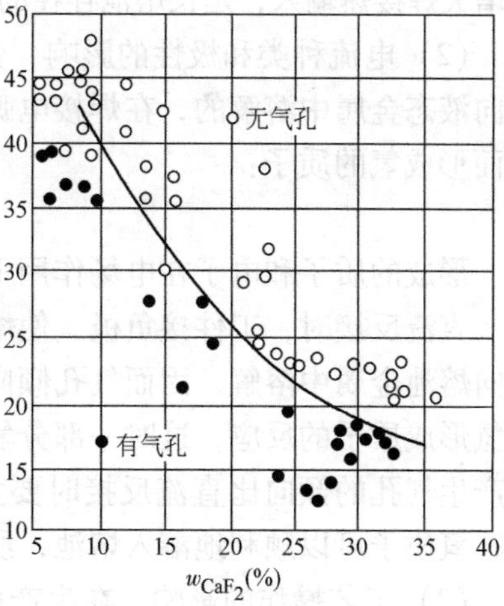

图6-5　SiO_2和CaF_2对焊缝生成气孔的影响

(3) 铁锈及水分的影响　在焊接生产中，由于焊件或焊接材料不洁而使焊缝出现气孔的现象也十分严重。影响较大的是母材表面的氧化铁皮、铁锈、水分、油渍以及焊接材料中的水分。

氧化皮的主要成分是Fe_3O_4，有时也含有一定的Fe_2O_3。铁锈的成分一般表达式为$m\ Fe_2O_3\cdot nH_2O$，加热时，氧化皮和铁锈中的高价氧化物及结晶水都要分解，即

$$3Fe_2O_3 = 2Fe_3O_4 + O$$

$$2Fe_3O_4 + H_2O = 3Fe_2O_3 + H_2$$

$$Fe + H_2O = FeO + H_2$$

高价氧化铁与铁作用还可生成FeO，即

$$Fe_3O_4 + Fe = 4FeO$$

$$Fe_2O_3 + Fe = 3FeO$$

结晶水分解后可产生H_2、H、O及OH等。上述反应的结果，在增强了氧化作用的同时又提高了氢的分压，因而使CO气孔与氢气孔的倾向都有可能增大。焊条或焊剂受潮或烘干不足而残存的水分，以及潮湿的空气，同样起增加气孔倾向的作用。所以对焊条和焊剂在焊

前要进行充分的烘干处理，一般碱性焊条的烘干温度为350～450℃，酸性焊条为200℃左右，各类焊剂也规定了相应的烘干温度。

2. 工艺因素的影响

工艺因素主要是指焊接参数、操作技术等。

想一想

为什么碱性焊条的烘干温度比酸性焊条的烘干温度高呢？

（1）焊接参数的影响　焊接时，焊接电流增大，会使熔滴变细，熔滴的比表面积增大，熔滴吸收的气体较多，增加气孔的倾向。若使用不锈钢焊条进行焊接时，焊接电流增大，焊芯的电阻热增大，会使焊条尾部的药皮发红，药皮中的某些组成物（如碳酸盐）提前分解，影响了造气保护的效果，因而也增加了气孔的倾向，因此，焊接时，焊接电流不宜过大。

电弧电压太高，会使焊接过程中的保护效果变差，空气中的氮侵入熔池因而出现氮气孔。焊条电弧焊和自保护药芯焊丝电弧焊对这方面的影响最为敏感。

焊接速度过大，往往由于增加了结晶速度，使气泡残留在焊缝中而出现气孔。

由于以上的因素，在焊接时，通常是靠降低焊接速度而不过分地增大焊接电流和电弧电压来增大焊接热输入，延长熔池存在的时间，使气体容易从液态金属中逸出，减少气孔的产生。

（2）电流种类和极性的影响　氢是形成气孔的主要因素。一般认为，氢是以质子的形式向液态金属中溶解的，在焊接电弧的高温作用下，氢原子获得足够能量后便释放出一个电子而形成氢的质子：

$$H \rightarrow [H^+] + e$$

形成的质子和电子在电场作用下分别向正负极运动。

直流反接时，工件接负极，使熔池表面的电子过多，不利于产生氢质子的反应，阻碍了氢向熔池金属中溶解，因而气孔倾向最小。当直流正接时，工件接正极，在熔池表面容易发生氢形成质子的反应，这时一部分氢质子溶入熔池，另一部分在电场作用下飞向负极，所以其产生气孔的倾向比直流反接时要大。当用交流电焊接时，在电流通过零点瞬间无电场作用，氢质子可以顺利地溶入熔池，所以其产生气孔的倾向最大。

（3）工艺操作的影响　在生产中，由于工艺操作不当，会使焊缝金属中产生气孔的倾向增大，影响气孔产生的工艺操作因素主要如下：

1）焊前没有仔细清理焊件、焊丝上的污锈或油渍，使其产生气孔的倾向增大。

2）焊条或焊剂在使用前没有按要求进行严格的烘干或是烘干后放置时间过长。

3）焊接规范不合理，采用低氢型焊条进行焊接时，应采用短弧焊接。

4）直流焊接时，应防止磁偏吹现象的产生。磁偏吹现象会破坏电弧的稳定性，也会使保护效果变差，使产生气孔的倾向增大。

5）定位焊时，应使用与正式焊接完全相同的焊条，并认真操作，避免定位焊的部位产生气孔。

（二）防止气孔产生的措施

1. 控制气体的来源

（1）表面清理　工件及焊丝表面的氧化膜或铁锈以及油污等，在电弧高温作用下，会分解产生氢和氧，这常是焊缝气孔产生的重要原因。因此，必须在焊前彻底清除焊件坡口及附近表面的铁锈。焊丝表面不得有锈或油污。焊接非铁金属时，焊件及焊丝表面易形成氧化膜而吸收水分，如不经清理使用，熔池可以获得大量的氢而促使产生气孔倾向增大。

对于铁锈，一般采用机械清理方法（砂轮打磨和钢丝刷清理）。

对于非铁金属的氧化膜常需化学清洗与机械清理并用。清理后，要立即进行焊接，避免再次生锈。

（2）焊接材料的防潮与烘干　焊条药皮及焊剂在放置时容易吸潮，因此，在使用前必须进行烘干，烘干后应放在专用烘箱或保温筒中保管，随用随取。

低氢焊条尤其对吸潮敏感，吸潮水量超过 1.4% 就会明显产生气孔；而其他类型焊条吸潮水量高达 15% 也未见气孔产生，如图 6-6 所示。低氢焊条在不同温度和不同湿度下的吸潮量，如图 6-7 所示。各种焊接材料的临界吸潮量及标准烘干规范见表 6-2。必须控制低氢焊条在大气中的暴露时间，以免超量吸潮。低氢焊条在大气中允许暴露时间的规定见表 6-3。

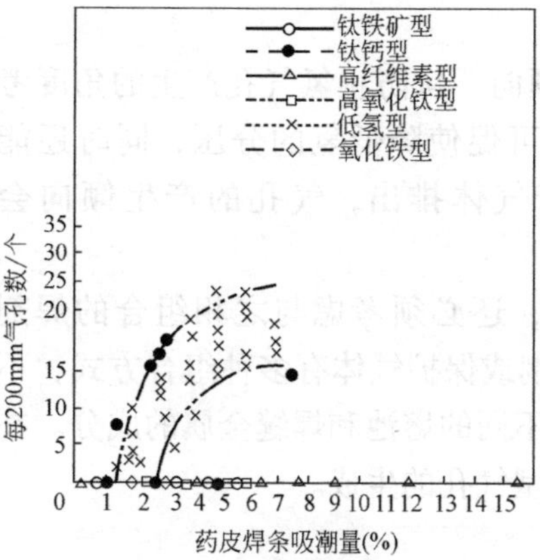

图 6-6　不同类型焊条药皮吸潮量对气孔的影响

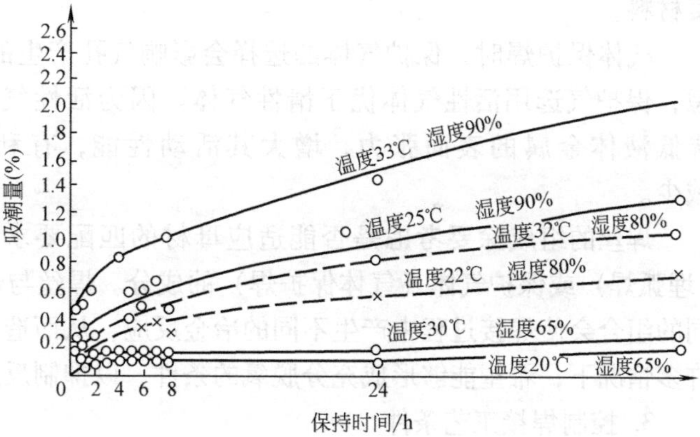

图 6-7　低氢焊条药皮的吸潮量

表 6-2　焊条的临界吸潮量和标准烘干规范

钢　　种	焊条药皮类型	临界吸潮量（%）	烘干温度/℃	烘干时间/min
低碳钢和抗拉强度 500MPa 级高强度钢	钛铁矿型 钛钙型 高氧化钛型 铁粉氧化铁型 低氢型 超低氢型	3 2 3 2 0.5 0.5	70～100 70～100 70～100 300～350 350～400	30～60 30～60 30～60 30～60 30～60 60
抗拉强度 600MPa 级的高强度钢	超低氢型	0.4	350～400	60
抗拉强度 800MPa 级的高强度钢	超低氢型	0.3	350～400	60
铁素体不锈钢	低氢型	0.5	300～350	30～60
奥氏体不锈钢	—	1	150～200	30～60
奥氏体不锈钢镍基合金	各类	1	150～200	30～60

表6-3　低氢焊条在大气中允许暴露的时间

焊条型号（AWS）	E70××	E80××	E90××	E100××	E110××
允许暴露的时间/h	≤4	≤2	≤1	≤0.5	≤0.5

(3) 加强保护　空气入侵熔池是产生气孔的原因之一，其中主要是氮的作用。所以在焊接时，要注意加强保护，主要应注意以下几点：

焊接过程中，注意焊条不能有药皮脱落，焊剂或保护气体不能中断，引弧时要能获得良好的保护。气体保护焊时，必须防风，避免因为风速过大时，保护气流成为湍流状态，失去保护作用。同时，保护气体的纯度也要控制。

2. 正确选用焊接材料

焊接材料的选用必须考虑与母材匹配的要求。例如，低氢焊条抗锈性能很差，而氧化铁型焊条，抗锈能力很强，所以产生气孔的倾向不同。焊接时要考虑这些因素，正确地选用焊接材料。

气体保护焊时，保护气体的选择会影响气孔产生的倾向。从防止氢气孔产生的角度考虑，保护气选用活性气体优于惰性气体。因为活性气体可促使降低氢的分压，同时还能降低液体金属的表面张力，增大其活动性能，有利于气体排出，气孔的产生倾向会减少。

焊丝的组成除要考虑是否能适应母材的匹配要求外，还必须考虑与之相组合的焊剂（埋弧焊）或保护气体（气体保护焊）的成分。焊丝与焊剂或保护气体有多种组合方式，不同的组合会使焊接过程中产生不同的冶金反应，从而造成不同的熔池和焊缝金属的成分。在许多情况下，希望能够形成充分脱氧的条件，以抑制反应型气孔的生成。

3. 控制焊接工艺条件

控制焊接工艺条件的目的是创造熔池中气体逸出的有利条件，同时也应有利于限制电弧外围气体向熔融金属中溶入。

当焊接条件不正常，以致电弧不稳定或失去保护时，会促使外来气体的溶入。熔池存在的时间增加，会有利于气体的逸出，但同时也会使气体的溶入更容易。对于不同的情况，要具体分析。

> **小知识**
>
> 在采取控制焊接工艺条件防止气孔产生时，不是简单的增大或减小焊接参数，而是有其最佳值，只有使工艺参数在最佳值的范围内，才能有效地防止气孔的产生。

对于反应型气孔，应创造条件，使在焊接冶金过程中熔池内部所产生的反应气体在熔池凝固前逸出。可通过增大热输入来增加熔池的存在时间，使气体的逸出更充分。

【综合训练】

一、理论部分

（一）填空题

1. 产生气孔的过程可以分为三个阶段：________、________和________。

2. 当熔渣的氧化性增大时，则由________引起的气孔的倾向增大，相反，当熔渣的还原性增大时，则________的倾向增大。

3. 焊接时，焊接电流增大，会使熔滴变细，熔滴的________增大，熔滴吸收的________较多，增加气孔的倾向。

4. 纯铜焊接时由于铜的氧化，生成的Cu_2O在熔池中与氢或CO反应，生成的水蒸气或CO_2析不出来，在焊缝中形成________。

5. 焊条药皮中含有较多的结晶水时，可使焊缝中含氢量过高，易产生氢气孔。铝、镁合金的氢气孔，常出现在焊缝________。

（二）判断题（正确的画"√"，错误的画"×"）

1. 焊接时采用直流正接，能减少气孔。 （ ）

2. CO_2气体不含氢，所以CO_2气体保护焊时，不会产生氢气孔。 （ ）

3. 铜及铜合金焊缝易形成氢气和一氧化碳气孔。 （ ）

4. 铁与镍及其合金焊接时，焊缝中含氧量越高，产生气孔的倾向越大。 （ ）

5. 烘干焊条和焊剂是减少焊缝金属含氢量的重要措施之一。 （ ）

（三）简答题

1. 什么是气孔？简要说明气孔形成的原因。

2. 防止气孔产生的措施有哪些？

3. 气孔的形成过程是什么？其形成的影响因素有哪些？

二、实践部分

1. 训练目标：了解气孔产生的条件，通过实验，分析影响气孔产生的因素及防止气孔产生的措施。

2. 训练准备：

（1）人员准备：每5~8人组成一个实验小组。

（2）材料准备：未烘干的E5015焊条若干、烘干的E5015焊条若干、焊条电弧焊焊机。

3. 训练地点：实验室。

4. 训练方法：

（1）每组分别用未烘干的E5015焊条和烘干的E5015焊条进行焊接。焊后分别进行缓慢冷却和正常冷却。

（2）对焊后的焊缝进行质量检验，观察有无气孔形成。

（3）记录实验结果，分析原因。

（4）根据结果，小组讨论，并分析总结防止气孔产生的措施。

模块二　焊缝中的夹杂

由冶金反应产生的，焊后残留在焊缝金属中的微粒、非金属杂质（如氧化物、硫化物）等，统称为夹杂物，简称夹杂。

在焊接时，由于熔池的冷却速度较快，一些脱氧、脱硫的产物来不及聚集逸出就残存在焊缝中而形成夹杂，如图6-8所示。

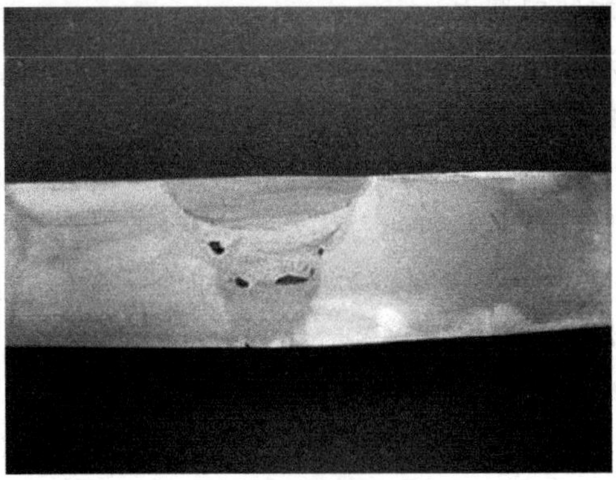

图6-8　夹杂物

一、夹杂的种类及危害

夹杂物的组成及分布形式多种多样，随被焊金属的成分、焊接方法与材料不同而变化。焊缝金属中常见的夹杂物有氧化物、硫化物和氮化物三类。

1. 氧化物夹杂

焊接金属材料时，氧化物夹杂存在较为普遍，其主要组成物是 SiO_2、MnO、TiO_2 及 Al_2O_3 等，一般以硅酸盐的形式存在。这种氧化物夹杂主要是在熔池冶金反应中产生，若熔池中的脱氧反应越充分，则焊缝中的氧化物夹杂就越少。焊缝中的氧化物夹杂如果以密集的块状或片状分布时，常引起热裂纹，同时也会降低焊缝的韧性。

2. 硫化物夹杂

硫化物的夹杂主要来源于焊条药皮或焊剂，此外，母材和焊丝中硫含量偏高时，也会造成硫化物夹杂。硫化物夹杂的形成，是由于硫从过饱和的固溶体中析出而形成的。其中多以 MnS、FeS 的形式存在，MnS 一般呈小颗粒状弥散分布于焊缝金属中，对焊缝性能影响不大。而 FeS 则在晶界析出，并与 Fe 或 FeO 形成低熔点的共晶物（FeS-Fe 的熔点为985℃，FeS-FeO 的熔点为940℃），这些低熔点共晶物在焊缝结晶后期为凝固裂纹的形成创造了一定的条件，会使焊缝金属的热裂倾向增大。近年来的实验发现，当钢中硫含量极低时（$w_S \approx 0$），反而使焊缝中产生冷裂纹的倾向增大。当有微量的硫化物弥散分布于金属中时，因为其具有溶氢的作用，使氢不易聚集，降低了氢的有害作用，使焊缝金属抗冷裂的性能有所提高。

3. 氮化物夹杂

氮的主要来源是空气，只有在焊接时保护不良的情况下才会出现较多的氮化物的夹杂。

氮化物夹杂的形成，是因为在焊接时，如果有过饱和的氮溶入液态金属中，当熔池冷却时，氮来不及析出，就会固溶于焊缝金属中，然后在时效过程中以 Fe_4N 的形式析出，这种 Fe_4N 在焊缝金属中以针状的形式分布在晶粒上或贯穿于晶界。由于 Fe_4N 是一种很硬很脆的化合物，当其在焊缝金属中的含量较高时，会使焊缝的硬度提高，塑性和韧性下降。

但当钢中的氮化物含量较少时，弥散分布的细小的氮化物质点可以起到沉淀强化的作用。例如，在15MnVN、14MnMoVN等含氮的钢中，加入少量的氮，与钢中的V元素形成弥散分布的VN，会使钢的强度有较大的提高。

二、防止焊缝中形成夹杂物的措施

根据以上讨论可知，夹杂物的危害与其分布的状态有关。一般来说，当夹杂物以细小颗粒弥散分布时，对焊缝的塑性和韧性危害很小，还可以使焊缝的强度有所提高。只有当夹杂物以较大的颗粒状存在或聚集时，才会对焊缝的性能危害较大。所以要从防止夹杂物形成大颗粒状或聚集状态入手来防止夹杂物的危害。

防止焊缝中产生夹杂物的措施主要有以下三个方面：

1. 控制其来源

氧化物夹杂是因为焊接时焊缝金属中氧的含量过高而形成的金属氧化物，因此焊接时脱氧可以有效地减少氧化物的含量，从而控制氧化物夹杂的形成。

氮化物夹杂的主要来源是焊接时保护效果不好，使空气中的氮进入焊缝金属中所形成的氮化物，因此控制其来源最有效的措施是在焊接时加强保护。

硫化物主要来自于焊接材料和母材，要想控制其来源就要控制焊接材料或母材中的硫含量，例如，选用硫含量较低的母材或焊接材料进行焊接。

2. 正确选用焊接材料

在选用焊接材料时，应正确地选用焊条、焊丝和焊剂，使之具有更好的脱氧、脱硫的效果，从而减少焊缝中的夹杂物。

3. 采用合理的焊接工艺

工艺方面的措施主要是为夹杂物的排出创造条件，具体措施如下：

1）选择合适的焊接参数，适当地增大焊接热输入，使熔池的存在时间增长，使夹杂物在焊缝金属凝固前能排出。

2）在多层焊的焊缝中，每焊完一层焊缝，要仔细清理焊缝表面的熔渣，避免残留的熔渣在焊接下一层焊缝时进入熔池而形成夹杂物。

3）焊条电弧焊时，采用适当的操作方法。比如，使焊条做适当的摆动，可以有利于熔渣与夹杂物排出。

4）施焊过程中，注意对熔池的保护，避免外界的空气进入熔池中。包括控制电弧长度，保证埋弧焊时焊剂层的厚度，气体保护焊时保证保护气体的流量，避免因外界因素的影响使保护效果变差等。

【综合训练】

一、理论部分

（一）填空题

1. 夹杂物的组成及分布形式多种多样，随________、________与________而变化。焊缝金属中常见的夹杂物有________、________和________三类。

2. 当夹杂物以________分布时，对焊缝的塑性和韧性的危害很小，还可以使焊缝的________有所提高，只有当夹杂物以________状存在或聚集时，才会对焊缝的性能危害较大。

3. 在焊接时，由于熔池的冷却速度较快，一些________、________的产物来不及聚集逸出就残存在焊缝中而形成夹杂。

4. ________是因为焊接时形成________，因此焊接时要加强脱氧，就可以控制________的形成。

5. 在选用焊接材料时，应正确地选用________、________和________，使之具有更好的脱氧、脱硫的效果，从而减少焊缝中的夹杂物。

（二）判断题（正确的画“√”，错误的画“×”）

1. 焊缝中产生夹杂缺陷，是因为焊工没有认真清理焊道，与其操作水平无关。（ ）
2. 焊接电流过小，坡口角度过小，容易产生夹杂。（ ）
3. 焊缝层道间应清理干净，否则易产生夹杂。（ ）
4. 熔渣黏度大，焊条药皮成块脱落未被熔化，容易引起夹杂。（ ）
5. 点状夹杂和气孔在射线底片上均呈现出黑点状，所以两者不能区分开。（ ）

（三）简答题

1. 防止焊缝中产生夹杂物的措施主要有哪几个方面？
2. 简述焊缝中常见三类夹杂物的产生原因。
3. 焊缝中常见三类夹杂物对焊接质量有何影响？

二、实践部分

1. 训练目标：了解夹杂产生的条件，通过实验，分析影响夹杂产生的因素及防止夹杂产生的措施。

2. 训练准备：

（1）人员准备：每5~8人组成一个实验小组。

（2）材料准备：材料为Q235，焊件尺寸为300mm×200mm×12mm，V形坡口，坡口角度为60°。焊条为E4303，ϕ3.2mm，ZX7-315电弧焊焊机。

3. 训练地点：实验室。

4. 训练方法：

1）每组同学分别采用相同的焊接参数，对两块相同尺寸的试板进行焊接。在进行第一对试板焊接时，焊条不做横向摆动，焊条前移的速度快一些；在进行第二对试板焊接时，焊条做横向摆动，焊条前移的速度慢一些，完成两对试板的焊接。

2）分别对两种情况下的焊缝进行检查。用射线检测的方式检测两块试板中产生夹杂的情况。

3）记录实验结果，分析原因。

4）根据结果，小组讨论，并分析总结防止夹杂产生的措施。

模块三 焊接裂纹

裂纹是焊接生产中常见的、也是最严重的缺陷，对产品的制造质量与使用性能都有很大的影响，有时还会酿成严重的事故。裂纹的种类很多，不同的裂纹不仅是特征与产生条件（如温度、材料等）不同，而且形成的机理与影响因素也不相同。

一、裂纹的危害、分类及特征

1. 焊接裂纹的危害

焊接裂纹种类繁多，产生的条件和原因各不相同。有些裂纹在焊后立即产生，有些在焊后延续一段时间才产生，甚至在使用过程中，在一定的外界条件诱发下才产生。裂纹既出现在焊缝和热影响区的表面，也产生在焊接接头内部。它对焊接结构的危害有以下几方面：

1）减少了焊接接头的有效工作截面，因而降低了焊接结构的承载能力。

2）造成了严重的应力集中，既降低了结构的疲劳强度，又容易引发结构的脆性破坏。

3）造成泄漏。用于承受高温高压的焊接锅炉或压力容器，用于盛装或输送有毒的、可燃的气体或液体的各种储罐和管道等，若有穿透性裂纹，必然发生泄漏，这在工程上是绝不允许的。

4）表面裂纹能藏污纳垢，容易造成或加速结构的腐蚀。

5）留下隐患，使结构变得不可靠。延迟裂纹产生的不定期性，以及微裂纹和内部裂纹易于漏检。漏检的裂纹即使很小，在一定的条件下会发生扩展，这些都增加了焊接结构在使用中的潜在危险。若无法监控，便成为极不安全的因素。

正是由于上述危害，从焊接工艺应用的早期（20 世纪 40 年代）到近代，在国内外屡屡发生过因焊接裂纹引起的重大事故，如焊接桥梁坍塌、大型海轮断裂、各种类型压力容器爆炸等恶性事件。

随着现代钢铁、石油化工、船舰和电力等工业的发展，焊接结构日趋向大型化、大容量和高参数方向发展。如在低温、深冷、腐蚀介质下工作的结构，广泛采用各种低合金高强钢，中、高合金钢，超高强度钢，以及各种合金材料，而这些金属材料通常对裂纹十分敏感。这些重大焊接结构如发生事故，往往是灾难性的，必须十分重视。

2. 焊接裂纹的分类

在焊接生产中，由于母材种类和结构形式不同，可能出现各种各样的裂纹。焊接裂纹的分类方法很多，可按裂纹走向、产生区域及产生的条件等划分。图 6-9 所示为焊接裂纹分布形态示意图。

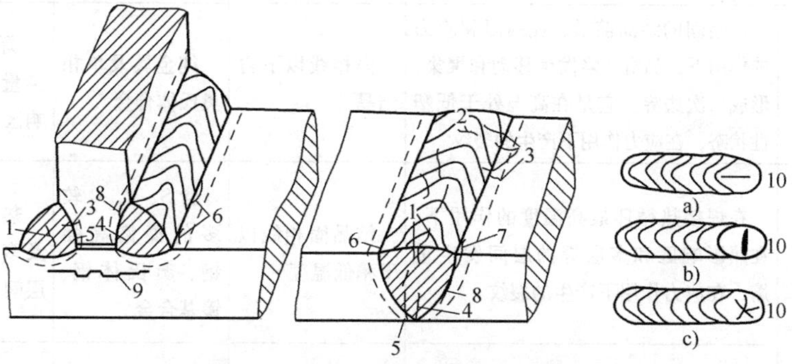

图 6-9　焊接裂纹分布形态示意图

a）纵向裂纹　b）横向裂纹　c）星形裂纹

1—焊缝中纵向裂纹　2—焊缝中横向裂纹　3—熔合区裂纹　4—焊缝根部裂纹　5—热影响区根部裂纹

6—焊趾纵向裂纹（延迟裂纹）　7—焊趾纵向裂纹（液化裂纹、再热裂纹）

8—焊道下裂纹（延迟裂纹、液化裂纹、多边化裂纹）

9—层状撕裂　10—弧坑裂纹（火口裂纹）

值得注意的是，裂纹有时出现在焊接过程中，有时也会出现在焊后放置或运行中，这种延时形成的裂纹在生产中无法检测，其危害就更为严重。

在研究各种焊接裂纹的形成及影响因素中，通常按其产生的条件分为以下几类：

（1）焊接热裂纹　焊接热裂纹是在焊接过程中，焊缝和热影响区金属冷却到固相线附近的高温区产生的焊接裂纹。根据产生热裂纹的机理、温度区间和形态的不同，热裂纹又可分为结晶裂纹、液化裂纹和多边化裂纹等。

（2）焊接冷裂纹　在焊接接头冷却到较低温度（对钢来说，在 *Ms* 点温度以下）时产生的焊接裂纹，称为焊接冷裂纹。由于被焊材料和结构形式的不同，冷裂纹也有不同的类型，大体上可分为延迟裂纹、淬硬脆化裂纹和低塑性脆化裂纹等。

（3）消除应力裂纹　含有碳化物形成元素的金属材料焊后在消除应力热处理时，或在该温度范围长期工作时的焊接结构，再次加热时，由于高温及残余应力的共同作用而产生的晶间裂纹，称为消除应力裂纹，又称为再热裂纹。

（4）层状撕裂　层状撕裂是指焊接时，在焊接构件中沿钢板轧层形成的呈阶梯状的一种裂纹。

（5）应力腐蚀开裂　金属材料（包括焊接接头）在一定温度下受腐蚀介质和拉伸应力共同作用而产生的裂纹称为应力腐蚀开裂。

3. 焊接裂纹的特点

每一类焊接裂纹的主要特征、产生的温度区间、产生的位置、裂纹走向和易于产生的材料见表6-4。

表6-4　各种裂纹分类及其基本特点

裂纹分类		基本特征	敏感的温度区间	母材	产生的位置	裂纹走向
热裂纹	结晶裂纹	在结晶后期，由于低熔点共晶形成的液态薄膜削弱了晶粒间的连接，在拉伸应力作用下发生开裂	在固相线温度以上稍高的温度（固液状态）	杂质较多的碳钢、低中合金钢、奥氏体钢、镍基合金及铝	焊缝上，少量在热影响区	沿奥氏体晶界
	多边化裂纹	已凝固的结晶前沿，在高温和应力的作用下，晶格缺陷发生移动和聚集，形成二次边界。它是在高温处于低塑性状态，在应力作用下产生的裂纹	固相线以下再结晶	纯金属及单相奥氏体合金	焊缝上，少量在热影响区	沿奥氏体晶界
	液化裂纹	在焊接热循环最高温度的作用下，在热影响区和多层焊的层间发生重熔，在应力作用下产生的裂纹	结晶固相线以下稍低温度	含S、P、C较多的镍铬高强钢、奥氏体钢、镍基合金	热影响区及多层焊的层间	沿晶界开裂
消除应力裂纹（再热裂纹）		厚板焊接结构消除应力处理过程中，在热影响区的粗晶区存在不同程度的应力集中时，由于应力松弛所产生附加变形大于该部位的蠕变塑性，则发生消除应力裂纹	600～700℃回火处理	含有沉淀强化元素的高强钢、球光体钢、奥氏体钢、镍基合金等	热影响区的粗晶区	沿晶界开裂

（续）

裂纹分类		基本特征	敏感的温度区间	母材	产生的位置	裂纹走向
冷裂纹	延迟裂纹	在淬硬组织、氢和拘束应力的共同作用下而产生的具有延迟特征的裂纹	在 *Ms* 点以下	中、高碳钢，低、中合金钢，钛合金等	热影响区，少量在焊缝	沿晶或穿晶
	淬硬脆化裂纹	主要是由淬硬组织，在焊接应力作用下产生的裂纹	*Ms* 点附近	含碳的 Ni-Cr-Mo 钢，马氏体不锈钢，工具钢	热影响区，少量在焊缝	沿晶或穿晶
	低塑性脆化裂纹	在较低温度下，由于母材的收缩应变，超过了材料本身的塑性储备而产生的裂纹	在 400℃以下	铸铁、堆焊硬质合金	热影响区及焊缝	沿晶及穿晶
层状撕裂		主要是由于钢板的内部存在有分层的夹杂物（沿轧制方向），在焊接时产生的垂直于轧制方向的应力，致使在热影响区或稍远的地方，产生"台阶式"层状开裂	约 400℃以下	含有杂质的低合金高强度钢厚板结构	热影响区附近	沿晶或穿晶
应力腐蚀裂纹（SCC）		某些焊接结构如容器和管道等，在腐蚀介质和应力的共同作用下产生的延迟开裂	任何工作温度	碳钢、低合金钢、不锈钢、铝合金等	焊缝和热影响区	沿晶或穿晶开裂

二、焊接热裂纹

焊接结构常用的钢或非铁金属，在焊接中都有可能产生热裂纹。焊接热裂纹是焊接生产中比较常见的一种焊接缺陷。金属在产生焊接热裂纹的高温下，晶界强度低于晶粒强度，因而热裂纹具有沿晶界开裂的特征。

（一）焊缝中的结晶裂纹

结晶裂纹又称为凝固裂纹，是在焊缝凝固后期所形成的裂纹，是生产中最常见的热裂纹之一。结晶裂纹主要产生在含杂质（S、P、C、Si）偏高的碳钢、低合金钢以及单相奥氏体钢、镍基合金及某些铝合金焊缝中，如图 6-10 所示。

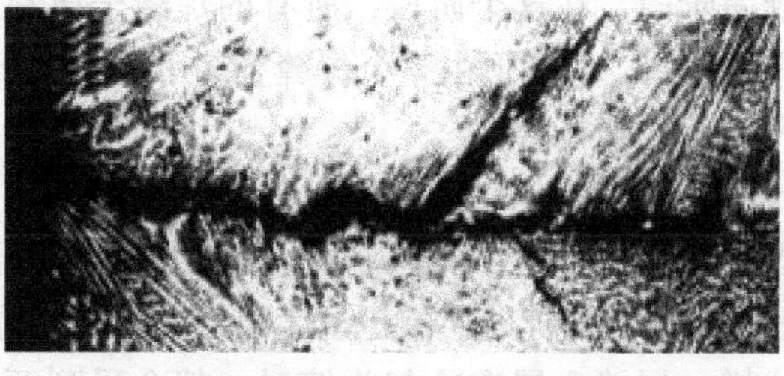

图 6-10　奥氏体焊缝的结晶裂纹

1. 结晶裂纹的产生机理

结晶裂纹是由冶金因素和力的因素的综合作用产生的。从焊接凝固冶金得知，焊缝结晶时先结晶部分较纯，后结晶部分含杂质和合金元素较多，这种结晶偏析造成了化学不均匀性。可以把焊缝金属结晶的过程分为三个阶段来讨论，如图 6-11 所示。

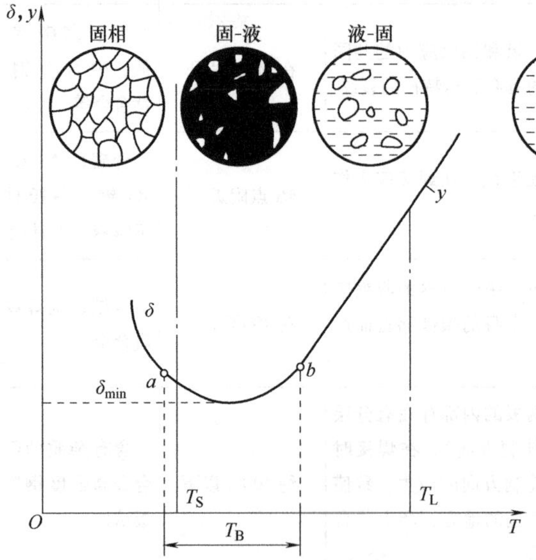

图 6-11　焊缝结晶的阶段及脆性温度区间

δ—塑性　γ—流动性　T_B—脆性温度区间　T_L—液相线　T_S—固相线

第一个阶段是液-固阶段。熔池开始结晶时，有少量的晶核产生，而后晶核逐渐成长，出现新的晶核。但在这个阶段，始终保持有较多的液相，相邻的晶粒之间没有直接接触，液态金属在晶粒之间可以自由流动，此时，即使有拉应力存在，但由于拉应力使固相被拉开的缝隙也会及时被自由流动的液相金属所填充，所以，在这个阶段不会形成裂纹。

第二个阶段是固-液阶段。随着温度继续下降，结晶过程继续进行，结晶出来的固相越来越多，没有结晶的液相金属越来越少。当结晶到某一个时刻时，结晶出的固相晶粒间产生了互相的接触，并拥挤在一起，这时，液相金属的流动就会比较困难，由于液相金属很少，到结晶后期，主要是一些低熔点的化合物以液相的形式存在，此时，在拉应力的作用下，拉应力使液态金属不能及时填充固相金属被拉开的缝隙，就有可能形成裂纹。由于在这个阶段，金属的塑性很差，故把这个阶段称为“脆性温度区”。

第三个阶段是完全凝固阶段。在这个阶段，所有的焊缝金属都已凝固而形成整体的焊缝，此时，即使受到拉应力作用，但变形由整个焊缝金属承担，而不再集中于晶界，因而有较高的抗裂能力，不会开裂而形成裂纹。

这是结晶裂纹形成的冶金因素。力的因素的形成是因为焊接是一个局部加热的过程，这样使焊缝金属在冷却过程中产生了内应力。这是因为：焊缝中心是温度较高的金属，在冷却的过程中，其收缩变形量大；而在焊缝的周围是温度较低的母材，焊缝冷却时，其收缩不能与焊缝金属同时进行，这样，焊缝金属在冷却收缩时，就会受到两侧温度较低的金属的限制，从而形成拉应力。

综上所述，焊接时，在结晶后期由于低熔点物质的存在所形成的液态薄膜和拉应力是产生结晶裂纹的必要条件。但液态薄膜与拉应力同时存在时能否产生结晶裂纹，主要取决于焊缝金属的变形能力δ_{min}与其产生的实际应变ε之间的关系：① 当$\varepsilon<\delta_{min}$时，不会开裂；②当$\varepsilon=\delta_{min}$时，处于临界状态；③只有当$\varepsilon>\delta_{min}$时，才会产生裂纹。图6-12中的曲线1、2、3分别表示上述三种情况。所以结晶裂纹的形成条件用数学式表达为

$$\varepsilon>\delta_{min}$$

2. 影响结晶裂纹形成的因素

影响结晶裂纹形成的因素很多，焊缝金属中形成低熔点物质的成分及使其产生拉应力的因素都会影响其产生。

（1）合金元素的影响　合金元素对结晶裂纹的影响十分复杂，而且各种合金元素除有单一的影响之外，多种元素相互之间也会影响。这里主要分析低碳钢和低合金钢中常见的几种合金元素对结晶裂纹的影响。

1）硫和磷的影响。硫和磷在钢中很容易产生偏析，同时硫和磷在钢中会形成多种低熔点的化合物或共晶物。它们在结晶时极易形成液态薄膜，使结晶裂纹的倾向增大。

2）碳的影响。由于碳含量增加，初生相可由δ相转为γ相，而硫、磷在γ相中的溶解度比在δ相中低很多，结果使硫、磷在晶界析出，使结晶裂纹倾向增大。

3）锰的作用。锰是良好的脱硫剂，在焊接时，锰会与熔池中的硫作用，降低焊缝中的硫含量，使结晶裂纹的倾向减小。因此，在钢中，随着碳含量的增大，Mn/S比值也应随着增大。

4）硅的影响。硅是δ相形成元素，有利于消除结晶裂纹的倾向，但当硅的含量超过4%时，容易形成硅酸盐夹杂物，增加结晶裂纹的倾向。

5）镍的影响。焊缝中加入镍元素后，可以改善焊接接头的低温韧性，如果硫和磷的含量不高时，有利于减小裂纹的产生。但当焊缝中硫和磷的含量增大时，镍与硫之间会形成低熔点共晶物，且呈膜状分布于晶界，使结晶裂纹的倾向增大。

6）钛、锆和稀土镧或铈等元素的影响。钛、锆和稀土镧或铈等元素能形成高熔点的硫化物，使结晶裂纹的倾向减小。

（2）合金相图的类型和结晶温度区间的影响　结晶裂纹的形成与合金的固-液相温度差（Δt_f）有密切关系。以图6-13为例，图中阴影线部分的垂直距离表示脆性温度区的宽度，

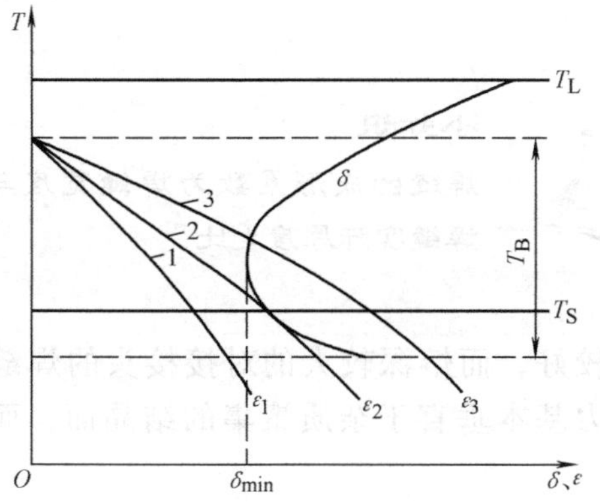

图6-12　焊接时产生结晶裂纹的条件

T_L—液相线温度　T_S—固相线温度

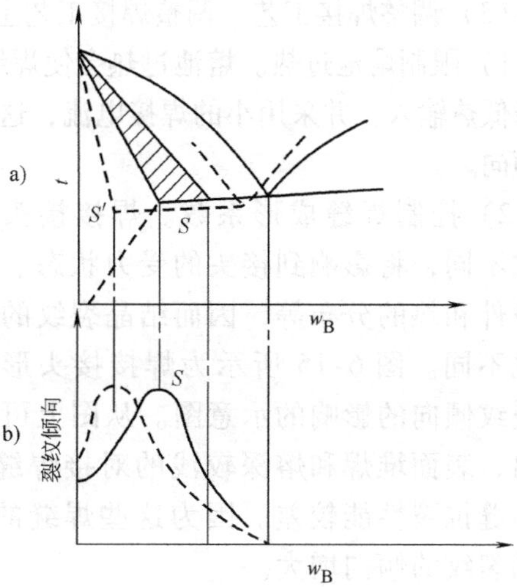

图6-13　结晶温度区间宽度的变化与裂纹倾向的关系

它随固-液相线间的垂直距离的增加（即 Δt_f）而加宽，裂纹倾向也作相应的变化（图 b 中的实线），在 Δt_f 最宽处 S 点达到最大值。当合金元素含量进一步增加时，凝固温度区和脆性温度区反而减小，所以裂纹的倾向也降低了。在实际生产中，不平衡结晶时 S 点向左下方移到 S' 点，因此，实际的裂纹倾向变化规律如图 b 中的虚线所示。

（3）组织形态的影响　如果焊缝一次结晶的晶粒度越大，结晶的方向性越强，杂质的偏析越严重，在结晶后期越容易形成液态薄膜，使结晶裂纹的倾向增大。

如果一次结晶组织为 δ（铁素体），或 γ + δ 的双相组织，则结晶裂纹的倾向就会减小。这是因为 δ 相能固溶更多的有害杂质而减少有害杂质的偏析。δ 相在 γ 相中的分散存在，可能使 γ 相枝晶发展受到限制，从而产生一定的细化晶粒和打乱结晶方向的作用，从而提高焊缝金属的抗裂性能。

（4）力学因素的影响　金属在高温下，温度超过一定值时（如图 6-14 中的 T_0），晶界强度 $\sigma_0 <$ 晶内强度 σ_G，因此当外力超过 σ_0 时，就会开裂。如果焊缝所承受的应力为 σ_2，在温度升高时 σ_2 始终低于 σ_0，就不会产生裂纹，而若焊缝承受的应力为 σ_1，则在高温时 $\sigma_1 > \sigma_0$，超过了金属的高温强度 σ_0，就会产生裂纹。可见拉应力的大小是开裂与否的决定因素。

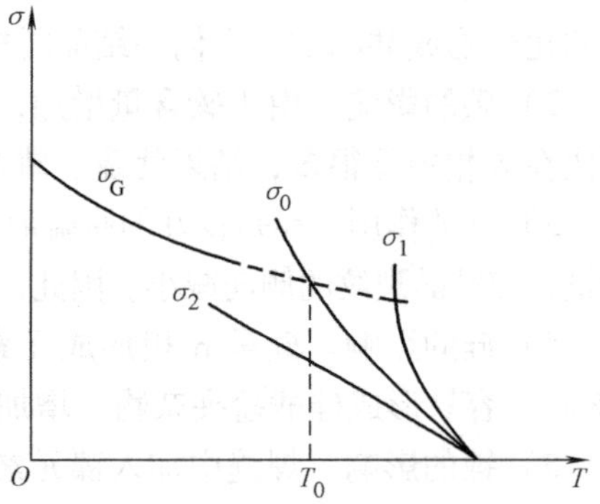

图 6-14　金属在高温下强度随温度的变化和与拉应力的关系

3. 防止结晶裂纹的措施

（1）控制焊缝金属的成分　焊缝中杂质的含量增加时，会使结晶裂纹的倾向增大，所以在焊接时，要控制焊缝金属中杂质的含量，特别是硫、磷、碳等强促进结晶裂纹形成的元素。合金化的程度越高，限制越严格。

（2）改善焊缝的结晶形态　在焊缝或母材中加入一些细化晶粒的元素，如 Mo、V、Ti、Zr、Al、Re 等元素，使焊缝金属形成细小的晶粒，以提高其抗裂性能。

（3）调整焊接工艺　调整焊接工艺主要从以下几个方面入手：

1）限制熔池过热。熔池过热会使焊缝中易形成粗大的组织而使结晶裂纹的倾向增大，应降低热输入，并采用小的焊接电流，这样可以通过减小晶粒度和降低应变量减小结晶裂纹的倾向。

2）控制焊缝成形系数。焊接接头的形式不同，将影响到接头的受力状态、结晶条件和热的分布等，因而结晶裂纹的倾向也不同。图 6-15 所示为焊接接头形式对裂纹倾向的影响的示意图。从图上可以看出，表面堆焊和熔深较浅的对接焊缝抗裂性较好，而熔深较大的对接接头的焊缝和角焊缝抗裂性能较差。因为这些焊缝的收缩应力基本垂直于杂质聚集的结晶面，而使结晶裂纹的倾向增大。

> **小知识**
>
> 焊缝的成形系数为焊缝宽度与焊缝实际厚度之比。

实际上，结晶裂纹的倾向和焊缝的成形系数 $\varphi = W/H$ 有关，如图 6-16 所示。

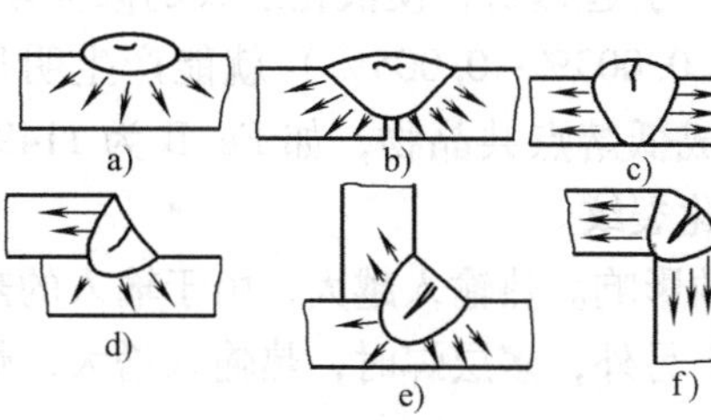

图 6-15　焊接接头形式对结晶裂纹倾向的影响

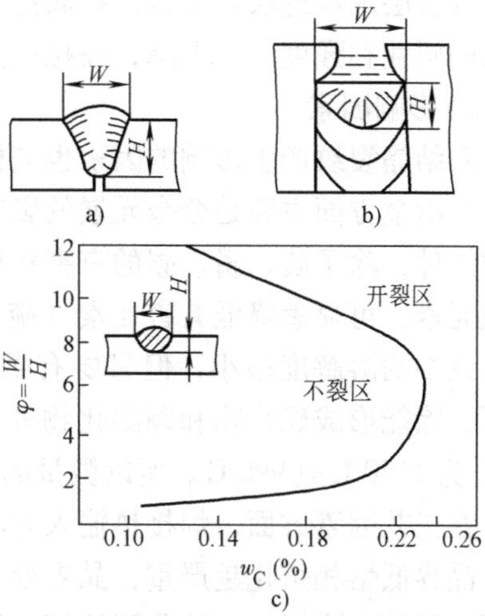

图 6-16　焊缝成形系数对焊缝结晶裂纹的影响

a）电弧焊缝　b）电渣焊缝

c）碳钢结晶裂纹与成形系数的关系

（Mn/S≥18，w_S = 0.02%～0.35%）

一般地，提高焊缝成形系数可以提高焊缝的抗裂性能。从图 6-16 中可以看出，当焊缝碳含量提高时，为了防止裂纹，应相应提高宽深比，要避免采用 $\varphi<1$ 的焊缝截面形状。

3）调整冷却速度。冷速越高，变形增长率越大，结晶裂纹倾向也越大。降低冷却速度可通过调整焊接参数或预热来实现。用增加线能量来降低冷却速度的效果是有限的，采用预热则效果较明显。但要注意，结晶裂纹形成于固相线附近的高温，需用较高的预热温度才能降低高温的冷却速度。高温预热将提高成本，恶化劳动条件，有时还会影响接头金属的性能，应用时要全面权衡利弊。在生产中，只在焊接一些对结晶裂纹非常敏感的材料（如中、高碳钢或某些高合金钢）时，才用预热来防止结晶裂纹。

4）降低接头的刚度和拘束度。为了减小结晶过程的收缩应力，在接头设计和装焊顺序方面尽量降低接头的刚度和拘束度。

（二）液化裂纹

焊接过程中，在焊接热循环峰值温度作用下，在母材近缝区与多层焊的层间金属中，由于低熔点共晶被加热熔化，在一定收缩应力作用下沿奥氏体晶界产生的开裂，即为液化裂纹，如图 6-17 所示。

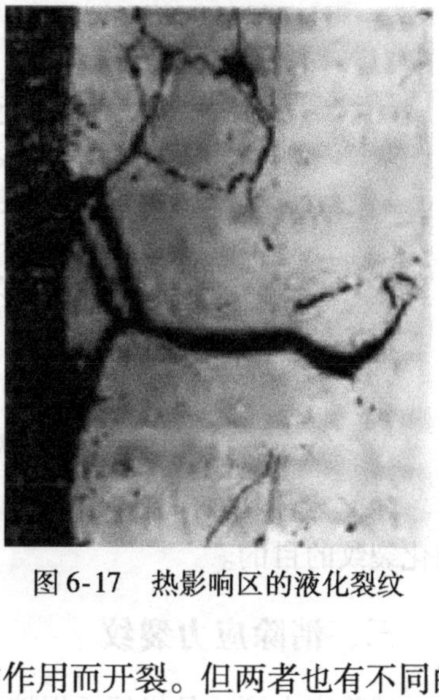

图 6-17　热影响区的液化裂纹

1. 形成机理

液化裂纹的形成机理在本质上与结晶裂纹相同，都是由于晶间有脆弱低熔相或共晶，在高温下承受不了拉应力的作用而开裂。但两者也有不同的地方，结晶裂纹是液态焊缝金属在凝固过程中形成的；而液化裂纹一般认为是在焊接时热影响区或多层焊焊缝层间金属，在高温下使这些区域的奥氏体晶界上的低熔点共晶重新熔化，金属的塑性和强度急剧下降，在拉应力作用下沿奥氏体晶界开裂而形成的。

2. 影响因素

对结晶裂纹产生影响的因素也同样对液化裂纹有影响。

在冶金方面主要是合金元素的影响。对于易出现液化裂纹的高强度钢、不锈钢和耐热合金的焊件，除了硫、磷、碳的有害作用外，也有镍、铬和硼元素的影响。镍是强烈的奥氏体形成元素，可显著降低有害元素（硫、磷）的溶解度，引起偏析，使液化裂纹的倾向增大。硼在铁中的溶解度很小，但只要有微量的硼（如 $w_B = 0.003\% \sim 0.005\%$）就能产生明显的偏析，除能形成硼化物和硼碳化物外，还与铁、镍形成低熔点共晶物，如 Fe-B 为 1149℃，Ni-B 为 1140℃或 990℃。所以微量的硼就可能引起液化裂纹。

在工艺因素方面，焊接热输入对液化裂纹有很大的影响。热输入越大，由于输入的热量多，晶界低熔相熔化越严重，晶界处于液态时间越长。另外，多层焊时，热输入增大，焊层变厚，焊缝应力增加，液化裂纹倾向增大。

3. 防止液化裂纹的措施

（1）选用对液化裂纹敏感性较低的母材　可选用含有碳、镍、硫和磷含量较低的母材，并使母材中 Mn/S 比值较高，对于含镍的低合金钢，Mn/S 值最好大于 50；含镍较高的钢，则应严格限制杂质含量。

（2）减小焊缝的凹度　实验表明，当焊缝断面呈明显的蘑菇状时，在凹入处很容易产生微小的裂纹，而且裂纹率随着凹度的增加而增加。为了减小凹度，可采取用焊条电弧焊盖面或将焊丝倾斜一定角度等办法，如图 6-18 所示。

想一想

结晶裂纹与液化裂纹同属于热裂纹，那么它们的形成机理有哪些相同点和不同点呢？

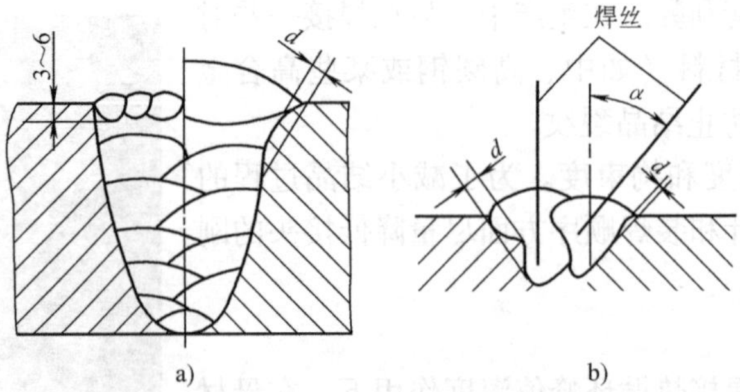

图 6-18　减小焊缝凹度的措施

a）焊条电弧焊盖面　b）焊丝倾斜一定角度

（3）采用较小的焊接热输入　降低焊接热输入，可以降低母材的过热，从而达到防止液化裂纹的目的。

三、消除应力裂纹

消除应力裂纹是指焊后焊接接头在一定温度范围内再次加热而产生的裂纹。一些重要结构，如厚壁压力容器、核电站的反应容器等，焊后常要求进行消除应力处理，这种在消除应

6 UNIT

力处理过程中产生的裂纹称为消除应力处理裂纹，简称SR裂纹，如一些耐热钢和合金的焊接接头在高温服役时见到的裂纹，也可称再热裂纹，如图6-19所示。

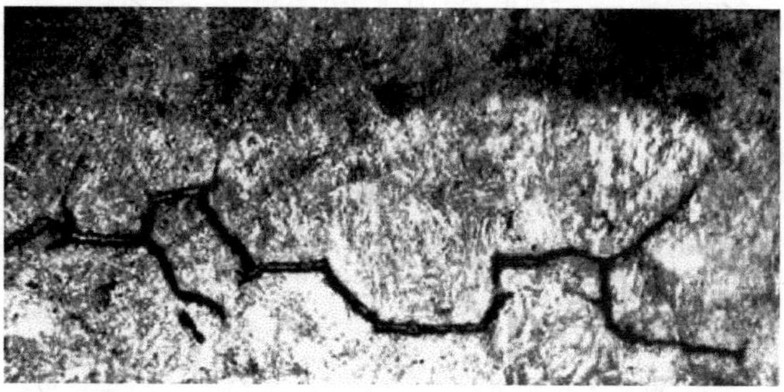

图6-19　消除应力裂纹

1. 消除应力（SR）裂纹的特点

1）消除应力裂纹只发生在某些金属内，仅在含有一定沉淀强化元素的金属焊件中产生。

2）消除应力裂纹只发生在某一温度区间，与加热温度、加热时间有关，存在一个裂纹的敏感温度区间。对于一般的低合金钢，这个温度区间约为500～700℃，对于奥氏体不锈钢和一些高温合金钢在700～900℃之间。温度区间随着材料不同而不同。

3）消除应力裂纹一般发生在焊接热影响区的粗晶区，裂纹走向是沿熔合线母材侧的奥氏体粗晶晶界扩展，呈晶间开裂，在细晶区终止。

4）消除应力裂纹的产生是以大的残余应力为决定条件，因此常见于拘束度较大的大型产品上应力集中的部位，应力集中系数K越大，开裂所需的临界应力越低。

2. 消除应力裂纹的产生机理

消除应力裂纹的产生是由于高温下晶界强度低于晶内强度，晶界优于晶内发生滑移变形，使变形集中在晶界上，当晶界的实际变形量超过其塑性变形能力时，就会产生裂纹。目前普遍接受的产生消除应力裂纹的机理如下：

（1）杂质偏聚弱化晶界　晶界上的杂质及析出物会强烈地弱化晶界，使晶界滑动时失去聚合力，导致晶界脆化，显著降低蠕变抗力。例如钢中P、S、Sb、As等元素在500～600℃再热处理过程中向晶界析集，大大降低了晶界的塑性变形能力。

（2）晶内析出强化作用　当金属材料中含有较多的使晶内发生析出强化的合金元素时，具有明显的裂纹倾向。

3. 影响消除应力裂纹的因素

（1）化学成分的影响　化学成分对消除应力裂纹的影响因钢种和合金不同而不同。图6-20所示为各种合金元素对裂纹倾向的影响。

钢或合金中杂质（特别是Sb）越多，偏聚于晶界并使之弱化，增大裂纹倾向，使消除应力裂纹“C”曲线显著向左方移动。

（2）钢的晶粒度的影响　试验表明，高强度钢的晶粒度越大，则晶界开裂所需的应力越小，也就容易产生消除应力裂纹。

（3）焊接接头不同部位缺口效应的影响　缺口位于粗晶区和有余高又有咬边的情况下

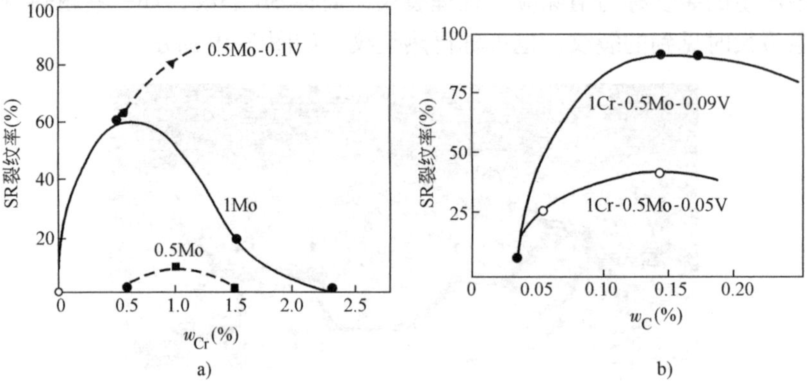

图 6-20 钢中合金元素对消除应力裂纹倾向的影响

a）钢中 Cr、Mo 含量对 SR 裂纹的影响（620℃，2h） b）碳对 SR 裂纹的影响（600℃，2h）

常导致消除应力裂纹的产生。

（4）焊接材料的影响 选用低匹配的焊接材料，适当降低在 SR 温度区间焊缝金属的强度，提高其塑性变形能力，可减轻热影响区塑性应变集中程度，对降低裂纹的敏感性是有益的。

（5）焊接方法和热输入的影响 增大焊接热影响区过热区的焊接方法，将使裂纹的倾向增大。增加焊接热输入将会增大粗晶区，使裂纹的倾向增大。

（6）预热和后热的影响 预热是防止消除应力裂纹的有效措施之一，但必须采用比防止冷裂纹更高的预热温度或配合后热才能有效。

4. 防止消除应力裂纹的措施

由上述分析可知，消除应力裂纹主要产生在粗晶区应力集中的部位，而且与钢的种类有关，因此，其防止措施主要从以下几个方面入手：

1）选用对再热裂纹敏感性低的母材。在制造焊后必须进行消除应力处理的结构时，应选用对裂纹敏感性低的母材。

2）选用低强高塑的焊接材料。采用强度较低、塑性较高的焊接材料，就可以降低消除应力裂纹的倾向。

3）控制结构的刚性，减小焊接残余应力。采用相应的措施，减小焊接残余应力，可以防止消除应力裂纹的产生。如通过改进接头形式、合理地安排装配和焊接顺序等措施减少接头的拘束度，降低残余应力。

4）预热与后热。采用焊前预热或焊后后热的措施可以减小产生消除应力裂纹的倾向。

5）控制焊接热输入。增大焊接热输入，可以降低冷却速度，减小残余应力，使消除应力裂纹的倾向减小。但当热输入过大时，会使焊接接头过热严重，造成晶粒粗大，从而使消除应力裂纹的倾向反而又增加。

四、焊接冷裂纹

焊接接头冷却到较低温度下（对于钢来说一般是指 *Ms* 点以下）时产生的裂纹，称为冷裂纹，如图 6-21 所示。在焊接裂纹所引发的事故中，由冷裂纹所造成的事故占 90% 左右，因此，冷裂纹是危害最大的一种裂纹。

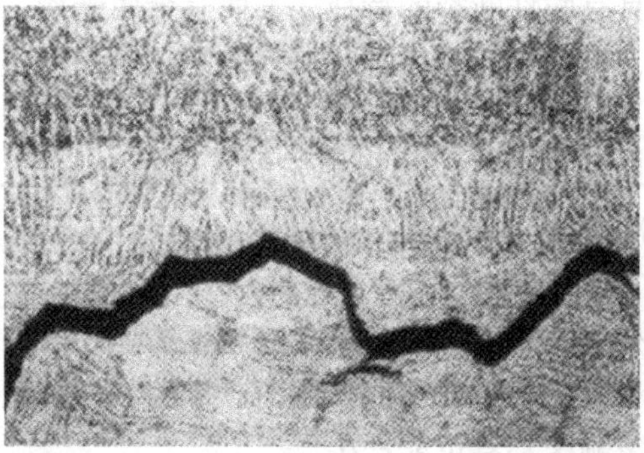

图 6-21　HY-80 钢焊接热影响区中的延迟裂纹

（一）冷裂纹的特征

冷裂纹的特征主要表现在以下几方面：

1. 形成的温度

冷裂纹都是在较低的温度下形成的。大量研究结果表明，对钢材来说，冷裂纹的形成温度大体在 100 ~ −100℃之间，具体的形成温度随母材与焊接条件不同而异。

2. 冷裂纹的分布形态

冷裂纹多发生在具有缺口效应的焊接热影响区或有物理化学不均匀性的氢聚集的局部地带。主要有焊道下裂纹、焊根裂纹、横向裂纹和焊趾裂纹四种形式，如图 6-22 所示。

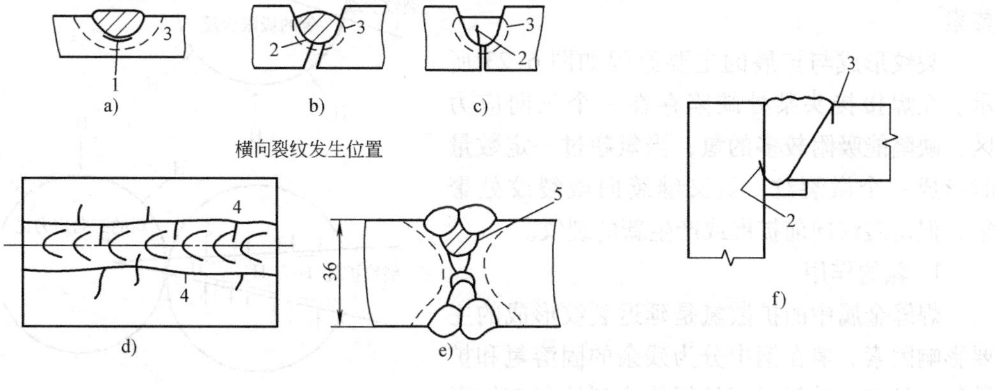

图 6-22　焊接冷裂纹的分布形态

1—焊道下裂纹　2—焊根裂纹　3—焊趾裂纹　4、5—表面或焊缝内横向裂纹

3. 产生的时间

冷裂纹可以在焊后立即出现，有的却要经过一段时间，如几小时、几天，甚至更长的时间才出现。

4. 产生部位

冷裂纹多数出现在焊接热影响区，但一些厚大焊件（如超高强钢及钛合金）则出现在焊缝上。

5. 断口的特征

宏观上冷裂纹的断口具有脆性断裂的特征，表面有金属光泽，呈人字形态发展。从微观看，裂纹有时沿晶界扩展，有时是穿晶前进，较多的是从沿晶为主兼有穿晶的混合断裂。

（二）冷裂纹的分类

焊接生产中，由于采用的钢种、焊接材料不同，结构的类型、刚度以及施工的条件不同，可能出现不同形态的冷裂纹。大致上可分为：

1. 淬硬脆化裂纹

淬硬脆化裂纹又称淬火裂纹。这种冷裂纹一般出现在淬硬倾向大的钢种中，是由于焊接时形成硬脆的马氏体组织和焊接拘束应力的作用而产生的。与氢无关，没有延迟现象，焊后常立即出现，在焊缝和热影响区都有可能产生。

通常焊前采用较高的预热温度和使用高韧性焊条基本上可防止这类裂纹。

2. 低塑性脆化裂纹

它是某些塑性较低的材料，冷至低温时，由于收缩而引起的应变超过了材料本身所具有的塑性储备或材质变脆而产生的裂纹。通常也是焊后立即出现，没有延迟现象。

3. 延迟裂纹

这种裂纹在焊后并不立即出现，有一定的孕育期，具有延迟现象。这种裂纹经常遇到，而且因为其延迟性，在焊后的检验中并不能及时发现，危害也是最大的。

（三）冷裂纹的形成机理和影响因素

冷裂纹通常是扩散氢、钢种的淬硬倾向及接头所承受的拘束应力三者共同作用的结果。通常把这三个因素称为高强钢冷裂纹形成的三要素。

裂纹形成与扩展的主要原因如图6-23所示。在焊接接头某处缺陷存在一个三向应力区，缺陷能吸附较多的氢，当氢超过一定数量时形成一个微裂纹，氢又继续向微裂纹处聚集，促使裂纹向前扩展或产生新的裂纹。

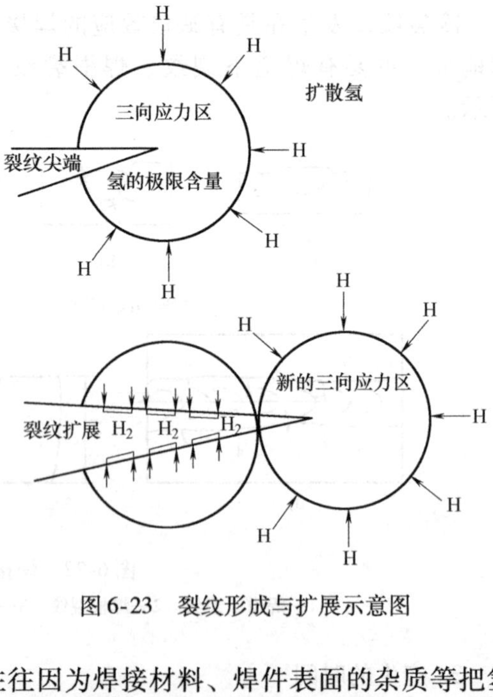

图6-23　裂纹形成与扩展示意图

1. 氢的作用

焊缝金属中的扩散氢是延迟裂纹形成的主要影响因素。氢在钢中分为残余的固溶氢和扩散氢，只有扩散氢对钢的焊接冷裂纹起直接影响。氢在形成冷裂纹过程中的作用与其以下将介绍的动态行为有关。

（1）氢在焊缝中的溶解　在焊接过程中，往往因为焊接材料、焊件表面的杂质等把氢带入焊接区，并在高温下溶入焊接熔池中。氢在金属中的溶解度随着温度的变化很大，在液态铁中的溶解度远远高于在固态铁中的溶解度，这样在熔池冷凝的过程中，在凝固点氢的溶解度会发生突变。由于熔池的体积小，冷却速度快，这时因为溶解度下降而过饱和的氢就会来不及逸出而存在于焊缝中。

（2）氢在焊缝金属中的扩散　焊缝中过饱和的氢处于不稳定的状态，在浓度差的作用下，会自动地向周围热影响区和大气中扩散。这种扩散速度与温度有关。当温度很高时，氢的扩散速度很快，会很快从焊缝金属中逸出；当温度很低时，氢的扩散速度很慢，不会产生聚集，这两种情况都不会产生裂纹。只有在一定的温度范围内，氢来不及扩散逸出，又在焊缝金属中形成聚集，才会形成冷裂纹。一般在100～－100℃时，氢的作用最显著，如果同时有敏感组织和应力存在，就会产生冷裂纹。

（3）焊缝金属结晶过程中氢的溶解与扩散　在焊接低碳低合金钢时，焊缝与母材的成分并不完全相同，为了防止焊缝中产生焊接缺陷，一般焊缝金属的碳当量低于母材。

焊缝进行奥氏体分解时，氢的溶解度突降，扩散速度突升（见表6-5），过多的氢必然通过熔合线向尚未转变的热影响区扩散。氢扩散到母材后，由于γ相中溶解度大而扩散速度低，在快冷时就不可能继续向母材内部扩散，而聚集在熔合线附近形成了富氢区。在母材也发生了相变后，氢就以过饱和的形式残留于马氏体（或贝氏体）中，并扩散到应力集中或晶格缺陷处结合成分子，形成了较高的局部应力。加上热应力、组织应力的共同作用，就可能造成开裂。热影响区冷裂纹的形成过程如图6-24所示。

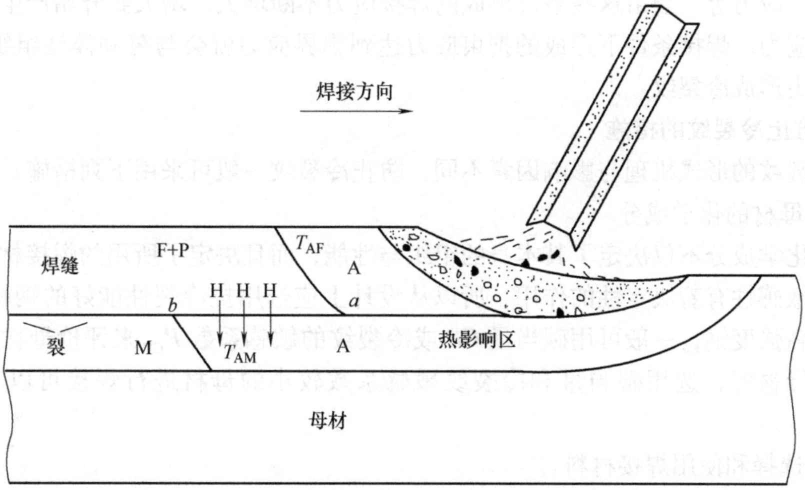

图6-24　热影响区形成冷裂纹的过程

表6-5　氢在不同组织中的溶解度与扩散速度

温度/℃	溶解度/(mL/100g)		扩散速度/[mL/(mm² · h)]	
	γ-Fe	α-Fe	γ-Fe	α-Fe
500	4	0.75	0.018	0.26
100	0.9	0.12	0.000000034	0.00026

（4）氢与力的共同作用　氢在金属中的扩散还受到应力状态的影响，它有向三向拉应力扩散的趋势。常在应力集中或缺口等有塑性应变的部位产生氢的局部聚集，使该处最早达到氢的临界含量。应力梯度越大，氢扩散的驱动力也越大。

2. 组织的作用

钢材的淬硬倾向越大或马氏体数量越多，越容易产生冷裂纹。这是因为马氏体是碳在α铁中的过饱和固溶体，它是一种硬脆组织。特别是在焊接条件下，近缝区的温度高达

1350～1400℃，使奥氏体晶粒严重长大。当快速冷却时，粗大的奥氏体就会转变为粗大的马氏体组织，这种硬脆的马氏体的塑性很差，断裂时所需的能量很低。因此，在焊接时，接头中有马氏体存在时，冷裂纹的产生倾向会增大。钢材的淬硬倾向越大，热影响区或焊缝冷却后得到的脆性组织马氏体越多，对冷裂纹越敏感。

但是不同的化学成分和形态的马氏体组织对冷裂纹的敏感性不同，如果出现的是板条状低碳马氏体，则因其 *Ms* 点较高，转变后有自回火过程，它既有较高的强度，又有足够的韧性，其抗裂性能优于碳含量高的片状孪晶马氏体。经大量的实验证明，获得的各种组织对冷裂纹的敏感性由小到大的排列顺序如下：

铁素体（F）—珠光体（P）—下贝氏体（B_L）—低碳马氏体（M_L）—上贝氏体（B_u）—粒状贝氏体（B_g）—岛状 M-A 组元—高碳孪晶马氏体（M_u）

3. 应力的作用

焊接时，由于焊件的不均匀加热及冷却，会引起热应力、金属相变前后不同组织的热物理性质（质量体积、线膨胀系数、体膨胀系数）变化引起的相变应力，以及结构自身拘束条件所造成的应力等。当由这些条件形成的焊接应力不断增大，增大到开始产生裂纹时，称为临界拘束应力。焊接条件下形成的拘束应力达到临界应力就会与氢和淬硬组织共同作用，而使焊接接头形成冷裂纹。

（四）防止冷裂纹的措施

根据冷裂纹的形成机理与影响因素不同，防止冷裂纹一般可采用下列措施：

1. 控制母材的化学成分

母材的化学成分不仅决定了其本身的组织与性能，而且决定了所用的焊接材料，因而对接头冷裂纹敏感性有着决定性的作用，所以从设计上应选用抗冷裂性能好的钢材进行焊接。对于低合金高强度钢，一般可用碳当量 *CE* 或冷裂纹的敏感系数 P_{CM} 来评价母材的抗冷裂能力。在选择母材时，选用碳当量和冷裂纹敏感系数较小的母材进行焊接可以有效地防止冷裂纹。

2. 合理选择和使用焊接材料

合理选择和使用焊接材料的主要目的是减少氢的来源和改善焊缝金属的塑性和韧性。

（1）选用低氢和超低氢的焊接材料　碱性焊条焊接形成的熔敷金属中氢的含量比酸性焊条焊接所形成的熔敷金属中氢的含量低得多，在焊接淬硬倾向大的钢时，要选用碱性焊条进行焊接。

（2）严格按规定对焊接材料进行烘焙及进行焊前清理工作，减少氢的含量　焊条和焊剂要妥善保管，不能受潮，焊前必须进行严格的烘干。在现场使用的烘干焊条，宜放在焊条保温筒内，随用随取，以防吸潮。

（3）选用低匹配的焊条　选择强度级别比母材略低的焊条有利于防止冷裂纹，因强度较低的焊缝不仅本身冷裂倾向小，而且由于它较易塑性变形，从而降低了接头的拘束应力，使焊趾、焊根等部位的应力集中效应相对减小，改善了热影响区的冷裂倾向。

（4）选用奥氏体的焊条　因为奥氏体可溶解较多的氢，同时奥氏体的塑性好，可以减小接头的拘束应力，有利于减小冷裂纹。但在焊接接头强度要求较高时，采用奥氏体焊条不适合。同时，焊接时要采用小的焊接电流减小熔合比，避免因为母材的稀释作用而使其形成淬硬的马氏体组织。

(5) 提高焊缝金属的韧性　可以通过焊接材料向焊缝金属过渡某些使焊缝金属韧性提高的合金元素来提高焊缝金属的韧性，如钛、铌、钼、钒、硼、稀土元素等。

3. 焊前预热

焊前预热可以有效地降低冷却速度，从而改善接头的组织，降低拘束应力，并有利于氢的析出，可起到防止产生冷裂纹的作用。

4. 控制焊接热输入

高强度钢对焊接热输入敏感。热输入过大，会使热影响区奥氏体晶粒长大，接头韧性下降；热输入过小，则冷却速度过大，易形成淬硬的组织而使冷裂倾向增加。合理的方法是在充分保证焊接接头韧性的前提下，适当加大焊接热输入。

5. 焊后热处理

焊后进行不同方式的热处理，可分别起到消除扩散氢、降低和消除残余应力、改善组织或降低硬度等作用。焊后常用的热处理制度有消氢处理、消除应力退火、正火和淬火（或淬火 + 回火），具体选用的原则视产品的需要而定。

小知识

在轧制的厚板角接接头、T 形接头和十字接头中，由于过大的 Z 向应力在焊接热影响区及其附近的母材内易引起沿轧制方向发展的具有阶梯状的裂纹，也具有延迟的现象。这种裂纹一般是产生于接头内部的微小裂纹，通过无损探伤比较难以发现，也难以排除或修补，易造成灾难性的事故。

6. 加强工艺管理

在生产的过程中，要加强工艺管理，避免管理不当，造成焊接质量下降，使裂纹的倾向增大。

总之，防止冷裂纹的措施是多方面的。在保证选材正确、工艺合理的前提下，同时注重施工的质量，才能真正做到防止冷裂纹的产生。

五、层状撕裂

层状撕裂是指在焊接时，焊接结构件中沿钢板轧层形成的呈阶梯状的一种裂纹，如图 6-25所示。层状撕裂一般产生于接头内部的微小裂纹，即使通过无损检测也难以发现，它是一种难以修复的结构破坏，甚至会造成灾难性的事故。层状撕裂主要发生在低合金高强钢的厚板焊接结构中，如海洋采油平台、核反应堆、压力容器及建筑结构的箱型梁柱等。

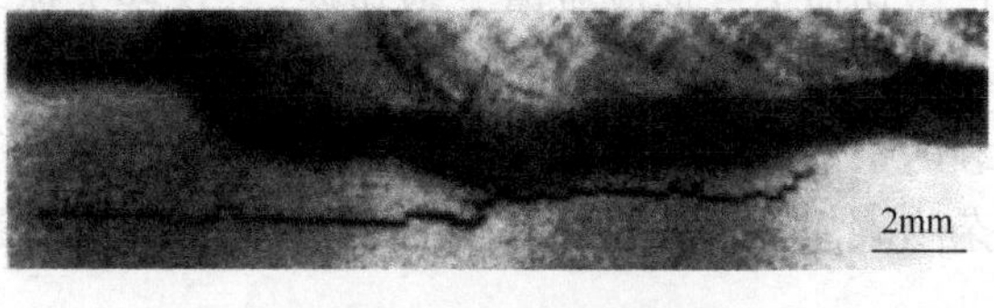

图 6-25　层状撕裂

1. 层状撕裂的特征

1）层状撕裂多发生在轧制厚板的 T 形接头、十字接头和角接接头的贯通板中，有时也发生在厚板的对接接头中，开裂沿母材轧制方向，具有阶梯状形态特征，各种接头的层状撕裂如图 6-26 所示。

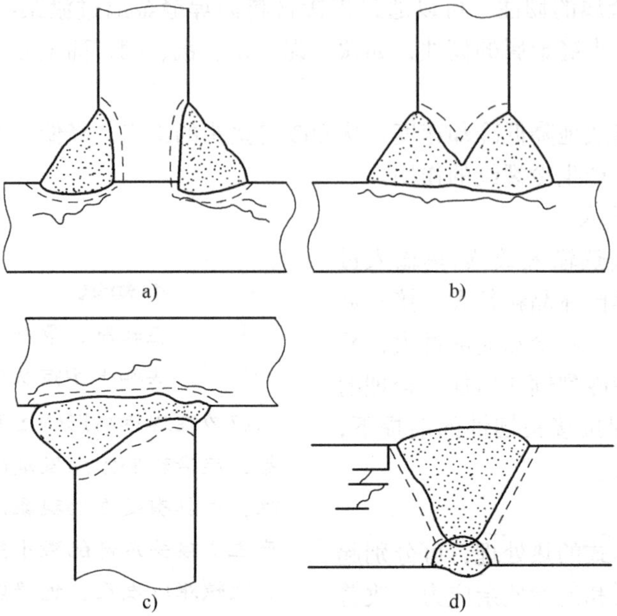

图6-26　各种接头的层状撕裂
a）T形接头　b）深熔T形接头　c）角接接头　d）对接接头

2）层状撕裂发生的位置在焊接热影响区或远离影响区的母材，有些在焊趾或焊根处由冷裂纹诱发而成。其中工程中最常见的是热影响区的层状撕裂。

3）层状撕裂属于冷裂纹范畴，对于低合金高强度钢，其撕裂温度不超过400°C。它的产生与钢的强度级别无直接关系，主要与钢中夹杂物（硫化物、氧化物等）含量及分布形态有关。层状撕裂可在焊接过程中形成，也可在焊接结束后启裂和扩展，具有延迟破坏性质。

2. 层状撕裂形成的原因

厚板结构的焊接接头，特别是T形接头和角接接头，在焊接时刚性拘束条件下，焊缝收缩时会在母材厚度方向（简称Z向）产生较大的拉伸应力和应变，当应变超过母材金属（Z向）的塑性变形能力之后，夹杂物与金属基体之间就会发生分离而形成微裂纹，在应力的继续作用下，裂纹尖端沿着夹杂物所在平面扩展，形成所谓“平台”。同时，相邻平台之间由于不在同一平面上而产生切应力，形成所谓“剪切壁”。这些大体与板面平行的平台和大体与板面垂直的壁，就构成了层状撕裂特有的阶梯状形态。

因此，产生层状撕裂的根本原因是钢中存在较多的平行于钢板表面沿轧制方向分布的片状夹杂物，这些片状夹杂物大大削弱了钢板在Z向的力学性能，于是在Z向焊接拉伸应力作用下就产生了裂纹。

3. 防止层状撕裂的措施

（1）选用具有抗层状撕裂的钢材

1）选用断面收缩率（Z向）较高、硫含量较低的精炼钢。

2）选用添加了V、Nb、稀土等微量元素的钢材。这类钢材控制了夹杂物，特别是硫化物的含量与形态，改善了Z向性能，具有较好的抗层状撕裂的能力。

(2) 改善接头设计

1) 尽量采用双面焊缝，避免单侧焊缝。这样可以缓和焊缝根部的应力分布并减小应力集中。

2) 在强度允许的条件下，尽量采用焊接量小的对称角焊缝来代替焊接量大的全焊透焊缝，以减小应力。

3) 改变坡口位置，坡口应开在承受 Z 向应力的一侧。

4) 对于T形接头，可在横板上预堆焊一层低强度的金属，以防止出现焊根裂纹，同时可以缓和横板上的 Z 向应力。

5) 将贯通板端部伸长一定长度，以防止裂纹。

(3) 采取正确的焊接工艺　采用碱性低氢型焊接材料，提高接头的塑性和韧性，有利于改善抗层状撕裂的性能；控制焊接热输入，热输入过大，晶粒粗大，接头塑性下降；热输入过小，冷却速度大，焊接应力大；采用小焊道多道焊及焊前预热等措施。

六、应力腐蚀开裂

焊接结构一般都存在不同程度的残余应力，焊接结构在腐蚀介质条件下工作（包括工作应力和残余应力）产生的延迟破坏现象，称为应力腐蚀开裂，简称SCC裂纹。

1. 应力腐蚀开裂的特征

(1) 应力腐蚀开裂的形态　从腐蚀形貌上看，应力腐蚀无明显的均匀腐蚀痕迹，而是呈龟裂形式断断续续；从横断面来看，又如枯干的树木的根须，由表面向纵深方向发展，裂口深宽比大，典型特点是细长而带有分支；从断口来看，仍保持金属光泽，为典型脆性断口。应力腐蚀裂纹根据金属材料所处的腐蚀环境不同，可以是晶间型、穿晶型或混合型。图6-27所示为典型的应力腐蚀开裂的形态。

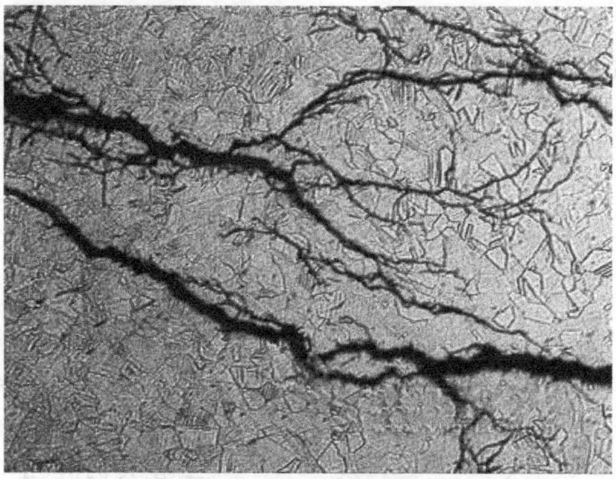

图6-27　应力腐蚀开裂

(2) 合金与介质组匹配　产生应力腐蚀的金属材料主要是合金，纯金属较少。凡是合金，即使是含有微量元素的合金，在特定的腐蚀环境中都有一定的应力腐蚀开裂倾向。但这并不是说任何合金在任何介质中都产生应力腐蚀开裂，一定的材料只在特定的腐蚀环境中才产生应力腐蚀开裂。

(3) 产生应力腐蚀开裂的应力　引起应力腐蚀开裂的主要是拉应力，压应力虽能引起应力腐蚀，但并不明显，拉应力的存在是产生应力腐蚀开裂的先决条件之一，而焊接结构如未经消除应力处理，必然存在残余应力。所以，对于重要的焊接结构来讲，即使不承受载荷，只要有腐蚀介质存在，也可能产生应力腐蚀开裂。

2. 应力腐蚀开裂产生的原因

纯金属一般没有应力腐蚀开裂倾向，而在不锈钢中，奥氏体不锈钢由于导热性差，线膨胀系数大，屈服强度低，焊接时很容易变形，当焊接变形受到限制时，焊接接头中必然会残留较大的焊接残余应力，加速腐蚀介质的作用。因此，奥氏体不锈钢焊接接头容易出现应力腐蚀开裂，这是奥氏体不锈钢焊接时最不易解决的问题之一，特别是在化工设备中，应力腐蚀开裂现象经常出现。

3. 防止应力腐蚀开裂的措施

(1) 正确选用材料　由于腐蚀介质与材料的组合上具有选择性，所以可以根据介质特性选用对应力腐蚀开裂敏感性低的材料，这是防止应力腐蚀开裂最根本的措施。

(2) 合理设计焊接接头　由于接头设计不合理，往往会形成较大的应力集中或在制造中产生较大的残余应力，从而会增加应力腐蚀开裂倾向。因此结构设计时应尽量采用对接接头，避免十字交叉焊缝，单面V形坡口改为X形坡口等。另外，接头设计应注意防止“死区”，避免缝隙的存在。因缝隙处会引起腐蚀介质的停滞、聚集，使局部腐蚀介质浓缩；在工作过程中，由于焊接残余应力和工作应力较大，在缝隙处易产生应力腐蚀裂纹。

(3) 消除或降低焊接接头的残余应力　由于拉应力是产生应力腐蚀开裂的必要条件，因此不锈钢部件中若没有拉应力，则应力腐蚀开裂也可完全避免。因此，设法消除或减小焊接接头的残余应力，则是降低奥氏体不锈钢应力腐蚀开裂的重要措施。具体措施有：焊后进行消除应力处理；用机械的方法降低表面残余拉应力或使表面造成压应力，如进行锤击或喷丸处理等。

(4) 对材料进行防蚀处理　通过电镀、喷镀、衬里等方法，用金属或非金属覆盖层将金属与腐蚀介质隔离开。

【综合训练】

一、理论部分

(一) 填空题

1. 按照裂纹的产生条件，可以把裂纹分为________、________、________、________、________。

2. 冷裂纹通常是________、________及________三者共同作用的结果。通常把这三个因素，称为冷裂纹形成的三要素。

3. 焊接时，在结晶后期由于________存在所形成的________和________是产生结晶裂纹的必要条件。

4. 焊缝一次结晶的晶粒度越大，________，杂质的偏析越严重，在结晶后期越容易形成________，使结晶裂纹的倾向增大。

5. 再热裂纹的产生是由于高温下________低于________，晶界优于晶内发生________，使变形集中在晶界上，当________超过了它的________时，就会发生再热裂纹。

6. 层状撕裂多发生在轧制厚板的________、________和________的贯通板中，有时也发生在厚板的________中。

7. 产生层状撕裂的根本原因是钢中存在较多的平行于钢板表面沿轧制方向分布的________，这些________大大削弱了钢板在________的力学性能。

8. 选用添加________等微量元素的钢材，可以控制夹杂物，特别是________的含量与形态，改善了________性能，具有较好的抗层状撕裂的能力。

9. 应力腐蚀裂纹根据金属材料所处的腐蚀环境的不同，可以是________、________或者是________混合型。

10. 在不锈钢中，奥氏体不锈钢由于________，________，________，焊接时很容易变形，从而易导致应力腐蚀开裂。

（二）判断题（正确的画“√”，错误的画“×”）

1. 结晶裂纹主要出现在含较多的碳钢焊缝中和单相奥氏体钢、镍基合金以及某些铝合金的焊缝中。 （ ）

2. 高强钢焊接时，为保证焊缝韧性，常在焊缝中加入 Ni。但是，却增大了凝固裂纹倾向。 （ ）

3. 焊接中碳调质钢时，采取预热措施，就可以防止产生冷裂纹。 （ ）

4. 焊缝金属中 S 含量过高时，热裂纹的倾向会大大增加，必须严格控制。 （ ）

5. 消氢处理的目的是减少焊缝热影响区的含氢量，防止产生热裂纹。 （ ）

6. 合金堆焊，最危险、最常见的缺陷是裂纹。 （ ）

7. 预热是马氏体不锈钢焊接时防止冷裂纹的主要方法。 （ ）

8. 焊条电弧焊收弧时，为防止产生弧坑裂纹，应填满弧坑。 （ ）

9. 焊缝中的淬硬组织不会引起冷裂纹。 （ ）

10. 焊缝中的拘束应力是产生冷裂纹的主要原因。 （ ）

（三）简答题

1. 裂纹的存在会对焊接结构造成什么样的影响？

2. 请说明防止再热裂纹的措施。

3. 防止结晶裂纹的措施有哪些？

4. 试说明冷裂纹的产生原因。

二、实践部分

1. 训练目标：了解裂纹产生的条件，通过实验，分析影响裂纹产生的因素及防止裂纹产生的措施。

2. 训练准备：

（1）人员准备：每 5 ~ 8 人组成一个实验小组。

（2）材料准备：每组两对试板，材料为 Q345，焊件尺寸为 300mm × 200mm × 12mm，V 形坡口，坡口角度为 60°。一对试板焊有拘束焊缝，另一对未焊拘束焊缝。焊条为 E4303，ϕ3.2mm，ZX7-315 电弧焊焊机。

3. 训练地点：实验室。

4. 训练方法：

1）每组分别设定相同的焊接参数焊接有拘束焊缝的焊接试板和没有拘束焊缝的焊接试板。焊完的试件在室温下放置24h。

2）分别对两种情况下的焊缝进行检查。用放大镜目测或磁力探伤检查焊缝表面的裂纹长度，计算表面裂纹率；将焊缝切片检查断面上的裂纹深度，计算断面裂纹率。

3）记录实验结果，分析原因。

4）根据结果，小组讨论，并分析总结防止裂纹产生的措施。

参 考 文 献

[1] 张文钺. 金属熔焊原理及工艺：上册 [M]. 北京：机械工业出版社，1985.

[2] 张文钺. 焊接冶金学（基本原理）[M]. 北京：机械工业出版社，2004.

[3] 陈伯蠡. 金属焊接性基础 [M]. 北京：机械工业出版社，1982.

[4] 周振丰，张文钺. 焊接冶金与金属焊接性 [M]. 北京：机械工业出版社，1988.

[5] 英若采. 熔焊原理及金属材料焊接 [M]. 北京：机械工业出版社，2004.

[6] 中国机械工程学会焊接学会. 焊接金相图谱 [M]. 北京：机械工业出版社，1987.

[7] 质检社主编室. 焊接标准汇编材料卷 [M]. 北京：中国质检出版社，2011.

[8] 中国机械工程学会焊接分会. 焊接词典 [M]. 3 版. 北京：机械工业出版社，2008.

[9] 陈祝年. 焊接工程师手册 [M]. 2 版. 北京：机械工业出版社，2010.

[10] 中国机械工程学会焊接学会. 焊接手册第 2 卷——材料的焊接 [M]. 3 版. 北京：机械工业出版社，2008.

[11] 邱葭菲. 金属熔焊原理及材料焊接 [M]. 北京：机械工业出版社，2011.